"中华元典引读丛书"出版委员会

主　任：谢清溪

副主任：纪庆芳　展文婕

委　员（以姓氏笔画为序）：

　　　　马　博　　仝一帆　　阮林要　　李亚涛

　　　　时　海　　陈建恩　　郑　鑫　　胡玲霞

　　　　姜　畅　　高枫叶　　谌洪波

孝经引读

臧知非 著

河南大学出版社
HENAN UNIVERSITY PRESS
·郑州·

图书在版编目（CIP）数据

孝经引读 / 臧知非著. -- 郑州：河南大学出版社，2024.7

（中华元典引读丛书 / 李振宏主编）

ISBN 978-7-5649-5700-1

Ⅰ.①孝… Ⅱ.①臧… Ⅲ.①《孝经》Ⅳ.①B823.1

中国国家版本馆CIP数据核字（2024）第069790号

孝经引读
XIAOJING YINDU

总 策 划	孔令刚
责任编辑	李 云
责任校对	时 海
装帧设计	翟森森
出版发行	河南大学出版社
	地址：郑州市郑东新区商务外环中华大厦2401号
	邮编：450046　电话：0371-86059701（营销部）
	网址：hupress.henu.edu.cn
排　　版	郑州印之星数字文化产业有限公司
印　　刷	郑州印之星印务有限公司
版　　次	2024年7月第1版
印　　次	2024年7月第1次印刷
开　　本	889 mm×1194 mm 1/32　印　张　12.875
字　　数	237千字　　　　　　　　定　价　46.00元

版权所有 · 侵权必究

本书如有印装质量问题，请与河南大学出版社营销部联系调换。

序

中华元典创生于春秋战国的大变革时代。自夏以来的中国早期文明社会，到周代的分封制度达到成熟阶段，这一社会形态的国家政体是贵族制。以中央王朝的国君即天子为一权力主体，以公卿士大夫即贵族为另一权力主体，世袭国君和世袭贵族通过宗亲和姻亲血缘纽带组成一个统治网络，代代相传、永恒不变地占据着国家政治生活、经济生活和文化精神生活的中心。这样一个贵族制社会从夏开始，一直延续了一千多年，到公元前770年周平王东迁，终于走向了它的衰落和蜕变。平王东迁作为一个象征性事件，标志着一个新时代的开端。春秋时期，王室衰微，礼崩乐坏，历史表面的混乱局面，掩盖着深层的历史潜流，人们往往用"春秋无义战"来描述这个时代；但历史一进入战国时期，其演变的本质便显示出来。战国时期各国变法的主流揭示,从春秋开始的这场历史大动荡,预示着一个崭新的历史时代的到来,它是一场社会形态的变革,是中国历史从贵族政治向官僚政治的过渡。

大凡历史剧烈动荡的岁月,给人们的启迪也往往更加丰富和深刻。历史的大动荡,亵渎了一切传统的神圣的东西。传统的政治体制逐渐坍塌,传统的意识形态、社会观念、思想文化遇到了前所未有的挑战。历史何以会发生这样剧烈的变革和动荡,在动荡中崩溃的社会应该以怎样的模式重新塑造等等,一系列带有世界观、历史观、社会观性质的问题,逼迫着人们去思考,去回答。于是,在思想文化领域,展开了一场长达三百年的百家争鸣。正是在这场反省历史、洞察现实、描绘未来的思想运动中,古圣先贤们为我们提供了一批支配后世民族文化发展的中华元典。这批中华元典,诸如《周易》《诗经》《尚书》《春秋》《礼记》《老子》《庄子》《论语》《墨子》《管子》《商君书》《韩非子》等等,是夏商周以来古典传统文化的积淀和结晶,又是新旧时代交替的历史启迪;它既积累了中华先民两千年文明史的卓越智慧,又是对一个新的历史进程的揭示和预见,充当了一个新时代的号角和先声。

中华元典是春秋战国这个特定时代的产物。一方面,社会历史在政治、经济上所经历的深刻变迁,给当时的思想家们以深刻的历史启迪,使其著作具有其他时代所无法比拟的深刻性；另一方面，传统社会坍塌的剧烈震撼，促使人们从历史的根本点上思考问题，从而使当时人们所提出的问题，多具有世界观、历史观和人生观的性质，具有比较广泛的普遍性价值或意义。

三十年前，冯天瑜先生在《元典文化丛书·序》中说：

> 历史的辩证法反复昭示：发展不是简单的生长和增进，它往往不一定呈直线式进步，而是通过一系列螺旋式圈层实现的。这样"回复"便不总是重复往昔，而可能是一种上升的形式，是"唤醒"事物在其开端时即已蕴蓄着的可能性的一种形式。作为由具有自觉意识的人类创造的文化，也生动地展现着螺旋式的发展轨迹，如欧洲"文艺复兴"的崇尚古希腊、"宗教改革"的服膺《圣经》，便是对"元典精神"的发扬和再造，而欧洲文化正是在这种"回复"中赢得历史性进步的。这种向"文化元典"汲取灵感，获得前进基点的现象在中国也多次出现，著名的"古文运动"便是典型事例。考之以中国近现代思想文化史，这种"返本开新""以复古为解放"，即回归元典精神以求新变的情形也俯拾即是。

冯天瑜先生所讲人类思想史上这种不断发生的"返本开新"现象，佐证了元典的不朽性。的确，中国先秦时代

所产生的文化元典,就有其不朽性。大致说,元典的不朽性主要取决于两个方面:

其一,它所提出的问题具有普遍性意义,是不同时代人们所关注的共同性问题,处在不同历史条件下的人们,都能从元典的阐述中汲取智慧,都能使自己的思考追溯到人类智慧的最初观照。譬如在元典中一再提出的如下问题:"天人之辨"(人与自然的关系)、"人性之辨"(关于人的本性善恶的思考)、"义利之辨"(社会道义与经济利益的关系)、"刑礼之辨"(刑法治理与礼制教化的关系)等等,这些问题对于两千多年的传统社会来说,无疑都是不朽的课题,像"天人之辨""人性之辨""义利之辨"等,还具有普遍的人类意义。

其二,"中华元典"的不朽性,还在于它对以上基本问题的解决,给后人的思考提供了一种具有高度抽象性的哲理性回答,从而使人们可以从各种角度受到它的启迪。在人类认识的早期时代,人们还不可能对自然界和社会进行解剖、分析,自然界和人类社会只能被作为一个整体去观察,从而得出混沌的整体性认识。这种认识,一方面有它不精确不完善的特点,而另一方面则使它有可能包含了对自然界和人类社会整体联系性的不少天才猜测。例如《老子》中的"道",《周易》中的运动观、发展观、变易观,《论语》中孔子的仁学思想体系,等等,都是对自然变化之道，人的社会属性的整体性、哲理性把握；而这种把握，则是其后人们借以展开自己思想的重要基础。"中华元典"在后世人们借以发挥自己思想创造的过程中，一再证明着自己的生命力和不朽性。

然而，从历史唯物主义的观点看问题，"中华元典"也不可避免地具有其历史局限性，世界上没有任何一种理论观点、学说体系具有超历史的价值和意义。每一时代的理论思维，"都是一种历史的产物"，都有它所适应的、能够发挥其作用的历史环境；一旦历史条件发生了根本性的变更，它的作用就将丧失或者发生相应的改变。"中华元典"作为一种理论思维的历史成果，它的基本内容，它所提出的各种命题的具体内涵，都不能不具有这种历史性质。这个历史性，既是它在其后两千多年传统社会中能够发挥重要作用的原因，也同时决定了它的局限性。解读和阐释文化元典，就是发扬或转换其不朽性，而正视其局限性，以确保在文化传承中保持清醒的头脑，秉持科学的态度。

解读元典文化精神，研究、传承和弘扬优秀传统文化的工作，已经进行了很多年，有了颇为丰硕的成果。然反省其研究状况，还是存在某些缺憾。

一是研究大多还集中在知识精英阶层，而把对元典思想的阐释变成广大社会公众的精神食粮，还有许多工作要做。

二是就社会大众的元典文化阅读来说，所做的工作多是集中在直接的普及方面，侧重对元典文献的注释或翻译，以为社会大众借助白话读本就可以进入元典精神的世界，就完成了元典文化的普及，而这是有认识上的误区的。

三是社会大众直接阅读元典译本，并不能对元典文化的历史作用有深刻的认识，而研究元典文化或者普及元典文化精神，其最终目的是帮助社会大众认识我们的文化国情，使人们知道民族精神的来龙去脉，知道今人的思想、思维、价值观念、心理观念之来源，清醒而理智地看待传统文化，继承和弘扬优秀传统文化。

河南大学出版社策划出版的这套"中华元典引读丛书"，目的就在于弥补以上缺憾。这套丛书的特色是：读者一书在手，既可窥见一部元典的思想要旨，又可明了其全方位历史影响，进入元典文化生成与发展的历史世界。这是真正地认识中华元典文化精神的导读丛书，是写给普通读者的书。

既是为社会大众提供适宜的元典导读，就必须在著作的科学性、导向性上下功夫。我们力求用充分辩证的科学理性去阐释元典文化的基本精神，对元典著作积极的或消极的文化影响，都给予尽可能全面的历史评说，使普通读者懂得如何从积极的方面对传统文化进行扬弃和取舍。因此，冷静的历史思辨色彩，成为这套丛书在著述风格上的重要特色。此外，我们还要求作者从以往学术著作引经据典、旁征博引、烦琐考证的传统文风中解脱出来，采用夹叙夹议、以议论为主的散体笔法，无论是对元典内涵的揭示，还是对其历史价值或历史影响的阐述，都尽可能结合具体生动的历史事例来展开，力求做到深入浅出，引人入胜。

现在丛书就要出版了，作者们贡献了自己的辛勤劳动、学识和智慧，但是否真的能够实现丛书的编写初衷，它的效果究竟如何，就交给亲爱的读者去判断了。

李振宏

2023 年 12 月 10 日于开封

目 录

一 《孝经》的成书与思想内容 / 1
  1.《孝经》作者与成书时间 / 2
  2. 先秦儒家孝道理论与《孝经》思想来源 / 15
  3.《孝经》思想评述 / 53

二 《孝经》的传播和孝道伦理的历史变迁 / 72
  1."汉以孝治天下"与《孝经》经学地位的确立 / 73
  2. 魏晋隋唐时期孝伦理的变异 / 99
  3. 宋元明清时期《孝经》的传播和孝道的特点 / 119

三 《孝经》与中国传统家庭伦理 / 145
  1. 传统家庭的历史状况 / 148
  2. 父子之礼 / 165
  3. 夫妇之礼 / 181
  4. 兄弟之礼 / 196

四 《孝经》与传统的丧葬、祭祀之礼 / 202

  1. "丧则致其哀"：葬礼中的孝观念 / 205
  2. "祭则致其严"：行孝与祭祖 / 220

五 《孝经》与中国古代法律 / 246
  1. 对"不孝"罪的惩处原则 / 248
  2. "亲亲相隐"的合法化 / 261
  3. 亲属间的刑罚替代 / 266
  4. 血亲复仇的正义性和法律的冲突与统一 / 271

六 《孝经》与传统君臣关系 / 302
  1. 君父一体，事君如事父，事君重于事父 / 302
  2. 主尊臣卑的永恒性 / 321
  3. 死谏与愚忠 / 329

七 《孝经》与中国国民性 / 341
  1. 仁恕敦厚的群体意识 / 343
  2. 重礼守法的行为准则 / 350
  3. 忠君爱国的民族精神 / 360
  4. 尊老爱幼的传统美德 / 367
  5. 因循守旧的惰性心理 / 375
  6. 权利缺失的自我意识 / 385

结束语：《孝经》、孝道与当代中国社会 / 391

一 《孝经》的成书与思想内容

《孝经》是儒家十三经之一,总计一千八百余字,在儒家经典中字数固然是最少的,就是在所有传世的经史子集各部中,字数大约也是最少的。《孝经》字数虽然少,但是,它在中国历史上是家喻户晓的儒家经典,对中国历史文化发展的影响深刻而广泛。起码从西汉以后的两千余年以来,上自帝王将相、达官显贵,下迄贩夫走卒、黎民百姓,无不广为传习,推崇有加。无论如何改朝换代,统一还是分裂,皇帝由谁来做,国家制度有多大的不同,历代帝王要求天下臣民自觉学习《孝经》的要求始终没有变化。刚刚启蒙之孩童要读的第一部书就是《孝经》,饱学之士更是皓首穷经,探讨研究其由来和微言大义,并以各种形式直观地宣传其思想主张。自问世两千余年以来,《孝经》的思想主张已经渗透到社会发展的方方面面,国家法律、社会关系、伦理规范、风俗习惯等各个领域无不受其深刻影响，在每一个社会成员的血液中都渗透着《孝经》的思想因子，铸就了中华民族鲜明的民族性格特点。那么，《孝经》究竟是一部什么样的书？都说些什么内容？对中国文化变迁究竟起到哪些作用？原因是什么？如此等等，都值得我们作一番历史的回顾和分析。

1.《孝经》作者与成书时间

最早记述《孝经》作者的是西汉中期人司马迁。司马迁《史记·仲尼弟子列传》记载曾参事迹时谓"孔子以为（曾参）能通孝道，故授之业，作《孝经》"。这儿的"作《孝经》"既可解释为孔子编撰《孝经》授予曾子，也可解作曾子听孔子教诲之后，将师徒对话记录下来而成《孝经》。汉人是按照前一层的意思理解司马迁的记述的，班固《汉书·艺文志》谓："《孝经》者，孔子为曾子陈孝道也。夫孝，天之经，地之义，民之行也。举大者言，故曰《孝经》。"即《孝经》是孔子为曾子讲授孝道而编写的书，因为"孝"是"天之经，地之义，民之行"，孔子讲了个纲领，所以称为"经"。汉代儒生普遍认为《孝经》是孔子所作。但是，《孝经》篇章结构完整，以问答体的行文方式系统地论述孝的理论，和孔子生活的春秋后期的学风不合，其表述的思想内容和《论语》对孝的阐释也有差别，尤其值得怀疑的是其第一章《开宗明义章》对孔子的称谓：

> 仲尼居，曾子侍。子曰："先王有至德要道，以顺天下，民用和睦，上下无怨。汝知之乎？"……

仲尼是孔子的字。曾子即曾参，是孔子的学生，以孝著称，曾子是对曾参的尊称。从称谓上看，无论是曾参记述他们师徒二人的问答还是孔子所作，都不应该称孔子之字而尊称曾参为曾子。所以后人对司马迁和班固的说法自然表示怀疑而另行判断，作出种种推断。主要有曾子门人或者孔子门人说，宋朝学者多主此说，如司马光《古文孝经指解·序》谓"故孔子与曾参论孝，而门人书之，谓之《孝经》"。胡寅则谓是曾子门人所作，云"曾子问孝于仲尼，退而与门弟子言之，门弟子类而成书"。这儿的"门弟子"是指曾参的学生或者再传弟子。朱熹则认为是齐鲁地区的儒生所作，把《孝经》十八章分为经和传两个部分，所谓"经"即孔子所作的正文，"传"是后人对"经"的发挥。朱熹说："《孝经》独篇首六、七章为本经，其后乃传文，然皆齐鲁间陋儒纂取《左氏》诸书之语为之，至有全然不成文理处。"（以上具见朱彝尊《经义考》卷二百二十二）这些也都是推断，所以到清朝，姚际恒《古今伪书考》说"是书来历出于汉儒，不惟非孔子作，并非周秦之言也"。无论是"齐鲁陋儒"还是"汉儒"为之而题名孔子，自然是伪书了。

特别是姚际恒的《古今伪书考》问世以后,到近代辨伪之学兴起,《孝经》曾被视为伪书。但在社会上一般读者的心目中,仍然把《孝经》看作孔子之书,有的则直接尊为孔子的千古圣书。

其实,在先秦时代特别是春秋以前,人们没有后代的著作意识,所谓的著作也就是讲述,人们把讲述的内容记录下来,就成了著作。如《论语》就是孔门弟子记录的孔子和学生及时人的日常谈话。《孝经》记载的是孔子向曾参讲述孝道的内容,从《论语》所记孔子论孝的内容看,《孝经》与其有一致之处,起码有一部分内容是孔子的主张。但是,孔子讲学,是随问而发,学生问到什么问题,就根据学生的具体接受能力和个性特点对同一问题给予不同的解答,也就是人们常说的因材施教,从没有系统地专门就一个问题长篇大论。当然,孔子和他的弟子们当时的谈话过程和内容是否就如我们现在在《论语》中所见到的样子,不得而知。也许当时谈话问答的内容比现在我们见到的多得多,只是记录的比较少而已,但我们理解孔子的思想只能以所见到的内容为依据。所以,《孝经》的内容有孔子专门为曾参讲授的孝道,但最初的讲授内容绝非如现存《孝经》这样系统完整,传世《孝经》应当是孔子后学根据回忆记录整理而成,在整理过程中予以系统化,根据时代需求和思想变化,增加了新的内容。至于究竟是曾子还是曾子门人，或者是其他人最终编定成书，则无从考论。

因为作者无从具体认定，从《孝经》自身确定其具体成书时间当然也就困难了，就要借助于其他证据。好在有其他文献记录了《孝经》的名称并引用其文字，为我们确定其成书时间提供了相对明确的时间坐标，据此，可以推定《孝经》最迟在公元前249年成书。因为这一年吕不韦当上了秦国的丞相，随后开始了召集士人编纂《吕氏春秋》一书，公元前239年《吕氏春秋》正式问世，其中正式出现《孝经》名称并引用《孝经》的文字。《吕氏春秋·察微》篇云：

> 《孝经》曰："高而不危，所以长守贵也；满而不溢，所以长守富也。富贵不离其身，然后能保其社稷，而和其民人。"

这一段文字引自《孝经·诸侯章》。《孝经·诸侯章》的原文是："在上不骄，高而不危；制节谨度，满而不溢。高而不危，所以长守贵也；满而不溢，所以长守富也。富贵不离其身，然后能保其社稷，而和其民人。盖诸侯之孝也。《诗》云：'战战兢兢，如临深渊，如履薄冰。'"显然，《吕氏春秋》的引文是《孝经·诸侯章》的节选。《吕氏春秋·孝行览》又云：

> 故爱其亲，不敢恶人；敬其亲，不敢慢人。爱敬

尽于事亲，光耀加于百姓，究于四海，此天子之孝也。

这一段和《孝经·天子章》的思想内容相同。《天子章》的原文是："子曰：爱亲者，不敢恶于人；敬亲者，不敢慢于人。爱敬尽于事亲，而德教加于百姓，刑于四海，盖天子之孝也。《甫刑》云：'一人有庆，兆民赖之。'"两相比较，仅在文字上有个别出入，显然也是出自《孝经》。

吕不韦本是卫国富商，经商时于赵国邯郸遇见在赵国做人质的秦国公子异人，凭其过人的胆识和智慧，将异人扶上了秦国国王的宝座，自己由一个商人而成为秦国的丞相，和异人共享天下。异人死后，嬴政即位，嬴政即后来的秦始皇，吕不韦升为相国，被嬴政尊为仲父。此时的天下形势是东方六国日趋衰败，秦国统一天下指日可待。吕不韦为了给即将到来的统一王朝在政治理论上做好准备，同时希望嬴政能按照自己的政治模式治理新的统一国家，就广招各国士人，不拘何门何派，什么儒家、墨家、阴阳家、农家、兵家等等；也不管是哪一个国家的人，无论是楚国、齐国、韩国、魏国、赵国，还是燕国，只要来到咸阳，有一技之长者，吕不韦均量才录用，并集中那些长于理论而短于实务的诸子传人，按照自己的政治需求，编纂了《吕氏春秋》一书。《吕氏春秋》吸取各家精华而共同服务于即将诞生的统一王朝，从政治伦理来说以儒家为主。上举两段引自《孝经》的理论就是当时从东方到秦国的儒者所为。也就是说,《孝经》早在吕不韦入秦为相、招徕宾客编纂《吕氏春秋》之前就已成书。吕不韦为秦丞相是在公元前 249 年,而《孝经》最晚在此之前已成书。

说《孝经》不是孔子给曾子讲授孝道的原话记录,而是后来的儒家学者根据孔子和曾子讨论孝道的部分内容增益而成,在《孝经》和其他先秦儒家典籍论孝内容的一致性上可获得说明。现略举数例说明之。《荀子·子道》云:

> 鲁哀公问于孔子曰:"子从父命,孝乎?臣从君命,贞乎?"三问,孔子不对。孔子趋出,以语子贡曰:"乡者,君问丘也,曰:'子从父命,孝乎?臣从君命,贞乎?'三问而丘不对,赐以为何如?"子贡曰:"子从父命,孝矣;臣从君命,贞矣。夫子有奚对焉。"孔子曰:"小人哉!赐不识也。昔万乘之国有争臣四人,则封疆不削;千乘之国有争臣三人,则社稷不危;百乘之家有争臣二人,则宗庙不毁。父有争子,不行无礼;士有争友,不为不义。故子从父,奚子孝?臣从君,奚臣贞?审其所以从之之谓孝、之谓贞也。"

鲁哀公问孔子:儿子服从父命是否算孝,臣子服从君王是否算忠。问了三次,孔子都没有回答。出来以后,孔子询问子贡(子贡名赐)对这个问题的看法,子贡给予了肯定的回答。孔子十分不满，说子贡简直就是个无知小儿，根本不知道什么是孝、什么是忠。孔子认为一味地服从既不是孝也不是忠，而是要看应该不应该服从，能不能服从。如果服从有害于家国天下，决不能服从，相反，要据理力争，劝谏君、父改变错误言论和行为；为了减少君父的错误或者失误，臣子们要时时"审其所以从之"。孝和忠的前提是"谏"，发现君父行为错误要勇于进谏，国君也好，家长也好，要允许臣子劝谏，这是国家强盛、家道兴旺的保证。国无论大小，只要有诤臣在，就不会亡国；家无论穷富，只要有诤子在，就不会发生违背礼仪的事情；一个士只要有诤友在就不会有不当的行为。这段话和《孝经》的文字意思都相同。《孝经·谏诤章》云：

> 曾子曰："……敢问子从父之令，可谓孝乎？"子曰："是何言与？是何言与？昔者，天子有争臣七人，虽无道，不失其天下；诸侯有争臣五人，虽无道，不失其国；大夫有争臣三人，虽无道，不失其家；士有争友，则身不离于令名；父有争子，则身不陷于不义……从父之令，又焉得为孝乎？"

比较以上两段资料，《荀子·子道》记的是孔子与子贡的对话，《孝经·谏诤章》记的是孔子与曾子的对话。从思想内容上分析，二者是一致的；从对话的具体过程看则有差别。这可能是孔门之后辗转传诵导致的差异，荀子和《孝经》的作者依据不同的文本而成书，但这种差别正说明了《孝经》成书于先秦时期。《左传》中也有些内容和《孝经》相同，现举数例如下。《左传》昭公二十五年云：

> 吉也闻诸先大夫子产曰："夫礼，天之经也，地之义也，民之行也。"天地之经，而民实则之。则天之明，因地之性……

《孝经·三才章》云：

> 子曰："夫孝，天之经也，地之义也，民之行也。天地之经而民是则之，则天之明，因地之利……"

《左传·宣公十二年》云：

> 士贞子谏曰："……林父之事君也，进思尽忠，退思补过……"

《孝经·事君章》云：

> 君子之事上也，进思尽忠，退思补过……

《左传·文公十八年》云：

> 季文子使大史克对曰："……以训则昏，民无则焉。不度于善，而皆在于凶德……"

《孝经·圣治章》云：

以顺则逆，民无则焉。不在于善，而皆在于凶德。

《左传·襄公三十一年》云：

（北宫文子）对曰："……故君子……进退可度，周旋可则，容止可观，作事可法，德行可象……"

《孝经·圣治章》云：

君子则不然……德义可尊，作事可法，容止可观，进退可度……

《左传》是对孔子编定的鲁国国史《春秋》一书的事实补充，一般认为是左丘明所撰，约成书于战国时期。上举《左传》内容和《孝经》相同的文字，都是出于春秋时期名臣的言论，他们的生活时代都早于孔子，他们不可能重复或者引用孔子的话。也就是说，上举《孝经》和《左传》相同的文字只能是《孝经》引自《左传》。《左传》是重要的儒家典籍，成书之后在社会上特别是在儒家学派中有着较为广泛的流传，被儒家学者所研习,其言论为《孝经》所采纳是正常的。这也说明《孝经》的成书是综合儒家相关著作中的理论而成，绝不是孔子所作，但也不是如清代的部分汉学家所认为的那样是汉代儒生所为。

现代流传的《孝经》有两种篇章结构：一种由18章

组成，一种由22章组成。前者为通行版本，被称为今文《孝经》；后者流传不如前者广泛，被称为古文《孝经》。二者的思想没有什么区别，仅仅分章不同而已。这二者的由来要从秦始皇的焚书说起。

公元前221年，东方六国完全纳入了秦国的版图，实现了天下一统，秦王嬴政以为自己的丰功伟绩超过了以往任何圣主明君，人们极力推崇的什么三皇五帝根本无法和自己比拟，于是把国王的称号改为皇帝，自己是第一个使用皇帝称号的，所以称始皇帝；以后子子孙孙传下去，分别叫作二世、三世……为了实现这个目的，秦始皇统一制度，以法律手段推行一系列巩固大一统的政治、军事、经济和文化措施。秦始皇认为从此以后天下一家，百姓远离西周末年以来数百年的战争之苦，可以永享太平了。这是数百年来有识之士梦寐以求的理想，春秋以来的诸子百家的课徒授众、著书立说、奔走呼号都是为了实现这一目的，现在真正地实现了，秦始皇自然是志得意满。为了夸耀自己的千古伟业，于是"悉召天下文学方术士甚众，欲以兴太平"（《史记》卷六《秦始皇本纪》），就是把各国的知识分子都召集到咸阳，为自己歌功颂德，也为治理天下出谋划策，这"文学方术士"是文章博学、有奇方异术的知识分子。但秦国自商鞅变法以来就是奉行法家学说，实行中央集权的君主专制政治，正是依靠强大的中央集权力量控制全国的人力物力才取得统一六国的最后胜利。而秦始皇自幼崇尚法家学说，权力欲极强，统一天下以后自以为功过三皇、德高五帝，更认为秦国自商鞅变法以来的治国方针和制度、措施是治理统一王朝的不二法宝，所以，统一之后的所有制度建设和政策方针都是原来秦国的延续，并且有过之而无不及。秦始皇招徕士人是要他们论证自己统治的合法性和永恒性。但是，这些士人来自诸子百家，彼此之间门户之见甚深，特别是儒家、墨家、道家等学派对法家不别亲疏、不别人情、大小事情一断于法、刻薄寡恩的政治主张极力反对，而且都认为自己的政治主张才是治理天下的最佳选择。所以，这些"文学之士"来到咸阳之后，并没有按照秦始皇希望的那样为秦始皇的所作所为歌功颂德，相反是常常三五成群地聚集在一起，批评秦始皇这个制度不合圣人之道，那项政策违背了历史传统，使秦始皇的不满与日俱增，最后接受李斯的建议：禁止私人讲学、藏书，把私人收藏的除了秦国的史记和医药、种植、卜筮以外的所有书籍如"《诗》、《书》、百家语"等在规定的期限内全部集中于县廷烧毁，违反者课以重刑，保存和"偶语《诗》《书》者弃市"（《史记》卷六《秦始皇本纪》）；只准许老百姓跟随官吏学习法令。《孝经》自然在取缔之列，无法在社会上流传。

西汉建立以后，总结秦朝灭亡的教训，宽减刑罚，儒生们在一起谈论《诗》《书》是不会被杀头了，在秦朝深受压制的知识分子开始活跃起来，可以进行正常的学术活动。但是，刘邦及其开国元勋们文化水平有限，他们熟悉的政策法令都是秦朝的那一套。而刘邦尤其讨厌儒生，认为儒生迂腐，只会夸夸其谈，不通军政事务，对于打天下和统治天下没有任何帮助，看见宽衣博袖的儒生动辄破口大骂，甚至将儒生的帽子拿下来"溲溺其中"（就是当作小便盆），肆意羞辱儒生，虽然当了皇帝，但他也认为自己是马上得天下，儒生无用，认识不到文化建设的重要性；又忙于统治集团内部权力之争，也来不及从事文化建设。尽管儒生们在事实上可以讲学论道，不会受到法律禁止，但汉承秦制，一切继承秦律，在法律上仍然不能私藏《诗》、《书》、百家语。直到汉惠帝四年（前191年），才正式废除了"挟书律"，即从这个时候开始，人们私藏《诗》、《书》、百家语在法律上才算是真正的无罪。文帝即位，意识到因为秦朝的禁令和后来的战乱，国家重视得不够，懂得《诗》、《书》、百家语的人年龄越来越大、人数越来越少，需要进行抢救性的学习和继承，官府就派一些年轻人到各派传人的门下求学，同时私人讲学风气也迅速发展。但是，因为秦朝的焚书和战乱，先秦典籍很少留存，各派传人只能是凭记忆口述记录，西汉前期流传的儒家经典都是这样传下来的。西汉使用的文字是当时通行的隶书，书写方便，认识容易；但在先秦时期，文字则复杂得多，而儒家经典本来都是用先秦文字写成的，这在当时的年轻人中间已经没有几个人认识了，所以年轻人从经师那里辗转记录的固然使用隶书，就是经师自己回忆书写下来的，为了传播方便也用隶书。这用当时流行字体写成的经书就是今文经，用先秦文字写成的就被称作古文经。这儿的今文、古文只是就经文书写字体不同而言。

古文经的概念，在西汉前期本来不存在，其得名是汉武帝以后的事。汉武帝时，鲁恭王刘余（汉景帝之子，封为鲁王，谥号"恭"）在扩大王宫时，拆孔子故居，在孔子故居的墙壁中发现了《论语》《礼记》《尚书》等几十部用先秦文字书写的儒家典籍，《孝经》也在其中，被称为古文经。这些用先秦文字书写的儒家典籍，在思想内容上和当时流行的典籍没有什么分别，但在具体行文篇目上则有些微小的差异，《孝经》也是如此，如今文本《孝经》是18章，古文本是22章。从逻辑上说，时间越早，越接近于原作者生活的时代，其思想内容也更接近于作者的原貌，人们应该使用古文本才是。但事实并非如此。西汉时，大多数人仍然使用今文本，并对古文本持排斥态度。这一方面是因为今文本《孝经》经过学者们的整理已经系统化，更符合现实社会的需要，在经师们的心目中，汉初的记录更具有可信性；另一方面，出土的古文本的思想内容和今文本虽然相同，但在体系上不如今文本的系统完整，今文显然优于古文。到了东汉时期，古文本《孝经》出于学术的目的受到学者的重视，但在社会上流传的依然是今文本《孝经》，以后历朝历代都是如此。

2. 先秦儒家孝道理论与《孝经》思想来源

《孝经》是我国古代专门论述孝道伦理及其社会功能的专书。但是，孝思想的内涵和外延，有着历史性特点，在不同时代有着不同的内涵和社会作用，要全面把握我国孝道伦理的内涵和作用，必须对孝的起源和演变进行简单的梳理。《孝经》成书于战国末期，文字极为简略，而内容极为丰富，是对先秦思想家孝思想的全面总结和高度概括，要把握《孝经》内容，必须对先秦孝道理论特别是儒家孝道理论进行回溯。

（1）孝的含义与起源

孝的含义是什么？这在现代人看来实在是个不成为问题的问题。但是若仔细深究，则不那么简单。从文字字形上看，孝字从老从子，像年轻人搀扶老者。照顾老人自然是从亲者始，首先是自己的父母，所以东汉人许慎在《说文解字》中将"孝"的含义解释为"善事父母者，从老省，从子,子承老也"。汉代的辞书也是我国最早的训诂书《尔雅》也表达了同样的意思,谓"善事父母曰孝"。不过,这只是汉人根据字形对孝的解释,在西周的金文中,孝的对象远远超出父母的范围。如:

己伯钟:用追孝于己伯,用享大宗。(《三代吉金文存》1·17)

师㝬父鼎:用享孝于宗室。(《三代吉金文存》4·16)

曼龚父盨:用享孝于宗室。(《三代吉金文存》10·39)

辛中姬鼎:用享孝于宗老。(《三代吉金文存》3·41)

殳季良父壶:用享孝于兄弟、婚媾、诸老。(《三代吉金文存》12·28)

青铜器是宗室贵族用以记功传之后世的宝器,记录主人的功劳和行为风范以垂范子孙。从金文记载看,"用享大宗""用享孝于宗室""用享孝于宗老""用享孝于兄弟、婚媾、诸老"云云,说明当时享孝的对象不限于父母,而是包括了祖妣、宗室、兄弟、婚媾、诸老等等。孝包括对宗族长的尊重、敬爱、赡养和祭祀。当然,爱有等衰,对父母和对宗室高年的孝的内容和程度是有区别的。

如果说金文所记之孝主要是宗室贵族提倡的话,那么《诗经》中所记载的关于孝的内容则是当时普遍的社会风气。《诗经》的风、雅、颂各篇都有这方面的记述:

蓼蓼者莪，匪莪伊蒿。哀哀父母，生我劬劳。

蓼蓼者莪，匪莪伊蔚。哀哀父母，生我劳瘁。

瓶之罄矣，维罍之耻。鲜民之生，不如死之久矣。

无父何怙，无母何恃。出则衔恤，入则靡至。

父兮生我，母兮鞠我。拊我畜我，长我育我。

顾我复我，出入腹我。欲报之德，昊天罔极。（《小雅·蓼莪》）

秩秩斯干，幽幽南山。如竹苞矣，如松茂矣。

兄及弟矣，式相好矣。无相犹矣。（《小雅·斯干》）

成王之孚，下土之式。永言孝思，孝思维则。

媚兹一人，应侯顺德。永言孝思，昭哉嗣服。

昭兹来许，绳其祖武。於万斯年，受天之祜。（《大雅·下武》）

凯风自南，吹彼棘心。棘心夭夭，母氏劬劳。

凯风自南，吹彼棘薪。母氏圣善，我无令人。

爰有寒泉，在浚之下。有子七人，母氏劳苦。

睍睆黄鸟，载好其音。有子七人，莫慰母心。（《邶风·凯风》）

陟彼岵兮，瞻望父兮。父曰："嗟！予子行役，夙夜无已。上慎旃哉！犹来无止！"

> 陟彼屺兮，瞻望母兮。母曰："嗟！予季行役，夙夜无寐。上慎旃哉！犹来无弃！"
>
> 陟彼冈兮，瞻望兄兮。兄曰："嗟！予弟行役，夙夜必偕。上慎旃哉！犹来无死！（《魏风·陟岵》）
>
> 肃肃鸨羽，集于苞栩。王事靡盬，不能蓺稷黍，父母何怙？悠悠苍天，曷其有所？
>
> 肃肃鸨翼，集于苞棘。王事靡盬，不能蓺黍稷，父母何食？悠悠苍天，曷其有极？
>
> 肃肃鸨行，集于苞桑。王事靡盬，不能蓺稻粱，父母何尝？悠悠苍天，曷其有常？（《唐风·鸨羽》）

《诗经》中还有许多篇章记述当时社会各阶层对孝道的认识和实践状况，不予一一列举。上举小雅和国风各篇的共同特点都是抒发自己对父母的感念之情和对不能报答父母养育之恩的忧虑与痛苦，这和上举金文对孝的自我标榜有所不同。《小雅·蓼莪》和《邶风·凯风》述说的是对父母养育之恩的感激之情，谓父母养育之恩天高地厚，父母赐给自己生命，含辛茹苦养育自己，夜里推干就湿，白天怀抱肩背，自己始终在父母的身旁。父母为儿女处处担心、时时受怕，唯恐儿女受到伤害，做儿女的永远也报答不尽父母的恩情。《小雅·斯干》表述的是兄弟情谊，兄弟同体，犹如松竹同根，松树也好，竹子也好，彼此相依才能枝叶茂盛，茁壮成长；兄弟之间，更应该和睦相处，友爱谦让。《大雅·下武》述说的是遵守孝道的好处，效法周王，遵守祖训，恪尽孝道，"永言孝思"，就能够家族永昌，享国万年，列祖列宗就会永远保佑子孙。《魏风·陟岵》和《唐风·鸨羽》叙述的是外出服役者对远在家乡、孤苦伶仃地倚门望儿归的父母的担忧和思念，自己离乡背井，既不能在父母跟前晨昏定省，也不能尽力农亩以赡养父母，同时还给父母增添忧愁而又无可奈何，只能抬首问苍天：徭役何时能结束，生活何时能正常！这说明在西周时代，孝观念的普遍性，不同阶层的人对孝道所承担的社会责任是不同的。这些构成了我国最早的孝的内容；说明在西周时代，孝不仅仅是善事父母，还包括对祖宗的追思和祭祀，同时祖宗也明白子孙们的目的和要求，主动地保佑子孙和家族的兴旺发达。

西周孝观念中的对祖宗的追思和祭祀，是当时的社会结构所决定的。西周是我国宗族社会的典型形态，阶级划分以宗族为单位，总体上分为统治宗族和被统治宗族两大阶级。统治宗族世袭掌握国家权力，各宗族集团权力大小就是以宗族实力和地位高低为基础；被统治宗族没有任何权力，只有为统治宗族生产服役的义务，其内部组织也是按照宗族划分的，不同宗族从事不同职业，世代相沿。对于统治宗族而言，能否保住宗族的现有利益和地位，就取决于宗族力量是否衰落。宗族力量衰落了，原来的宗族地位就保不住了，其权力也就必然丧失，所以要千方百计地保持宗族的稳定和发展。为了达到这一目的，最好的方式就是提倡孝道，要求善事父母、和睦兄弟、礼敬长辈、尊祖敬宗，在祈求祖宗保佑的口号下，维护宗族成员之间的团结。

至此，我们可以明白，孝的内涵，不仅仅针对子女和父母的关系而言，除了子女与父母关系、善事父母之外，从纵的方向看，包含了敬事列祖列宗及族内所有长辈在内；从横的方向看，包含了团结和睦所有平辈兄弟的内容。

如果说西周时代的孝观念还缺少系统的理论体系，或者说限于当时的历史条件，还没有可能将其上升到更加深刻的理论高度的话，那么到了春秋战国时期，孝的理论则迅速地发展到了一个新的历史阶段。这首先要对春秋时代的社会变动作一个简单的说明。

春秋时代是我国历史大转折时期。从外部形态看是王室衰微、大国争霸，从内部看则是宗族社会解体，在意识形态上则是原来的价值观念迅速变化。前已指出，西周采用分封制治理地方，这就埋下了王室衰微、大国争霸的种子。按西周的封国分为几种类型：一是周族成员，也就是姬姓之国，如鲁国就是其代表；二是周人的同盟，或者说是取代商朝的战友，如齐国等；三是原来早已存在的古代方国，他们原来臣于商，转而臣于周，周天子承认其诸侯国的地位；四是商王室的遗民，如建都于现在河南商丘的宋国就是以商王室移民为主体。除了新封的姬姓之国及其盟族之国以外，其余诸侯国都保持其原来的部民，其国君虽然奉周天子为共主，但只是定期地向周天子象征性地交纳一点土特产，表示服从周朝指挥而已，至于国内的所有军民财政各项权力都是独立行使，周天子并不过问诸侯国内部事情。那些由周天子直接任命的诸侯，即和周天子有着血缘上的大宗、小宗的关系的，要直接参与王室政务，负有镇压各地反叛王室行为的责任，和王室要保持较强的一致性，但仍然是一个独立国家，和周王室是国与国的关系。只是这种国与国的关系不是平等的关系，而是带有着中央邦和地方邦的色彩而已。这种不平等性，固然是由政治和宗法所决定，但更主要的还是由双方的经济实力和军事实力决定的。周王室直辖的领土即所谓的王畿地区最大，族众最多，军事力量最强，无论是同姓诸侯还是异姓诸侯都很难与之抗衡。然而，由于社会发展的不平衡性，随着时间的推移，诸侯国之间、诸侯国和周王国之间的力量对比必然发生变化。如齐国、楚国、晋国本来都是一个一个的小国家，纵横不过一二百里，到了春秋初年都发展成为雄踞一方的大国；而周王室则日渐衰微，最后被兴起于西方的犬戎诸部打败，丧失了关中地区而东迁于雒邑，其辖地不要说与齐、楚、晋等大诸侯国相比，就连像郑、宋这样的中等诸侯国的实力都不如，已失去了号令诸侯的经济、军事基础，诸侯国自然要各行其是，不再把周天子这个天下共主放在眼里。齐桓公遂打着尊王攘夷的旗号出兵讨伐那些不听其号令的诸侯以树立自己的霸主地位，实际上是要代替周天子做天下共主，从而揭开诸侯争霸的历史帷幕，原来的诸侯之间的等级秩序荡然无存。在大国争霸、小国图存、各国之间一幕接一幕地上演着波澜壮阔的以金戈铁马为主要道具的历史剧的同时，各国内部的宗族等级秩序也在发生剧烈的变化。这就是"私门"刮削"公室"之争。

按宗法制度，嫡长子继承、庶子分封。这些"庶子"都是宗室成员，都是宗室贵族，或为卿、大夫，或为士，在享受其法定采邑的同时也参与国政、行使其政治权力，由血缘亲等决定其地位的高低和权力的大小。也就是说，诸侯国的权力结构实际上是国君和卿、大夫、士的共政制。这些卿、大夫的地位和权力是永世不替的，是其宗族的法定待遇，其宗族实力大，其权力的影响就大，这些影响又反过来增加其宗族势力。为了巩固和扩大其权力地位，这些卿、大夫们在执政过程中必然千方百计地加重权势，增加宗族力量。其方式一是挤压其他宗族的政治经济空间，也就是宗族之间的相互兼并；二是假公济私，用各种手段刮削国君的人口和土地，形成"私门"和"公室"之争。从而使旧的等级秩序处于迅速瓦解之中，国家权力逐步地集中于新兴的宗族贵族手中，子弑父、臣弑君的事情层出不穷，原来的以尊尊亲亲为中心的道德伦理在剧烈的社会变动面前显得十分的苍白无力。那么，社会为什么会发生这样的变化？社会向何处去？人们应该怎么办？这些成为有识之士思考的中心问题，他们从不同的角度提出不同的答案和解决办法，逐步地在意识形态领域形成了"百家争鸣"的局面。当然，当时的诸子百家是不可能认识到这种社会大变动是生产力发展导致生产关系的变化而引起的，是社会进步的表现和结果，只能从人的内心世界找原因。这方面的原因很多，是否恪守孝道则是其重要内容，以孔子为代表的儒家学派尤其重视孝道对恢复社会秩序的作用。

（2）孔子的孝道观

孔子（公元前551年至公元前479年）是儒家的创始人，其先祖本来是宋国的贵族，后来因为内乱而逃到鲁国（今山东曲阜），孔子就是在鲁国出生的。孔子生活的时代，正是社会变动剧烈、矛盾激化的春秋后期，西周的礼乐制度及其等级秩序随着王室的东迁而衰落，社会影响日益萎缩,只有鲁国保存的较多。孔子幼而好学,又有鲁国得天独厚的文化土壤,从小就受到了极好的西周礼乐文化教育。在孔子看来,西周的礼制社会是人间最理想的幸福乐土,只要人人都能明白这一点,努力去实现它,就能把理想变为现实。孔子穷毕生精力课徒讲学、游说人主、奔走呼号,都是为了实现这一目标。

恢复周代礼制社会的条件很多,恪守孝道则是其关键。因为,周礼的核心是尊尊亲亲,首先要从家庭内部的事亲开始,然后才能推及于国家以事尊。《论语·学而》云:

> 有子曰:"其为人也孝弟,而好犯上者,鲜矣;不好犯上,而好作乱者,未之有也。君子务本,本立而道生。孝弟也者,其为仁之本与!"

有子是孔子的学生,这段话是对孔子孝道的理解,表述的是孔子思想。人若孝顺父母、敬爱兄长而好忤逆尊长,世界上是很少很少有的;不忤逆尊长而好犯上作乱者,世界上更是没有的。君子做事要致力于根本,根本确立了,治国做人的原则就形成了。由此看来,孝悌之道才是仁政的根本。所以人生在世,首先要孝敬父母、恭敬兄长,做到孝悌二字。做到孝悌二字,人才成其为人。人真正成为了人,才能够去实行仁政。所以说,孝悌是成为仁人的根本。《论语·学而》又云:

子曰:"弟子入则孝,出则弟,谨而信,泛爱众而亲仁。行有余力,则以学文。"

"弟子"的本意是学生,这里泛指有心求学的人。在孔子看来,求学,首先是学习孝悌之道,回到家里孝敬父母,外出尊敬兄长,做事谨慎,说话诚实守信,能爱护他人,亲近有仁德的人。这样做了之后还行有余力,再来学习文化知识。具体怎样做才符合孝悌之道?孔子有具体的论述,《论语》云:

子曰:"父在观其志,父没观其行,三年无改于父之道,可谓孝矣。"(《学而》)

孟懿子问孝。子曰:"无违。"樊迟御,子告之曰:"孟孙问孝于我,我对曰,无违。"樊迟曰:"何谓也?"子曰:"生,事之以礼;死,葬之以礼、祭之以礼。"

孟武伯问孝。子曰:"父母唯其疾之忧。"

子游问孝。子曰:"今之孝者是谓能养。至于犬马,皆能有养。不敬,何以别乎?"

子夏问孝。子曰:"色难。有事,弟子服其劳;有酒食,先生馔,曾是以为孝乎?"(《为政》)

子曰:"事父母几谏。见志不从,又敬不违,劳而不怨。"

子曰:"父母在,不远游,游必有方。"

子曰:"三年无改于父之道,可谓孝矣。"

子曰:"父母之年,不可不知也。一则以喜,一则以惧。"(《里仁》)

《论语》是语录体著作,以上是孔子对弟子们关于孝的提问时的回答,根据发问者的不同情况,对孝的含义和行为方式答以不同的内容。但,总括看来,孔子之孝,是对父母的深厚亲情,是对子女在日常生活中回报父母养育之情的具体要求。这可以归纳为几个方面:

一是遵从父母志向,学习父母的行为。父亲在世时,时时观察他的志向;父亲去世了则想着父亲生前的所作所为,不能随意改变父亲生前定下的规矩,所谓"父在观其志,父没观其行,三年无改于父之道"就是这个意思。

二是养而敬,敬重于养。时时刻刻按照周礼的要求诚心诚意、恭恭敬敬地伺候父母。针对社会上只要是在物质上赡养父母就是尽孝的认识,孔子指出,养只是最起码的义务,但仅此是算不上孝的,孝的真正要求是敬,敬远远重于养。敬的要求是什么?就是顺从父母的意志,即使发现了父母的想法和行为有什么不妥当的地方,也不能违抗父母之命,而是在遵从的基础上极为委婉地进行劝说。"事父母几谏。见志不从,又敬不违,劳而不怨";"生,事之以礼;死,葬之以礼、祭之以礼"。"几谏"就是委婉地劝说,如果父母不接受，仍然恭恭敬敬地遵从父母意愿而不违背、触犯他们，内心只有忧愁而无埋怨之意。无论父母如何，做子女的都要按照礼制的要求侍奉父母：父母在，以礼敬养；父母去世，也以礼安葬、祭祀。所谓的"无违"有不违背父母意愿和不违背周礼两层含义。仅此还是不够。即使一切行礼如仪，在行动上确实没有违背父母意愿和礼的要求，但若心有不愿，脸上有所流露，还是不孝。"子夏问孝。子曰：'色难。有事，弟子服其劳；有酒食，先生馔，曾是以为孝乎？'"父亲有事，儿子去做；有了酒食，让父母先吃，这就是孝了吗？孔子认为这还算不上孝。真正的孝是以侍奉父母为自己最大的幸福和快乐，在为父母做所有事情的时候，脸上流露出来的始终是幸福的神情。那么，行孝的关键在哪里？孔子的回答是"色难"，即始终以幸福的心情和神态侍奉父母最难。在孔子看来，"有事，弟子服其劳；有酒食，先生馔"只是低水平的要求。《论语·子路》记载的孔子和叶公的一段对话可见孔子的"敬"和"无违"的一斑：

  叶公语孔子曰："吾党有直躬者，其父攘羊，而子证之。"孔子曰："吾党之直者异于是：父为子隐，子为父隐，直在其中矣。"

叶公是站在国家的立场上来和孔子辩论"直"的含义

的,叶公认为老子偷羊,儿子指证是为"直"。孔子认为这违背了父子亲情,按亲情第一的原则,父子应该相互隐瞒才是。老子偷羊,儿子应该劝谏;老子不接受,儿子也只能在心中着急和忧愁,但不能揭发指证。

三是要从一点一滴做起。"父母在,不远游,游必有方。""父母之年不可不知也。一则以喜,一则以惧。"为什么?就是因为远游之后,无法照顾父母的日常起居,同时还令父母牵挂;实在需要远游者,也要让父母知道确切的去处,尽快地回到父母身边。对父母的年龄要时刻记在心上,不能不知道,既为父母的长寿而高兴,同时为父母因年龄的增长而衰老、生病、逝世而忧惧,平时更要小心谨慎地孝顺父母。

从法理的角度看,"其父攘羊,而子证之"和"父为子隐,子为父隐,直在其中矣"是属于相互对立的两个范畴。"其父攘羊,而子证之"虽然有伤亲情但符合国家之"直",是对国家之忠;"父为子隐,子为父隐"虽保护了亲情但违反了法律。如此一来,孝于父母和忠于国家就处于对立之中。但是,在孔子的思想体系中,孝和忠是统一的,尽孝的目的是尽忠,对父母能做到"父为子隐,子为父隐""事父母几谏。见志不从,又敬不违,劳而不怨",先做一个孝子,然后才能尽忠于君主,做好一个臣子。孔子云:

    出则事公卿,入则事父兄。(《子罕》)
    迩之事父,远之事君。(《阳货》)

长幼之节，不可废也；君臣之义，如之何其废之？（《微子》）

"孝乎惟孝，友于兄弟，施于有政。"是亦为政，奚其为为政？（《为政》）

事父母，能竭其力；事君，能致其身。（《学而》）

"事公卿"和"事父兄"的道理一致，事父与事君同重。不废长幼之节，就不会损毁君臣之义；把父子兄弟之义推及国家政治，才是真正的"为政"，国家上下自然秩序井然，万民自然其乐融融，而达于"仁政"的最高境界。不过，在孔子这里，对君长和对父母还是有区别的，这个区别主要表现在一个"谏"字上。子女对父母之劝谏只能是委婉上言，不能触犯父母意愿，即使父母不同意也只能顺从；对君长则要犯颜直谏，当君长为政不以道、有违周礼原则时，做臣子的不能盲从。从道不从君，道高于君，臣下应想方设法使君主按照道的要求来做，臣忠于君和君以礼使臣相对应，"君使臣以礼，臣事君以忠"，否则，臣子可以也应该弃君。孔子就是这样做的。也就是说，孔子虽然认为孝是忠的基础，但二者并非无条件的一致。所有这些，都是《孝经》的思想来源。

（3）曾子的孝道观

曾子名参，字子舆，鲁国南武城（今山东平邑）人，小孔子46岁，是孔子高足，以孝行著称，对孔子的孝道也多有阐发。关于曾子的著述，根据《汉书·艺文志》记录曾有《曾子》十八篇传世，但已经失传。宋朝人朱熹认为《礼记》的《大学》篇是曾子所著，并将其定为"四书"（《大学》《中庸》《论语》《孟子》）之一，但这仅仅是一个推定。还有人认为《孝经》是曾子的作品，也缺乏必要的证据，上面已有分析。但是，《孝经》中的许多内容和曾子的孝道理论有着直接的渊源，有些就是直接使用了曾子的论述。现存《大戴礼记》有《曾子》十篇，均题名曾子，但学术界公认的是《曾子本孝》《曾子立孝》《曾子大孝》《曾子事父母》四篇，其他各篇有些是曾子言论，但不一定都是曾子的思想。仅据上述诸篇文献，我们可以看出曾子对孔子的孝道理论作了较大的发挥。这体现在如下几个方面：

第一，认为孝是人伦道德的根本，把孝行推广到自然界的其他物类。《礼记·祭义》和《大戴礼记·曾子大孝》都说：

曾子曰："树木以时伐焉，禽兽以时杀焉。夫子曰：'断一树，杀一兽，不以其时，非孝也。'"

孝行本来只限于人类的事亲，曾子把孝的内容扩大到自然界的其他物类。凡是违反人性、违背社会公认的道德行为,都是不孝。不按季节砍伐树木、猎杀野兽都是不孝的行为,何况其他!人的行走坐卧,一言一行,无不是孝的体现。可见孝道范围之广,儒家所主张的所有的道德规范都是孝的表示,孝被泛化为一切道德的体现。《礼记·祭义》和《大戴礼记·曾子大孝》又云:

> 曾子曰:"夫孝,置之而塞乎天地,溥之而横乎四海,施诸后世而无朝夕。推而放诸东海而准,推而放诸西海而准,……推而放诸北海而准。《诗》云:'自西自东,自南自北,无思不服。'此之谓也。"

在曾子看来,孝不仅是个人道德和社会伦理,而且是放诸四海而皆准的真理,在空间上充塞宇宙而没有尽头,时间上无限延续而没有终止,是人类永恒的行为准绳,是宇宙的根本法则。《孝经》的孝为百行之本、忠孝合一的观点就是从曾子这里来的。

第二,行孝的前提是"敬身",也就是不亏辱身体。《孝经·开宗明义章》说的"身体发肤,受之父母,不敢毁伤,孝之始也"就是因此而来。《礼记·祭义》云:

> 身也者,父母之遗体也。行父母之遗体,敢不敬乎?……天之所生,地之所养,无人为大。父母全而生之,子全而归之,可谓孝矣。不亏其体,不辱其身,可谓全矣。故君子顷步而弗敢忘孝也。

身体是父母遗留下来的，对自己身体的不敬就是对父母的不敬，敬自身、保全自身就是敬父母。天地之间，万物之中，以人为大（"无人为大"的意思是没有什么比人再大的了），父母把我们完整地生下来，我们就应当完整地归还。否则，无法去地下见父母。怎样才是"全"？就是"不亏其体，不辱其身，可谓全矣"。只有这样，才能不给过世的父母带来羞辱，不给在世的父母带来担忧。若整个社会都能够做到这一点，都能"全而归之"，这个社会自然就没有激烈的矛盾和冲突，没有流血和牺牲，成为理想中的大同世界、幸福乐土！《吕氏春秋·孝行》记载曾子的话说：

> 曾子曰："父母生之，子弗敢杀；父母置之，子弗敢废；父母全之，子弗敢阙。故舟而不游，道而不径，能全支体，以守宗庙，可谓孝矣。"

父母生下自己，儿子不敢毁坏；父母养育自己，儿子不敢废弃；父母保全了自己，儿子不敢损伤。一举一动都要切记，渡水时，有船就不要游水；走路时，有大路就不要走小路，目的是保全身体，以祭祀宗庙。曾子是这样主张的，也是这样做的。《论语·泰伯》记载曾子面临危险时的行为说：

> 曾子有疾，召门弟子曰："启予足！启予手！《诗》

云:'战战兢兢,如临深渊,如履薄冰。'而今而后,吾知免夫!"

曾子生病,自己感到病得很重,担心不久于人世,故召集学生说:"看看我的手,看看我的脚,有没有毁伤。"结果是手足完好。曾子感叹说:"《诗经》所说的'战战兢兢,如临深渊,如履薄冰'就是要我们小心谨慎地保全身体,我现在身体发肤,完好无损,免于损伤,不要再像以往那样战战兢兢、如临深渊、如履薄冰般地小心谨慎了。"

第三,孝行有等衰。敬身、不亏辱身体是表示对父母的敬,对父母的敬并不限于不亏身,更主要的是表现在其他方面。曾子把孝行分为三个等级。《礼记·祭义》云:

孝有三:大孝尊亲,其次弗辱,其下能养。……君子之所为孝者,先意承志,谕父母于道……君子之所谓孝也者,国人称愿然曰:"幸哉,有子如此!"所谓孝也已。

孝有三:小孝用力,中孝用劳,大孝不匮。思慈爱忘劳,可谓用力矣;尊仁安义,可谓用劳矣;博施备物,可谓不匮矣。父母爱之,嘉而弗忘;父母恶之,惧而无怨;父母有过,谏而不逆;父母既没,必求仁者之粟以祀之。

能赡养父母是最低级的孝行,不使父母受到屈辱是中等的孝行,最高级的孝是"尊亲"。这里的"尊亲"既包括了主观上的敬,也包括了客观上的为父母带来的显荣。在主观上,不仅能够体会、秉承父母心意而主动实行之,并且使父母明白自己作为的正确,从而收到举国上下交口称赞的客观效果。在"尊亲"的驱使之下,时时以父母为念,思念父母的慈爱而忘记自身的劳累,是为以力行孝;尊崇仁德、安守道义、建功立业以光宗耀祖,是为以劳行孝;使仁德教化遍及天下,祭祀祖先的物品无所不备,就是永远维持孝心,无穷无尽,就是"大孝不匮"。对父母的慈爱永生不忘;而对父母的怨恨,内心感到恐惧,唯恐自己做错事而深刻自我反省,无论是否做错,都不生任何的埋怨之念;如果父母确实有不当的地方或者过错,可以婉言相劝,但不能违背;父母逝世后,仍以正当的收入来祭祀他们。这是对孔子"无违"思想的阐发,是《孝经》孝以敬为先的思想来源。但是,《孝经》对此也有所改造。即《孝经》不完全主张"父母有过,谏而不逆",而是能够"直谏",而不是一味地服从父母。这是以孝劝忠的需要,只有这样,才能犯颜直谏国君的过失,尽臣子的忠君本分。这一点,将在下文叙述。而孝行分为大、中、小三个不同的等级,为不同阶级、不同阶层的人奠定了孝行的不同基础。从理论上说,"尊亲"是上至天子诸侯,下至平民百姓都应该做到的最高层次,而"弗辱"和"能养"则是每一个人都能够和必须做到的。若每一个人都能够根据自己所处的地位,在力所能及的条件下,虽然所尽孝道的方式和内容有所区别,但在主观上都有一个是否尽心尽力的自我要求。只要主观上尽心尽力,对父母尊敬有加,即使只有粗茶淡饭侍奉双亲,也做到了孝的最高境界;若心无敬意,虽然天天让双亲吃山珍海味,也谈不上尽孝。这就是后来人们尽孝以心不以事的评判标准的确立依据。

第四,明确把日常生活行为之严肃、事君之忠、为官之敬、事友之笃、临阵无勇作为是否行孝的体现,奠定了《孝经》的忠孝合一、以孝劝忠的基础。《吕氏春秋·孝行》记录曾子语云:

> 居处不庄,非孝也;事君不忠,非孝也;莅官不敬,非孝也;朋友不笃,非孝也;战陈无勇,非孝也。五行不遂,灾及乎亲,敢不敬乎!《商书》曰:"刑三百,罪莫重于不孝。"

> 曾子曰:"先王之所以治天下者五:贵德、贵贵、贵老、敬长、慈幼。此五者,先王之所以定天下也。所谓贵德,为其近于圣也;所谓贵贵,为其近于君也;所谓贵老,为其近于亲也;所谓敬长,为其近于兄也;所谓慈幼,为其近于弟也。"

日常生活要端庄严肃,言谈举止要符合既定的礼仪,为臣忠贞不二,做官兢兢业业、小心谨慎,对朋友诚心诚意,在战场上奋勇向前都是孝的体现。做不到这五条,就会招来祸灾,当然要全心全意地做到。要知道,在所有的刑罚中以不孝罪最为严重。而作为国君来说,要治理好天下,也必须做到五点,那就是"贵德、贵贵、贵老、敬长、慈幼",作为天下的表率。崇尚道德(贵德),因为他接近于圣贤;崇尚尊贵(贵贵),因为他接近于君主;尊敬老人(贵老),因为他接近于父母;尊敬长者(敬长),因为他接近于兄长;慈爱幼者(慈幼),因为他接近于弟悌。天子主动作出表率,万民自然归心。这两段话,看上去没有什么关联,实际上是一个问题的两个方面。

（4）孟子的孝道观

孟子名轲,字子舆,鲁国邹(今山东邹县)人,战国时期思想家,是曾子的学生子思的门人,是儒家学派的主要传人,历史上被列为仅次于孔子的亚圣。对孔子、曾子的孝道理论有进一步的发展,也为《孝经》所吸收。

孟子对孔子、曾子的孝道伦理最大的发展在于为孝作为百行之首提供了哲学的依据,这就是他的性善论。对人性问题,孔子曾有所论及,但极为简略。《论语·阳货》云:"性相近也,习相远也。"这儿的性指的是人的本性,意思是说人的天生本性是没有什么差别的,是因为后天环境与学习的不同,彼此之间才有差别。这儿的人性是人的自然属性,没有什么道德的伦理的含义。孟子则认为人的自然本性是"善",是在"善"的层面上把孔子的"性相近,习相远"改造为"性相同,习相远",这就在哲学的层面解释了孝的无上性。

孟子为什么说人的本性是善的?这是因为"人皆有不忍人之心"。《孟子·公孙丑上》说:

> 人皆有不忍人之心。先王有不忍人之心,斯有不忍人之政矣。以不忍人之心行不忍人之政,治天下可运之掌上。所以谓人皆有不忍人之心者,今人乍见孺子将入于井,皆有怵惕恻隐之心。非所以内交于孺子之父母也,非所以要誉于乡党朋友也,非恶其声而然也。

任何一个人,看到小孩将要掉到井里时,都会本能地有惊骇、同情之心,而去救小孩。他们同情心的产生,他们的行为,不是为了和这个小孩的父母攀结交情,也不是为在乡党朋友中间获取名誉,也不是因为不喜欢小孩的哭声才去做。原因是什么?是因为"人皆有不忍人之心"。古代圣王之所以以仁政垂范后世,就是因为圣王们"有不忍人之心"。如果都能以"不忍人之心"治理天下,就一定会有"不忍人之政"即仁政,天下自然太平幸福。以此为基础，孟子进一步论述说：

> 由是观之，无恻隐之心，非人也；无羞恶之心，非人也；无辞让之心，非人也；无是非之心，非人也。恻隐之心，仁之端也；羞恶之心，义之端也；辞让之心，礼之端也；是非之心，智之端也。人之有是四端也，犹其有四体也。有是四端而自谓不能者，自贼者也。谓其君不能者，贼其君者也。凡有四端于我者，知皆扩而充之矣，若火之始然，泉之始达。苟能充之，足以保四海；苟不充之，不足以事父母。

孟子由"人皆有不忍人之心"推导出恻隐之心、羞恶之心、辞让之心、是非之心也是人的天性，这"四心"是仁、义、礼、智四大德行的开始或者说是萌芽，所谓"仁之端""义之端""礼之端""智之端"的"端"就是指开端，就是说人生而有仁义礼智这四种善性，就像有四肢一样；随着年龄的增长，人的四肢要长大，仁义礼智也要随之扩充壮大，这"四端"之由小到大就像星星之火可以燎原、涓涓溪流汇成巨流一样。当然，仁义礼智之扩充，不像四肢那样随着年龄的增长自动长大，而是要不断地加强自我修养，要充分地认识到这一点，要明白，人人本性都是善的，人人都可以成为尧舜那样的圣人，只要发展善性就可以了。否则，善的本性就会变恶。所以说"苟能充之，足以保四海；

苟不充之,不足以事父母"。只要能不断地加强自我修养,使"四心"壮大,不仅能使自己成为贤人君子,而且能够安定天下;如果不能扩充,就连最基本的赡养父母的义务都难以完成。《孟子·告子上》记述孟子和告子对话时,孟子进一步明确说:

> 仁义礼智,非由外铄我也,我固有之也,弗思耳矣。故曰:"求则得之,舍则失之。"或相倍蓰而无算者,不能尽其才者也。

仁义礼智不是人给予的,而是每一个人本来固有的。人们不明白,是因为不去探求它、思考它。只要去探求,就能得到;反之,若予以放任,就失掉了。人与人之间的善恶美丑之所以相差甚远,一倍、十倍,甚至无数倍,就是不能充分发挥他的才性的缘故。

在这里,孟子提出了一个至关重要的认识方法,就是向内心发掘仁义礼智的天性,不要让"善性"离自己而去,就是要"养志",强调自我修养,保持并壮大"本心",克制外物的引诱。现实世界,有仁人君子,也有强盗小人,原因就在于前者能克制耳目之欲,保持本心;后者为耳目之欲所左右,丧失了本心。这是孔子的修身学说的深化。

孟子性善论的目的是论证其仁政的天然性。仁义礼智是人的天然属性,人人都能用仁义礼智的要求规范自己的行为，仁政自然而然地普及天下。作为一个个体的人，自然是身体力行。首先是"事亲"，也就是行孝，孝道逻辑地成为仁政的基础。《孟子·离娄上》云：

> 仁之实，事亲是也。义之实，从兄是也。智之实，知斯二者弗去是也。礼之实，节文斯二者是也。乐之实，乐斯二者，乐则生矣。生则恶可已也。恶可已，则不知足之蹈之，手之舞之。

仁的实际内容就是侍奉双亲，义的实际内容是顺从兄长，智的实际内容就是知道侍奉好父母和顺从兄长这两个道理并坚持实践下去，礼的实际内容就是根据需要及时调节事亲和从兄的关系，乐的实际内容就是在事亲和从兄的过程中得到快乐。既然在事亲和从兄中得到快乐，事亲和从兄就不会停止，自然地手舞足蹈起来。在这里，仁政的内容就是孝道，或者说，行孝道，就是仁政。国君行孝道是仁政，庶民行孝道也是仁政。孝道不是后天灌输给人的内心的，而是人先天具有的美德，只要去思考、身体力行就行了。这为儒家的孝道理论提供了哲学的基础，也是《孝经》把孝道作为天之经、地之义的理论基础。

战国时代，强者争雄，弱者图存，社会动荡不安，社会价值观念多样化，仅仅指出人性本善、善之根本在行孝，对于广大平民百姓来说,过于抽象了,实际意义是有限的。孟子有见于此,对世上的种种不孝行为进行了归纳,使孝的理论具体化。《孟子·离娄下》云:

> 世俗所谓不孝者五:惰其四支,不顾父母之养,一不孝也;博弈好饮酒,不顾父母之养,二不孝也;好货财,私妻子,不顾父母之养,三不孝也;从耳目之欲,以为父母戮,四不孝也;好勇斗很,以危父母,五不孝也。

懒惰不劳作,赌博酗酒,贪财,眼里只有妻子儿女,放纵自我,使父母蒙受羞辱("从耳目之欲,以为父母戮"之"戮"是羞辱的意思,不是杀戮的意思)。好勇斗狠、危害父母在当时比较普遍,其结果是父母无人奉养,是大不孝行为。要行孝,首先要改正这些错误。但是,仅此还是不够的,这仅仅是开始,更重要的是要善始善终,要为老人送终。《孟子·离娄下》云:

> 养生者不足以当大事,惟送死可以当大事。

"送终"是大事。这儿的"送终"并不是说老人去世后将老人殡葬下地的意思,而是强调事死如事生,在老人去世之后仍能按礼制办理丧葬事宜。

孟子继承了孔子、曾子的以孝治国的思想,提倡孝,是为了实现其仁政的理想。不同的是,孟子对孔子、曾子的以孝治国思想在人性的层面进行了新的论证。在孟子看来，人性本善，人们只要能够求诸内心，发现并发扬善性，仁政自然实现。《孟子·公孙丑上》云：

> 人皆有不忍人之心。先王有不忍人之心，斯有不忍人之政矣。以不忍人之心行不忍人之政，治天下可运之掌上。

仁政决定于仁心，仁心决定于性善，性善是人的天性，所以对任何一个人来说，都有实行仁政的本能。所谓"有不忍人之心，斯有不忍人之政"就是这个道理。《孟子·尽心上》云：

> 人之所不学而能者，其良能也；所不虑而知者，其良知也。孩提之童无不知爱其亲者，及其长也，无不知敬其兄也。亲亲，仁也；敬长，义也。无他，达之天下也。

"亲亲""敬长"决定于人的先天的"良能"和"良知"，这是以仁、义治国的基础；影响仁、义发扬光大的则是为世俗所提倡的满足个人私欲的"利"。治理国家，只要抓住人的先天的"良知""良能"，教化万民以仁、义事其君，就能够成为天下明君了。《孟子·告子下》云：

> 为人臣者怀利以事其君，为人子者怀利以事其父，

为人弟者怀利以事其兄，是君臣、父子、兄弟终去仁义，怀利以相接，然而不亡者，未之有也。……为人臣者怀仁义以事其君，为人子者怀仁义以事其父，为人弟者怀仁义以事其兄，是君臣、父子、兄弟去利，怀仁义以相接也，然而不王者，未之有也。

父子、兄弟、君臣之间以利害关系为转移，一切为了利益，去侍奉君王、父亲、兄长，背离仁义，必然导致国家的灭亡。相反，如果臣子以仁义之心侍奉君王，儿子以仁义之心侍奉父亲，弟弟以仁义之心侍奉兄长，从而使君臣、父子、兄弟之间完全去掉"利"字，而只有仁义，国家不兴旺发达是不可能的。

"为人臣者怀仁义以事其君，为人子者怀仁义以事其父，为人弟者怀仁义以事其兄"，只是臣下、子女、幼弟单方面的行为，只强调了做臣下、子女、幼弟的义务。而为君、为父、为兄者要使臣下、子女、幼弟以仁义之心对待自己，自己也要以仁义之心回报之。这就是从自我做起，将自己的不忍人之心推及他人。古代的圣王明君之所以以仁政名垂千古，就是因为他们"以不忍人之心行不忍人之政"，现在的国君只要能"以不忍人之心行不忍人之政"，仁政自然实现，天下自然大治。这只要推己及人，把自己对亲人的天然之爱推及他人就可以了。《孟子·梁惠王上》云：

　　老吾老以及人之老，幼吾幼以及人之幼，天下可运于掌。《诗》云："刑于寡妻，至于兄弟，以御于家邦。"言举斯心加诸彼而已。故推恩足以保四海，不推恩无以保妻子。古之人所以大过人者，无他焉，善推其所为而已矣。

自己有父母，别人也有父母；自己有儿女，别人也有儿女。自己尊敬父母，别人也尊敬父母；自己爱护儿女，别人也要爱护儿女。当自己孝敬父母、疼爱儿女的时候，别人的心情和自己是相同的。敬自己的父母也要敬别人的父母，爱自己的儿女也要爱别人的儿女，人人都以亲爱之心相待，治理天下自然容易，就像在手里把玩玩具一样容易。《诗》说的先给妻子作出榜样（"刑于寡妻"之"刑"通"型"，榜样、模范的意思。"刑"是"型"的初文，后来为了区分，加"土"作"型"），然后给兄弟作出榜样，天下人与人之间的关系就像一个家庭内部的父子、夫妇、兄弟之间的关系一样，都以自己为榜样，自然实现仁政。道理就是由近及远地把恩惠推广开去，能把这种尊尊亲亲之恩推广开去，就能保有四海，否则连自己的妻子都保不住。古代的圣贤之所以远远超过一般人，没有别的诀窍，仅仅是因为他们能够推行他们的好行为而已。

孟子所说的仁爱是亲疏等级之爱，"老吾老以及人之老，幼吾幼以及人之幼"并不是说把别人的父母当作自己的父母，把别人的儿女当作自己的儿女。孟子的意思是由己及人地体会别人的敬父母、爱子女之情而已。"仁之实，事亲是也。义之实，从兄是也"，这都是在家而言。若把家放大，以此治国，仁之实就是忠君，义之实就是敬长。这样"事亲"与"从兄"就合二为一了。《孟子•梁惠王上》说："未有仁而遗其亲者也，未有义而后其君者也。"《孟子•离娄上》说："人人亲其亲，长其长，而天下平。"《孟子•滕文公下》说："入则孝，出则悌，守先王之道。"《孟子•告子下》说："尧舜之道，孝弟而已矣。"其基础都在这里，从而把孝与忠、悌与义合而为一，以孝尽忠、以悌事敬。这不仅在哲学上论证了孝的先天合理性和绝对性，更在哲学的层面论证了孝与忠、孝与义的天经地义。

（5）荀子的孝道观

荀子是战国后期著名思想家，严格说来，其思想体系自成一家，现代学者称其为荀学。但因为荀子的政治主张较多地吸收孔子的，特别重视礼的功能，自己也以儒者自居，人们便以儒家视之，被称为儒学中的荀子学派。对孝道的论述在荀子的思想体系中所占的比重并不大，但是极为重要，有其鲜明的特点，直接影响了《孝经》的内容，为《孝经》所吸收。《孝经·谏诤章》主张子之与父、臣之与君"当不义则争之",而不是一味地顺从。这和孔子的主张有所不同,实际上,这个主张来源于荀子。

荀子认为,君臣、父子、兄弟、夫妇是人伦道德的根本,《荀子·王制》说这四者"始则终,终则始,与天地同理,与万世同久,夫是之谓大本"。但是君臣、父子、兄弟、夫妇的尊卑虽然天经地义,君对臣、父对子、夫对妻、兄对弟也有其行为规范,要合乎礼、合乎义,双方是互惠的关系。《荀子·君道》云:

> 请问为人君?曰:以礼分施,均遍而不偏。请问为人臣?曰:以礼待君,忠顺而不懈。请问为人父?曰:宽惠而有礼。请问为人子?曰:敬爱而致文。请问为人兄?曰:慈爱而见友。请问为人弟?曰:敬诎而不苟。请问为人夫?曰:致功而不流,致临而有辨。请问为人妻?曰:夫有礼则柔从听侍,夫无礼则恐惧而自竦也。此道也,偏立而乱,俱立而治,其足以稽矣。

在荀子看来,父子兄弟之间,具有一定的对等性。为父者要"宽惠而有礼",即宽惠慈爱而按礼的要求行事;为子者要"敬爱而致文",即敬爱父母而尽心尽力地恭敬;为兄者要"慈爱而见友",即仁慈地爱护弟弟而且以朋友看待弟弟;为弟者要"敬诎而不苟",即恭敬地服从兄长没有一丝的马虎；为夫者要"致功而不流，致临而有辨"，即尽力建功立业而不放荡淫乱、尽力接近妻子而有一定界限；为妻者要"夫有礼则柔从听侍，夫无礼则恐惧而自竦"，即当丈夫行事守礼时自己温柔顺从侍奉丈夫，丈夫不守礼则诚惶诚恐地独自保持肃敬。父子、兄弟、夫妇双方各尽本分，为父、为兄、为夫者处于强势一方，应率先作出表率，先尽自己的义务，才能要求为子、为弟、为妇者尽其为子、为弟、为妇之道。这双方偏一不可，"偏立而乱，俱立而治，其足以稽矣"。只强调任何一方都会大乱，只有二者并举，才能太平大治，这在历史上是有着充分的证明的。在这里，荀子除了否认妇女的反抗权以外，即在丈夫不守礼的情况下除了继续柔顺伺候之外，还要诚惶诚恐地保持对丈夫的严肃恭敬，而不能有任何不满的举动，至于儿子对父亲、弟弟对兄长就不然了。若父亲、兄长不守礼在先，儿子、弟弟就可以不守礼在后。当然，这并不是说，当父亲、兄长违礼，未尽为父、为兄之道时，儿子、弟弟就可以不顾礼义、胡作非为，而是要对父亲、兄长的行为以礼抗争。也就是说，要用礼的标准衡量父兄的行为，自己当然要守礼。在荀子那里，礼是最高行为准则，人人都必须守礼。礼是道义的体现，守礼就是守道。所以，荀子主张，父子、兄弟之间，以道义为先，明确宣布"从义不从父，人之大行也"。《荀子·子道》云：

入孝出弟，人之小行也。上顺下笃，人之中行也。从道不从君，从义不从父，人之大行也。若夫志以礼安，言以类使，则儒道毕矣。

在家孝敬父母，出外尊敬兄长，是做人的起码要求。对上顺从，对下宽厚，是做人的一般准则。当君主的行为、要求与道相背离时，服从道而不是服从君；当父亲的行为和要求违背义时，从义而不从父，则是做人的最高德行。人人按礼的要求实现自己的理想，说话做事各守其分，儒家的理想就能实现了。也就是说，在君父之上，还有道义存在，君父也要遵守道义，按道义要求自己。臣子则用道义的标准衡量君父，合乎道义要求的则服从，否则则不服从。为了防止人们对"从道不从君，从义不从父，人之大行也"的理解和执行发生偏差，荀子又进一步指出了孝子不从君父之命的三种情况。《荀子·子道》云：

孝子所以不从命有三：从命则亲危，不从命则亲安，孝子不从命乃衷；从命则亲辱，不从命则亲荣，孝子不从命乃义；从命则禽兽，不从命则修饰，孝子不从命乃敬。故可以从而不从，是不子也；未可以从而从，是不衷也。明于从不从之义，而能致恭敬、忠信、端悫以慎行之，则可谓大孝矣。

这三种情况：一是服从命令会给父母带来危险，不服从则使父母安全,孝子不服从命令是忠的体现;二是服从命令会使父母蒙受耻辱,不服从则使父母获得荣耀,孝子不服从命令是奉行道义的体现;三是服从命令会使自己的行为如同禽兽,不服从则使自己富有修养和端庄,孝子不服从命令就是恭敬。该服从而不服从,是不尽孝子之道;不该服从而服从,是对父母的不忠;明白了服从与否的道理,能做到恭敬守信、忠诚正直、谨慎尊重,就是大孝。

仅仅停留在服从与否的层面上,只能算是消极的尽孝,积极的尽孝是在不服从的同时要使君父改变其错误的决定和命令,这就是"争"。《荀子·子道》云:

> 父有争子,不行无礼;士有争友,不为不义。故子从父,奚子孝?臣从君,奚臣贞?审其所以从之之谓孝,之谓贞也。

"争子"是父亲不做错事、不违背礼法的保证;"争友"是规劝朋友,避免朋友违背道义礼法。所以,笼统地说,儿子要服从父亲、臣下要服从君主,并不符合忠、孝之义。只有明白什么情况下应该服从,什么情况下不能服从,才是忠、孝的本义。

荀子论父子关系是为了说明君臣关系,强调臣子对君主的规谏功能,为了道义的无上性,臣子要尽到谏、净、辅、拂的作用。《荀子·臣道》云:

君有过谋过事,将危国家、殒社稷之惧也,大臣父兄有能进言于君,用则可,不用则去,谓之谏;有能进言于君,用则可,不用则死,谓之争;有能比知同力,率群臣百吏而相与强君挢君,君虽不安,不能不听,遂以解国之大患,除国之大害,成于尊君安国,谓之辅;有能抗君之命,窃君之重,反君之事,以安国之危,除君之辱,功伐足以成国之大利,谓之拂。故谏、争、辅、拂之人,社稷之臣也,国君之宝也,明君之所尊厚也,而暗主惑君以为己贼也。

这是荀子"从道不从君"的系统说明。所谓谏、诤、辅、拂是臣子对国君错误的想法和行为所采取的四种不同程度的劝阻措施。君主有错误的想法和行为,将给国家社稷带来危害,臣子和家人能够及时劝阻,国君若采纳就继续为官,不能采纳则辞官不做,这是谏;虽谏而国君不听,自己能够以死相争,这是诤;如果能够联合群臣,同心同德,强迫国君改变自己错误的想法和行为,国君虽然不乐意,又不能不听,从而解除国家的祸患,使国君的君位更加巩固、更受到人们的尊重,国家更安全,这是辅;当国君一意孤行,坚持错误时,臣子能够公开地违抗君命,并且利用国君的权力,以国君的名义行事,从而挽救国家于危险状态,使国君免受耻辱,用兵出战能为国家带来巨大的利益，属于"拂"的行为。

　　从单纯的君臣关系而言，谏、诤、辅、拂固然违背了君主的主观意愿，但是对国家有利，君之本在国，国家安全了，君位才能巩固，这看上去违背了为臣子的忠顺之道，但这种违背才是真正的忠顺。从道不从君，道的最高体现就是国家利益和国家安全。荀子的这一主张是对孔子孝、忠观念的发展，而为《孝经》所全面继承，也更说明了《孝经》的目的是忠君。

　　（6）《礼记》中的孝道观念

　　战国时代，百家争鸣，各家各派的思想体系、政治学说、伦理观念虽有不同，但对孝观念都持肯定态度，而就孝道的内容来说则以儒家学派最为丰富。上举孝道思想是儒家学派的代表，也是先秦孝道理论的主流，其他各个学派的孝道理论虽然和《孝经》也有一定的关系，但居于次要地位，故不再一一评述。

　　上举儒家代表人物的孝道思想，就其内容来说，主要偏重于对孝道伦理的阐发，除此之外，儒家学者还极力提倡遵守一系列关于孝行的行为规范，这就是礼，也就是区分尊卑等级的制度。理论是制度的内涵，制度是理论的外在体现，二者相互依存。因其如此，孔子才极力提倡恢复西周的礼制，按照西周的礼制治理天下就是仁政。因为礼是仁政的制度体现,故先秦儒家对礼极为重视,包括孔子在内的儒家学者都曾用了很大力气予以整理和保存,直到西汉时期还在继续这一工作,并最终形成了《礼记》一书。《礼记》虽到西汉才最终编定成书,我们现在看到的篇章结构是在西汉最终确定的,但其内容基本是西周、春秋时期的遗存,经过战国儒者的整理,掺杂着战国儒生的设计。

《礼记》的内容十分庞杂,大体上可以分为两大部分:一是关于具体行为规范的规定,可以算是各种仪式,这部分大约是西周、春秋时期遗留下来的内容;二是对各种仪式的理论解释,可以称之为礼之"义"。关于礼之"义"的思想内容,主要是儒者集合孔子、曾子、孟子、荀子的相关论述,有些就是孔子、曾子的原话,没有必要予以列举,但是其各种礼仪制度是孝道伦理的行为规程,既是孔、曾、孟、荀所肯定,更是《孝经》的理论依据,还要简述如下,以便于对《孝经》内容的理解。

"礼"是西周等级制度的总称,内容极为复杂,反映孝道伦理也是对后世孝行影响最大的主要有:侍奉父母的居家之礼和父母去世之后的丧葬、祭祀之礼。《礼记•内则》是叙述儿子、儿媳侍奉父母、公婆及其他长辈的礼仪专篇。按《内则》所述,子女对父母本着敬顺的宗旨,每天天将亮就起床,梳洗之后先到父母身边,伺候父母起床、用完早餐之后，再各自处理家务；晚上先伺候父母睡下，看看父母有什么需要的，确认父母确实没有什么需要之后自己才能睡；平时无事时就在父母身边听从使唤，陪父母说话，让父母开心；在父母身边时，不能大声说话，不能呵斥下人；不准有任何父母不喜欢的举止；无论什么原因不准有任何不愉快的表情；父母叫坐再坐，不叫坐则不能坐，叫离开再离开，否则不能离开；当父母生病时，更要战战兢兢，抛开一切事务，全力陪护父母，请医问药，端茶倒水，不得假手他人；当发现父母有什么不妥当的行为和言论时，则柔声细语地予以劝谏，父母如不接受，就寻找机会再进行劝谏，再劝谏还不接受，自己只能在心中焦急，表面上还要流露出愉快的表情，按照父母的意见办；等等。如果父母去世，则严格按照丧葬礼仪执行，逢年过节，恭恭敬敬地祭祀，其内容极其繁琐，每一项都是慎终追远、反本报恩的体现，表示孝子对死者的怀念和感激。所有这一切，都是《孝经》要求人们遵守的内容，构成了两千多年以来中华民族行为规范的重要组成部分。

3.《孝经》思想评述

明白先秦儒家孝道伦理的主要内容之后，对《孝经》的思想内涵就容易理解了。前已指出，传世《孝经》有今文本和古文本两种，今文本18章全文加标题总计1 802个字,古文本22章全文加标题总计1 896个字。二者的区别一是分章不同,二是古文本多出《闺门章》,专门强调家庭内部礼仪,其文云:"子曰:闺门之内,具礼矣乎!严父严兄。妻子臣妾,犹百姓徒役也。"意思是说:"在家庭内部,也要按照礼仪来管理。尊敬父母,顺从兄长。要像对待平民百姓那样对待妻子儿女、奴婢佣人,也要用孝道来教育和治理。"其余内容则完全一致。无论是今文本还是古文本,区区一千八百多字,怎么可能将孝道伦理阐述清楚而成为后世的经典?原来《孝经》对孝道伦理的阐述并不是对先秦儒家孝思想的重复,而是在高度概括的基础上,重点揭示孝道在儒家伦理思想体系中的核心地位,论述孝亲与忠君的关系,其内容较之孔子、孟子、曾子、荀子的有关论述更加丰富和集中。通过《孝经》,人们对孝道的功能和意义会有更深刻的理解,至于如何把孝的思想化为具体行动、按照什么标准去做,则有先贤们的各项论述和制度,所以不再一一详述。现将《孝经》的思想内容评述如下。因为就思想的完整性来说,以今文本的分章较为合理,流传也最为广泛,所以,下面的评述即以今文文本为依据。

(1)孝源于天

《孝经》认为孝是人类固有的良知和美德,是先天生成的,这从人性的角度说是来源于孟子的性善说,但并不是像孟子所说性善是为了说明人人可以成为孝子贤孙,而是为了说明孝道的神圣性。《圣治章》云:"父子之道,天性也,君臣之义也。"这是对孝道来源的说明。父子之道的本质是孝道,父子关系是天定的,孝道也是天定的。所以孝道和天道相同,人们必须像服从天道那样严守孝道。《三才章》云:"夫孝,天之经也,地之义也,民之行也。天地之经,而民是则之。则天之明,因地之利,以顺天下。"孝的基本含义是子女对父母的赡养,其赡养质量决定于方方面面的因素,但《孝经》认为孝是天经地义、是上天所决定的,人要无条件地绝对执行。在古人心目中,天是最高神明,孝道是天经地义的,那么关于孝的一切行为也都有冥冥之中的神灵在掌管了。后人正是沿着这一思路解释孝的。

西汉时,董仲舒运用阴阳五行思想阐释、改造儒家思想,把儒家学说神圣化,对《孝经》中的"夫孝,天之经也,地之义也,民之行也。天地之经,而民是则之。则天之明,因地之利,以顺天下"进行了充分的发挥。《春秋繁露·五行之义》篇说:"天有五行:一曰木,二曰火,三曰土,四曰金,五曰水。木,五行之始也;水,五行之终也;土,五行之中也。此其天次之序也。木生火,火生土,土生金,金生水,水生木,此其父子也。木居左,金居右,火居前,水居后,土居中央,此其父子之序,相受而布。是故木受水,而火受木,土受火,而金受土,水受金也。诸授之者，皆其父也；受之者，皆其子也。常因其父以使其子，天之道也……故五行者，乃孝子忠臣之行也。"五行的概念，原本是自然界五种物质名称，大约在商周之际，人们开始用这五种物质名称概括自然界的各种存在。后来，有思想家根据五行的自然属性，人为排列出五行的主从互动次序，即相生、相胜说。所谓相生就是木生火，火生土，土生金，金生水，水生木；所谓相胜，就是木胜土，土胜水，水胜火，火胜金，金胜木。战国时代，在齐国、燕国等地有一部分思想家，用五行关系解释人类历史变迁和人际关系，把政治、历史变迁和道德关系神秘化，认为这五行的相生和相胜都是由冥冥之中的神明掌握的，不以人的主观意志为转移，形成阴阳五行学派。董仲舒就是按照阴阳五行学派的主张将孝道神秘化和神圣化的。在董仲舒看来，阴阳五行的次序是恒定不变的，父子关系、君臣关系也是恒定不变的。木与火、火与土、土与金、金与水、水与木的关系，是父与子、君与臣的关系；反之，则是子与父、臣与君的关系。董仲舒在《春秋繁露·五行对》篇回答河间献王如何理解《孝经》的"夫孝,天之经,地之义"的询问时，就是按照"木、火、土、金、水"相生的模式来解释父子关系的，说"是故父之所生，其子长之；父之所长，其子养之；父之所养，其子成之。诸父所为，其子皆奉承而续行之，不敢不致如父之意，尽为人之道也……

由此观之,父授之,子受之,乃天之道也。故曰:夫孝者,天之经也"。

《孝经·感应章》是专门讲述天人感应的,反复强调"事父"等于"事天","事母"等于"事地"。是否按照孝道的规范对待父母,天地神明是明察秋毫的。其文云:

> 子曰:昔者明王事父孝,故事天明;事母孝,故事地察;长幼顺,故上下治。天地明察,神明彰矣。故虽天子,必有尊也,言有父也;必有先也,言有兄也。宗庙致敬,不忘亲也。修身慎行,恐辱先也。宗庙致敬,鬼神著矣。孝悌之至,通于神明,光于四海,无所不通。《诗》云:"自西自东,自南自北,无思不服。"

这是就天子行孝而言的。父是天,母是地;天地秩序不能更改,祭祀天地就是孝敬父母,反之,孝敬父母和祭祀天地有着同样的意义,天帝与地神更是明察子女的孝敬之心。神明洞察孝行,感到满意,就会显灵,降下福佑。天子地位虽尊,但毕竟还有尊于他、长于他的人,这就是父辈、兄长。诚心敬意地祭祀先祖,在宗庙里表达出对先人的至诚敬意,先祖的灵魂就会来到庙堂,就会感动天帝之神。这伟大孝道就会充塞于天地四海之间,从而使天下大治。以天子之尊,都要天经地义地行孝,接受冥冥之中神灵的监督和保佑,普通百姓的孝行自然也处于神灵的感应之下,行孝不仅可以使祖先满意,保佑子孙,更能得到神灵的保佑。

(2)孝是伦理的本原

孝为百行之本,是道德伦理的总纲,抓住了孝道,就能纲举目张。要推行人类所有的道德教化,必须从孝道开始。《孝经》第一章《开宗明义章》说:"夫孝,德之本也,教之所由生也。""先王有至德要道,以顺天下,民用和睦,上下无怨。"这"至德要道"就是孝。意思是说,先王治国的根本经验就是推行孝道,是使万民归心、百姓团结、上下和睦的不二法门。《广要道章》说:"教民亲爱,莫善于孝。教民礼顺,莫善于悌。"为什么?《圣治章》有系统的说明:

> 天地之性人为贵。人之行莫大于孝,孝莫大于严父,严父莫大于配天,则周公其人也。昔者周公郊祀后稷以配天,宗祀文王于明堂以配上帝。是以四海之内各以其职来助祭。夫圣人之德又何以加于孝乎?故亲生之膝下,以养父母日严。圣人因严以教敬,因亲以教爱。圣人之教不肃而成,其政不严而治,其所因者本也。

人是天地间万物生灵之长,最为尊贵,人的所有品行以孝最为伟大。在孝行之中,以尊敬父亲最为重要。而尊敬父亲又以在祭祀天帝时以祖先辈配祀最为重要。这是周公定的成例。周公郊祀时以先祖后稷配祀天帝；在明堂聚集全族祭祀时以父亲文王配祀上帝，为天下行孝作出了最高的榜样。所以四海之内的诸侯都能尽到本分，顺从周公，主动贡献土特产祭祀先王。所以说，圣人的德行又还有哪一种能比孝行更为重要的呢？子女出生离不开父母，对父母天生亲爱；长大成人，奉养父母，懂得了对父母的尊敬。圣人根据子女对父母尊崇的天性，引导他们敬父母；根据子女亲近父母的天性，教导他们爱父母。圣人教化人民，不需要采取严厉的手段就能获得成功；他对人民的统治，不需要采取严厉的办法就能把国家治理得很好。其原因就在于他能根据人的本性，以孝道去引导人民。

（3）事亲以礼，立身行道

既然孝是百行之首，那怎样行孝？《开宗明义章》说："身体发肤，受之父母，不敢毁伤，孝之始也。立身行道，扬名于后世，以显父母，孝之终也。"对于一个个体的人来说，生命是父母给予的，保全生命、使身体发肤免于损伤是行孝的基本要求。怎样才能免于伤及身体发肤？这要有各个方面的规范，最主要的：一是不涉险、不斗殴，二是不犯法、免刑罚。这二者又是同一问题的两个方面，涉险、斗殴也是犯法行为，也要受到刑罚的处置。也就是说，行孝有着不同的层次要求：遵纪守法、免于刑罚是行孝的基本要求，是行孝的开始；更高层次的要求是"立身行道，扬名于后世，以显父母"，也就是成就一番事业，遵循天道，扬名于后世，光宗耀祖。所以紧接着又以孔子的名义总结说"夫孝，始于事亲，中于事君，终于立身"。这"中于事君，终于立身"就是"立身行道，扬名于后世，以显父母，孝之终也"的概括。但是，能够建功立业的毕竟是少数人，因为建功立业的前提是仕进做官，是"事君"。由于官位有限，大多数人是无法建功立业的，他们只能是安分守己地"事亲"。"事亲"是大多数人行孝的全部内容，但是，尽管大多数人行孝的全部内容是"事亲"，但其内心的追求绝不能仅仅局限于"事亲"，要想得远些，要想着怎样光宗耀祖。而要光宗耀祖，首先要尽心"事亲"。《孝经》是考虑到这一问题的，对"事亲"有着明确的要求。《纪孝行章》云：

> 子曰：孝子之事亲也，居则致其敬，养则致其乐，病则致其忧，丧则致其哀，祭则致其严。五者备矣，然后能事亲。事亲者，居上不骄，为下不乱，在丑不争。居上而骄则亡，为下而乱则刑，在丑而争则兵。三者不除，虽日用三牲之养，犹为不孝也。

侍奉双亲的具体要求分为两个层面。一是体现在日常家居时,要充分表现出对父母的恭敬,供奉饮食要充分表达出照顾父母所带给自己的快乐,真心实意地感到侍奉父母是人生最大的幸福。父母生病时,处处由衷地流露出自己对父母健康的忧思之情、关切之意。父母去世时,要充分表达悲伤哀痛。祭祀时要充分表达出敬仰与肃穆。这五点都做到了,做齐全了,就是侍奉双亲尽孝道了。这都是指在家庭内部生活而言的。二是体现在社会上,无论自己身份高低,能安于现状,不给父母带来任何忧虑就是行孝道。身居高位者,不骄傲恣肆;为人臣下者,不生叛乱之心,不犯上作乱;地位卑贱者,不相互争斗。因为身居高位而骄傲恣肆,就会灭亡;为人臣下而犯上作乱就要遭到刑戮;地位卑贱而相互争斗就会相互残杀。如果这三种行为不去,天天用牛羊猪三牲、珍馐异馔来奉养双亲,也是不孝。

孝是"事"与"敬"的统一。"事"是日常生活对父母的侍奉,严格按照要求去做,不能有任何的怠慢;"敬"是内心对父母的尊敬和顺从,在日常生活琐事中体现出来。当然,这里的"居则致其敬,养则致其乐,病则致其忧,丧则致其哀,祭则致其严,五者备矣,然后能事亲"云云并不是说子女对父母的绝对服从。父母也是凡人,也有七情六欲,所思所想所为难免有时失当。当父母的言论行为不合圣人之道时,子女不能无条件服从。《谏诤章》云:

曾子曰:"若夫慈爱、恭敬、安亲、扬名,则闻命矣。敢问子从父之令,可谓孝乎?"子曰:"是何言与?是何言与?昔者,天子有争臣七人,虽无道,不失其天下;诸侯有争臣五人,虽无道,不失其国;大夫有争臣三人,虽无道,不失其家;士有争友,则身不离于令名;父有争子,则身不陷于不义。故当不义,则子不可以不争于父,臣不可以不争于君。故当不义则争之。从父之令,又焉得为孝乎!"

行孝当然要听从父亲的话,处处和父母作对就谈不上什么孝了。但是,仅仅能够听从、服从的话还不能算是完全的孝,这要看父母的言与行是否"义"!父子关系和君臣关系相同,臣子对君王有劝谏的义务,臣子尽到了其劝谏的责任,是国家稳定的条件之一。以历史而论,天子身边有能直言劝谏的大臣七人,天子虽然无道,天下还不至于失去;诸侯身边有能直言劝谏的大臣五人,诸侯虽然无道,国家不至于覆亡;大夫身边有能直言劝谏的家臣三人,大夫虽然无道,还不至于丢掉封邑;士身边有能直言劝谏的朋友,就会有良好的名声;父亲身边有敢于劝谏的儿子,那么父亲就不会陷于错误之中、作出不义的事情。所以,当君王有不义的行为和言论时,臣子必须劝谏;当父亲有不义的言论和行为时,做儿子的必须劝谏,只有保证父亲不陷于不义境地才是完全的孝道。所以，儿子对父亲不是完全的服从，还要明白什么是义、什么是不义；对父亲不符合"义"的要求是要劝谏的，而不是服从，如果盲目地服从同样是违反孝道。

孝的具体行为，是生则致其养和敬，死则致其哀。"致其哀"是孝行的重要组成部分。《丧亲章》有详细的要求：

> 子曰：孝子之丧亲也，哭不偯，礼无容，言不文，服美不安，闻乐不乐，食旨不甘，此哀戚之情也。三日而食，教民无以死伤生，毁不灭性，此圣人之政也。丧不过三年，示民有终也。为之棺、椁、衣、衾而举之；陈其簠、簋而哀戚之；擗踊哭泣，哀以送之；卜其宅兆，而安措之；为之宗庙，以鬼享之；春秋祭祀，以时思之。生事爱敬，死事哀戚，生民之本尽矣，死生之义备矣，孝子之事亲终矣。

这段话有三层含意：一是事死如事生，父母去世，子女的哀戚之情要以符合礼仪的方式表达出来，言谈举止、衣食住行各有仪轨。哭要气尽而声止，而不能有任何的拖腔拖调（偯，哭声绵长貌），不能顾及行为举止的仪容姿态，说话不要讲求什么语言的修饰美；服丧期间，即使穿上华美的服装而内心也觉得难受，听了动听的音乐也感到内心的痛苦，美味佳肴也是食而无味，这些都是哀戚之情使然。

二是哀伤有度,衣不暖身、食不果腹固然是哀戚之情的自然流露,但长此以往要伤及身体,危及生命。所以,丧礼规定,父母死后三天,子女应当开始吃饭,这是教导人们不能因为死者伤及生者的健康,这是圣人的政教。为父母服丧三年而止,表明丧日是有终结的,不能任意延长和缩短,延长对正常的生产和生活影响太大,不利于家族繁衍、光宗耀祖;缩短则是违礼。三是料理好后事,准备好棺椁衣衾将遗体装殓好,摆好供奉用具,盛放上供献的祭品,寄托哀思;捶胸顿足,号啕大哭,万分悲痛地送葬;占卜吉凶,选择墓穴和陵园;将亲人安葬以后,设立宗庙,一年四季,按时祭祀,表达追念之情。总结为一句话:父母活着的时候,以爱敬之心奉养;父母去世,以哀痛之心办理后事,严格遵守各项礼制,能够做到这些就是尽到了孝道。

(4)忠孝合一,以孝劝忠

《孝经》的目的是实现"孝治",即以孝治理天下,收到长治久安之效果。《开宗明义章》第一句话就点出了这一主题:"仲尼居,曾子侍。子曰:'先王有至德要道,以顺天下,民用和睦,上下无怨。'"这"至德要道"就是孝道,其目的是"顺天下",使万民和睦,上下无怨。《开宗明义章》又云:"夫孝,始于事亲,中于事君,终于立身。"这是全书的宗旨。"事亲"只是孝的初级要求,"事君"才是核心,因为"事君"是"立身"的前提,不能"事君"就谈不上"立身"。把"事亲"之行移之于"事君",臣子像对待父亲那样对待君主,人君自然可以像父亲对待儿子那样对待臣下,从而真正做到"君父一体""家国一体"。所以提倡孝道的目的并不仅仅在于和睦家庭,而是为了治国的需要,事亲是为了事君。《孝治章》云:

> 子曰:昔者明王之以孝治天下也,不敢遗小国之臣,而况于公、侯、伯、子、男乎?故得万国之欢心,以事其先王。治国者不敢侮于鳏寡,而况于士民乎?故得百姓之欢心,以事其先君。治家者不敢失于臣妾,而况于妻子乎?故得人之欢心,以事其亲。夫然,故生则亲安之,祭则鬼享之。是以天下和平,灾害不生,祸乱不作。故明王之以孝治天下也如此。《诗》云:"有觉德行,四国顺之。"

圣君明王以孝治天下的具体做法,就是以礼对待天下的所有属国,即使是偏远边陲地区的最小的属国使臣来朝见,都不敢有任何的疏忽和遗漏,一切严格地按照礼仪要求行事;那些有着公、侯、伯、子、男爵称的大国国君们看在眼里,必然会喜在心里,因为天子对待小国甚至是蛮夷之邦都如此彬彬有礼,自己是大国之君自然会受到更高的礼遇，从而衷心地爱戴天子，天子自然赢得天下归心。天子这样做了，他们就会主动地效法，积极参加祭祀先王的祭奠，共同弘扬孝道。以孝治理国内事务时，只要能够恩泽广被，主动关心优恤那些丧失劳动能力的鳏寡孤独的人，那些为国效力的士人和平民自然是充满着喜悦和感激：不能生产、不能为国家效力的人都受到很好的照顾，自己身强力壮，正在为国效力，国君还会亏待自己吗？他们自然会尽心尽力地为国君做事。同样道理，治家能以礼对待臣妾，族内成员，无论长幼、妻子儿女，自然会受到礼遇，自然全心全意地侍奉双亲，从而使家庭幸福，宗族和睦。以上都能做到，使父母生前能够过着安乐的生活，死后得到正常的祭祀，就能使天下太平，风调雨顺，社会稳定，民生安乐。所有这一切都是圣王以孝治天下的结果。通观《孝治章》全文，所谓以孝治天下就是遵照礼制的等级顺序，使尊卑有序、长幼有节，以实现太平盛世。

君王以礼待万民和臣下，臣民们自然要按照礼的要求尽自己的本分，将对父母之孝化作对君之忠。《开宗明义章》所说的"身体发肤，受之父母，不敢毁伤，孝之始也"，明白了孝与忠的关系之后，对此的理解就深入一层了。诚如旧注所说，所谓"身体发肤，受之父母，不敢毁伤"就是指遵守现存的一切法律秩序，尽心效忠国家。这里的"身体发肤，受之父母，不敢毁伤"是指避免触犯刑律，受到刑罚。发肤之受损，有两种情况：一种是好勇斗狠，打架斗殴；一种是触犯刑法，受到处罚，如髡刑之剃掉头发，墨刑之毁坏皮肤，劓刑、刖刑、宫刑之残伤肢体。前者仅仅是不能侍奉双亲，后者则是不忠的体现，导致宗族的耻辱。只有避免这两种行为，所谓的"立身行道，扬名于后世"才有可能。《大戴礼记·曾子大孝》说："居处不庄，非孝也；事君不忠，非孝也；莅官不敬，非孝也；朋友不信，非孝也；战陈无勇，非孝也。五者不遂，灾及乎身，敢不敬乎？"阮元注释说："不庄、不忠、不敬、不信、无勇，皆为致祸害，受刑罚，毁伤身体，辱及其亲。"这可谓得到了《孝经》的心法。

（5）五等之孝

孝有等级，由亲及疏、由尊及卑，从而规划了一个秩序井然的等级社会，进一步将孝亲和忠君合一。《孝经》把孝行分为五等，即天子、诸侯、卿大夫、士、庶人，不同阶层的孝行的内容是不同的，其社会功能也不同。其中真正意义上的孝行并不多，主要还是说忠的问题。《天子章》云：

> 子曰：爱亲者，不敢恶于人；敬亲者，不敢慢于人。爱敬尽于事亲，而德教加于百姓，刑（引者按：型的通假，典范、榜样的意思）于四海，盖天子之孝也。《甫

刑》云:"一人有庆,兆民赖之。"

这段话先从一般理论说起,然后归结为天子如果做到了,成为天下的榜样,就能天下大治。从理论上讲,凡是亲爱自己的父母,也就不会厌恶别人的父母;能尊敬自己的父母,也就不会怠慢别人的父母。天子能以爱敬之心全力侍奉父母,就是以至高无上的道德教化人民,成为天下万民效法的典范。天子行善,则万民有所依靠。天子行孝是为了教化民众,让万民归心,至于使双亲怡乐这个孝的核心倒并不那么被看重。

再看诸侯之孝,《诸侯章》云:

> 在上不骄,高而不危;制节谨度,满而不溢。高而不危,所以长守贵也;满而不溢,所以长守富也。富贵不离其身,然后能保其社稷,而和其民人。盖诸侯之孝也。《诗》云:"战战兢兢,如临深渊,如履薄冰。"

名为诸侯之孝,在规定的诸侯孝行中连一个孝字都没提到,根本没涉及诸侯如何侍奉双亲的问题。那么,诸侯的孝是什么?答案就是如何保持自己的富贵。身居高位而不骄傲,尽管高高在上,也不会有倾覆的危险;俭省节约,遵守法度,财富再多也不会僭越奢侈,违背礼制。做到这两点,就能长久地保持荣华富贵,保持自己的封国,使封国内人民和睦相处。《诗经》里所说的"战战兢兢,如临深渊，如履薄冰"就是指诸侯行孝而言。一句话，诸侯之孝就是安分守己，保持其地位，不可有非分之想，去想什么天子之位，犯上作乱。在这里，不仅孝与忠完全合一，而且是以忠代孝。

同诸侯之孝一样，卿大夫之孝也是如此。《卿大夫章》云：

> 非先王之法服不敢服，非先王之法言不敢道，非先王之德行不敢行。是故非法不言，非道不行；口无择言，身无择行。言满天下无口过，行满天下无怨恶。三者备矣，然后能守其宗庙。盖卿大夫之孝也。《诗》云："夙夜匪懈，以事一人。"

这里明确规定卿大夫行孝的内容就是谨慎遵守祖宗之法，衣服、语言、行为各个方面都要严格遵守先王的规定，从而做到言不出错、行不招恶，不管是白天还是黑夜，从早到晚，都小心翼翼、忠心耿耿地臣事于天子（即"一人"，商周时代，天子称"余一人"），永久地保住宗庙。在这里更是只字未提事亲的内容，完全是以忠代孝。

《孝经》对贵族的行孝要求，只对士这一阶层谈到事亲的内容。《士章》云：

> 资于事父以事母，而爱同；资于事父以事君，而敬同。故母取其爱，而君取其敬，兼之者父也。故以

孝事君则忠，以敬事长则顺。忠顺不失，以事其上，然后能保其禄位，而守其祭祀。盖士之孝也。《诗》云："夙兴夜寐，无忝尔所生。"

士是贵族阶级的最低一级，没有什么封国食邑需要"战战兢兢，如临深渊，如履薄冰"般地去保有，就无法以利害关系告诫士如不行孝的严重后果，就转而讲述孝与忠的关系以说明行孝的必要。对母亲行孝是基于爱心，对父亲行孝是敬、爱兼有。有孝行的人为国君服务自然忠诚，对待上级自然顺从。忠于国君，顺于上级，当然能保住禄位，使祖先世世代代都能享受后代的祭祀。其目的还是忠。"资于事父以事君"是《士章》的目的。

庶人处于社会最底层，他们的孝只有侍奉父母了。《庶人章》云：

> 用天之道，分地之利，谨身节用，以养父母。此庶人之孝也。故自天子至于庶人，孝无终始，而患不及者，未之有也。

平民百姓终日辛勤劳作，只能按照上天的安排，一年四季，春耕夏耘，秋获冬藏，根据土地质量的高低肥瘠，合理种植作物，省吃俭用，安分守己，不得有任何不满与怨恨，尽心尽力地奉养父母。这样，上自天子，下迄庶民，孝道无始无终，一以贯之，都能各行其孝，是不用担心有人做不到的。

　　从五等之孝的内容能够看出来，只有庶人之孝有事亲的实质性内容，其余讲的都是忠，所谓孝的概念在这里被置换掉了。所谓孝有等衰，本质上是要求社会各阶层、各阶级根据自身社会地位和权利的要求尽忠于国君而已。就以庶人而论，集中精力侍奉双亲，其结果也还是尽忠——做一个孝子顺民，任由贵族老爷们欺压盘剥就行了。

二 《孝经》的传播和孝道伦理的历史变迁

《孝经》成书之后,和其他儒家著作一样,都是作为私人著述在儒家学派内部师徒相传,在社会上提倡孝行,希望建立一个和谐有序的等级社会。从历史发展的大趋势来看,是为即将到来的大一统国家提供一个以尊尊亲亲为基础的治国蓝图。这只能适用于和平时期,而在战国末年兼并战争如火如荼的条件之下,东方六国忙于对付秦国的进攻,秦国正依靠强大的军事力量统一天下,无论哪一个国家都将武功放在第一位。而在先秦百家争鸣过程中,除了儒家重视孝道之外,其他各家大都自有其说,孝道在其学说体系中的比重都不大。所以,《孝经》所提倡的孝伦理既缺乏理论上的认同,也缺乏政治上的支持。就当时的社会价值观来说,普遍崇尚的是功利,缺少道德伦理的自我约束。司马迁曾以高度概括的语言表述当时的社会价值观念说"天下攘攘,皆为利往;天下熙熙,皆为利来"(《史记》卷一二九《货殖列传》)。一个"利"字再恰当不过地总结了世人的人生追求。在当时,无论是平民百姓,还是统治者,都不可能认识到《孝经》的政治功能和社会作用。直到西汉建立以后,《孝经》的价值才被发现,成为汉代治理天下的依据,孝道真正地成为伦理的本原而受到社会各阶层的大力提倡和身体力行。在汉代以后的历史变迁中,《孝经》的影响越来越大,内容越来越丰富,孝伦理和政治的结合越来越紧密,对人们的约束也越来越具体。

1. "汉以孝治天下"与《孝经》经学地位的确立

西汉建立之后,刘邦刚刚登上皇帝的宝座,朝野上下就展开了轰轰烈烈的大讨论,探讨秦朝迅速灭亡的原因,探寻汉家如何统治天下,怎样才能长治久安,避免重蹈亡秦覆辙。结果认为,秦朝是因为用刑太急、徭役太重、民不堪命而速亡。汉朝要想巩固统治,就要兴教化、倡德治、轻徭役,让万民归心。刘邦对讨论的结果予以认可,采取的措施就是减少徭役赋税,与民休息,实际上就是初步接受儒家以仁德治国的政治建议,矫正秦朝唯法是尊、禁止其他学说传布的错误做法。但在当时的历史条件之下,究竟用什么样的意识形态治理国家,刘邦君臣还在探索之中,而就稳定社会秩序以恢复生产发展而言,显然要先稳定家庭秩序，而稳定家庭秩序当然离不开孝道。

在这场大讨论中，最能集中反映当时主流思想的是陆贾的《新语》一书。《新语》的主导思想就是在制度已经建立的情况下，君主不要去大兴土木、滥开边衅，特别是大乱之后，人心思治，君主的任务就是按照制度执行，用儒家的仁义道德教化百姓自觉地遵守法度、维护汉家统治，从而让平民百姓在法度的范围内尽力生产，休养生息。对于君主而言，这就是"无为而治"。而教化百姓的首要内容就是忠和孝。《新语·无为》云："夫法令者所以诛恶，非所以劝善。故曾、闵之孝，夷、齐之廉，岂畏死而为之哉！教化所致也。"孔子的学生，名列七十二贤人的曾子、闵子骞以孝闻名，古代伯夷、叔齐是重义轻利的廉洁典范，他们之所以如此，都不是因为法律管制的结果，而是教化使然。《新语·至德》说出了推行教化的目的是使"在朝者忠于君，在家者孝于亲"。实际上就是把《孝经》的五等之孝加以简单的表述，也就是要求刘邦首先用孝道教化百姓做个顺民。刘邦之时因忙于讨伐异姓王、建立刘氏家天下，没有来得及把陆贾的建议全面地付诸实践，但奠定了以后"以孝治天下"的政治基础。所以，汉文帝即位之后，遵循父志，加强社会道德建设，让人民自觉地接受汉家统治，明确号令天下："汉以孝治天下。"

（1）"以孝治天下"的政治体现

《孝经·天子章》说："爱亲者，不敢恶于人；敬亲者，不敢慢于人。爱敬尽于事亲，而德教加于百姓，刑于四海，盖天子之孝也。""汉以孝治天下"首先从天子做起。刘邦死后，皇位由嫡长子刘盈继承，刘盈死后，谥为孝惠帝，从此以后，所有皇帝的谥号都加"孝"字，表示"孝子善述父之志"。在皇家祭祀仪式所奏的音乐和颂词中，更是高唱孝歌。如"大孝备矣，休德昭清。高张四县，乐充宫庭""清明畅矣，皇帝孝德。竟全大功，抚安四极""孝奏天仪，若日月光……孝道随世，我署文章"等等。（《汉书》卷二十二《礼乐志》）反复称颂皇帝孝行和孝德，表明无论是死去的前任皇帝还是在位的现任皇帝，都是力倡孝道，并身体力行。其目的是更好地继承统治衣钵，维护统治的延续，同时给天下人作出榜样，希望天下百姓孝顺父母、忠于刘氏国家，人人都做一个忠臣孝子。为了达此目的，在汉代的一系列施政政策中都贯穿着"孝"的精神。这主要体现在如下几个方面：

第一，设置孝悌、力田、三老，教化百姓。孝悌、力田、三老都是基层教化民众的乡官，孝悌专门负责宣传提倡孝道，力田负责劝课农桑，三老负责全面地考察民情，作出表率，矫正风俗，对不良行为提出对策，为官府提供参考。

其名称在先秦就存在，到了汉代正式成为国家官僚队伍的补充，而格外受到重视。汉初开始设立孝悌、力田，惠帝下诏免除孝悌、力田的赋税徭役。通观两汉四百余年历史，几乎每一个皇帝都曾下诏免除孝悌、力田的徭役赋税，或者给予其他的褒奖。仅仅根据《汉书》和《后汉书》诸帝本纪的不完全统计，两汉四百余年历史，皇帝下诏在全国范围内统一赏赐孝悌、力田、三老衣物酒食予以褒奖的有34次以上，在各个人物传记中记载的地方性奖励几乎每年都有。按当时制度，三老基本上按乡设置，每乡一人，用汉文帝的话说，是"众民之师也"（《汉书》卷三《文帝纪》）。《后汉书·百官志五》记载三老的职责是："凡有孝子顺孙，贞女义妇，让财救患，及学士为民法式者，皆扁表其门，以兴善行"。无论是孝悌，还是力田、三老，目的都是以孝为中心教育民众维护家族血缘关系。这里的力田看上去和孝道无关，其实这正是孝道的物质基础。《孝经·庶人章》谓庶人之孝就是"用天之道，分地之利，谨身节用，以养父母"。怎样"用天之道，分地之利，谨身节用，以养父母"？就是向"力田"学习，把地种好，上可以完成国家税收，下可以赡养父母。力田和孝悌相结合，在物质和精神两个层面稳定社会秩序。

对于孝行突出的吏民，皇帝亲自下诏褒奖。东汉齐地人江革，官至谏议大夫，以孝行著称。按当时制度，每年八月,普查人口,百姓要到县廷接受户口检核,看看户籍簿上的年龄和人的实际状况是否一致,叫作"八月算民"。江革担心母亲年老,往来途中经受不住车子的颠簸,就自己驾辕拉车,以减少颠簸,被人们誉为"江巨孝",深受朝廷表彰,因此为官,从地方一路升至中央。江革因病退休之后,汉章帝"思革至行,制诏齐相曰:谏议大夫江革,前以病归,今起居何如?夫孝,百行之冠,众善之始也,国家每惟志士,未尝不及革。县以见谷千斛赐巨孝,常以八月长吏存问,致羊酒,以终厥身。如有不幸,祠以中牢"(《后汉书》卷三十九《江革传》)。江革因孝行,被以诏令的形式,终身受到官府的慰问和礼敬。这样做的目的,就是为全社会树立道德榜样。上行下效,皇帝表彰孝子,各级官吏更不例外。在当时的政治背景之下,郡守县令表彰辖地内的孝子顺孙数量的多少,是自己政绩优劣的体现;为了政绩,自然大力提倡孝道。《汉书》和《后汉书》中所记载的循吏大都是因为以儒家纲常教化民众而列名其中,为当时所推重。

第二,尊养高年。孝的基本内容是赡养老人,为了提倡养老,汉文帝即位之初,就下诏"老者非帛不暖,非肉不饱,今岁首,不时使人存问长老,又无布帛酒肉之赐,将何以佐天下子孙孝养其亲?今闻吏禀当受鬻者,或以陈粟,岂称养老之意哉!具为令"。有司根据文帝诏书,"令县道，年八十已上，赐米人月一石，肉二十斤，酒五斗。其九十已上，又赐帛人二匹、絮三斤"（《汉书》卷四《文帝纪》），成为定制，为以后历代所遵守，并有所发展。宣帝时，规定年满七十者，由官府给予木杖一根，杖首以鸠鸟为饰，称为王杖。之所以以鸠鸟为装饰，因为鸠鸟吃东西时不会被噎着。这一方面提醒老人吃东西时注意；另一方面告诉世人，王杖老人是受到皇上和官府尊敬的人，要特别礼敬，法律有明确规定。如在1959年和1981年在甘肃武威地区先后出土关于王杖的诏令和部分法律，律文规定，王杖老人享有一系列特权：凡持有王杖者，免除徭役赋税；减轻刑罚；进县廷不需要像常人那样小跑；无论官民不得漫骂殴打；等等。凡是违反这些规定，擅自征召、役使、漫骂、殴打王杖老人者，以不道罪处以弃市之刑。（甘肃博物馆、中国科学院考古研究所：《武威汉简》，文物出版社，1964。甘肃省文物工作队、甘肃博物馆：《汉简研究文集》，甘肃人民出版社，1984）除了这些法律规定的各项养老尊老措施之外，历代皇帝在即位之初或者有天变灾异或者节庆，往往临时下诏慰问老人，另外赏赐衣物酒肉粮食，以赏赐丝帛为多。这些打开两汉典籍，在各皇帝本纪中所在多有，不予举证。

第三，在司法实践中，以《春秋》决狱，"原心定罪"。所谓《春秋》决狱，就是根据《春秋》公羊学所认为的纲常伦理作为司法审判的指导原则,量刑轻重固然依据犯罪情节,但同时以《春秋公羊传》的精神决定量刑轻重。其基本原则是"原心定罪"或者称为"论心定罪""原情定过",即在判案时在情节清楚的前提下,考察和分析犯罪者的主观动机和目的。即便是未实施犯罪行为,只要有犯罪的动机和目的,这个动机违背儒家纲常伦理,也要追究刑事责任;否则,虽有犯罪事实,但犯罪者的主观动机符合儒家经义及其倡导的道德规范,虽违法也可从轻论处甚至免予刑事处罚。这"原心定罪"之"心"就是忠孝节义。其首倡者就是董仲舒。董仲舒是《春秋》公羊学大师,也是第一个把先秦儒学系统地和汉代大一统的统治要求相结合、系统改造发展先秦儒学、使之服务于现实政治的儒学大师。其对儒学改造的鲜明特点就是将儒家的纲常伦理神圣化而以忠孝为中心。董仲舒认为,汉初法律继承秦朝而来,只依据犯罪事实而不顾犯罪者的主观动机和缘由,一味地刑罚是尚,使得法律流于严酷,不利于社会道德风尚的改变,为弥补这一不足而提出"原心定罪"的主张。由于这一主张更符合现实统治的需要,所以很快被贯彻于司法实践过程中,成为推行"以孝治天下"的重要内容。

"原心定罪"的基本内容是忠和孝,即犯罪动机违反忠孝之道的,无论情节如何一律从重惩处,反之则从轻。为此,董仲舒曾根据《春秋》公羊学的意旨,举案说法,做了232个案例,供人们参考执行,叫作"春秋决狱"。可惜的是这些案例大部分都亡佚了,只有少数几个保存到现在,其中有这样的两个案例:

一是甲父亲乙与丙口角争斗,丙以佩刀刺乙,甲即用木杖击丙,误伤乙。有人认为,甲杀伤父亲,应当斩首。董仲舒认为:"父子,至亲也,闻其斗,莫不有怵惕之心。扶杖而救之,非所以欲诟父也。《春秋》之义,许止父病,进药于其父而卒。君子原心,赦而不诛。甲非律所谓殴父也,不当坐。"(《太平御览》卷六百四十引董仲舒《决狱》)董仲舒所引《春秋》经义,见于《公羊传》昭公十九年,当时许悼公生病,悼公之子止为父亲送药,导致悼公死亡。《公羊传》认为,悼公虽然是用了太子止的药而死,但太子止进药的本意是为给父亲治病,没有弑父之心,应该赦免止的罪行。董仲舒认为,现在的殴父案和当年许止案相同,甲没有伤害父亲之心,属于误伤,是为了救父,是为父尽孝之举。所以,虽然客观上出现与其主观动机相反的结果,但法律上不应追究甲的刑事责任。

二是甲无子,在路边捡到一个弃婴乙,养以为子。乙长大而杀人,甲藏匿乙。他人告甲犯了窝藏罪,应当判刑。董仲舒认为:"甲无子,振活养乙,虽非所生,谁与易之?《诗》云:'螟蛉有子,蜾蠃负之。'《春秋》之义,'父为子隐'。甲宜匿乙。诏不当坐。"(《通典》卷六十九《养兄弟子为后后自生子议》)《论语·子路》有孔子云"父为子隐,子为父隐,直在其中矣"之语。《春秋公羊传》文公十五年谓"父母之于子,虽有罪,犹若其不欲服罪然"。这是董仲舒判断的依据。

　　董仲舒的决狱案例只是个人著述,但是对当时和后世的司法实践确实起到了指导作用,国家每有疑难都派专门人员登门求教,所述案例也都作为审判依据而广泛援用。如汉哀帝时,薛宣和申咸有矛盾,薛宣之子薛况雇人刺伤申咸。御史中丞等依照律文判薛况弃市。廷尉提出:"《春秋》之义,原心定罪,原况以父见谤发忿怒,无它大恶。加诋欺,辑小过成大辟,陷死刑,违明诏,恐非法意,不可施行。"(《汉书》卷八十三《薛宣传》)最后,薛况被免去死刑,改为戍边。又如"亲亲相隐"问题,汉宣帝地节四年(前66年)明确下诏"自今子首匿父母、妻匿夫,孙匿大父母,皆勿坐。其父母匿子,夫匿妻,大父母匿孙,罪殊死,皆上请廷尉以闻"(《汉书》卷八《宣帝纪》)。在这以前,法律条文是禁止亲亲相隐的,《春秋》决狱的实行效果取决于审判者个人的选择。从此之后,亲亲相隐正式列为国家法律条款了。子女为父母、妻子为丈夫、孙子为祖父母隐瞒罪行一律免刑。父母为子女、丈夫为妻子、祖父母为孙子隐瞒罪行,所隐瞒的罪行严重,"殊死"(死刑有好多种,最轻的是斩首,此外还有弃市等,"殊死"是指重于一般斩首的犯罪)以上的,要报廷尉审批。也就是说,不是"殊死"以上的罪行,对隐匿者也是不予追究的。为什么?就是为了弘扬孝道!父母隐匿子女是"慈爱"的体现,子女隐匿父母是"孝"的实践。

第四,以孝选官。汉代选官制度的主体是察举制,即分科选拔人才,其中最主要的科目是孝廉,即孝子廉吏的简称。汉文帝首开察孝举廉先例,汉武帝时将孝子廉吏合一,成为正式的察举科目,每年地方长吏在本郡县选好孝廉定时上报中央,由朝廷统一任命为官。这是地方长吏的本职之一,不执行的要受重处。汉武帝规定:"不举孝,不奉诏,当以不敬论。不察廉,不胜任也,当免。"(《汉书》卷五《武帝纪》)东汉时进一步规定选举孝廉的细则,按照人口比例规定每个州郡的孝廉人数。荀悦就曾概括说:"汉制使天下诵《孝经》,选吏,举孝廉。"(《后汉书》卷六十二《荀爽传》)"选吏"泛指选拔基层官吏而言,孝廉是汉代察举制度中最具有普遍性的选举科目,无论是选孝廉还是选拔其他科目的官吏,都要通《孝经》。实际上,从刘秀严格察举制度开始,所有官员升迁也都要有"孝悌廉公之行"(《后汉书》志二四《百官志(一)》)。《后汉书·百官志》说"汉制以《孝经》试士"就是对这一制度的概括。

除孝廉之外,察举科目甚多。如贤良方正、秀才(茂才,东汉避光武帝刘秀名讳，改称）、明经、明法等等。除了察举之外，选官途径还有学校培养等制度，即中央的太学学生和郡县官学学生，通过考试合格者任以为官。考试的方式有对策和射策两种。对策就是命题作文，由皇帝或者丞相出题，应试者作答；射策就是抽签考试，抽到什么题目，做什么题目。对策的内容以时世政务为主，兼有儒学经义；射策则全部是儒学经义，包括《孝经》在内。所以，孝道伦理是对任何一个人的硬性要求，是最基本的条件。汉代有四科取士制度，其内容是："一曰德行高妙，志节清白；二曰学通行修，经中博士；三曰明达法令，足以决疑，能案章覆问，文中御史；四曰刚毅多略，遭事不惑，明足以决，才任三辅令：皆有孝悌廉公之行。"（《后汉书》志第二十四《百官一》注引应劭《汉官仪》）从知识结构角度看，这四科实际上是两科：经学和法律，外加行政能力。"德行高妙，志节清白""学通行修，经中博士"，讲的是品德和经学，既要通晓经书，还要言行一致。"明达法令，足以决疑，能案章覆问，文中御史"，"刚毅多略，遭事不惑，明足以决，才任三辅令"，讲的是法律和政务处理能力，要求熟悉国家法律和公文程式，才干突出，能够胜任三辅地区的县令。三辅是京师所在地，达官显贵、富商巨贾云集，也是公子王孙、地痞无赖、黑恶势力横行的地方，能做好三辅地区的一个县令，也就能胜任其他地区的县令。但是，这些还仅仅是一个方面,另一方面的共同要求是"皆有孝悌廉公之行"。

(2)《孝经》的官方化及其理论的纲常化和神圣化

《孝经》是集中宣传孝道的著作,言简意赅,自然受到政府的推广和支持而在社会上广泛传诵。汉文帝首先在中央立《孝经》博士,选拔生员讲授、研究《孝经》,成为汉家定制。汉景帝推广蜀郡太守文翁兴办郡县官学的做法,在地方上兴办官学,《孝经》是主要教学内容之一。

汉武帝接受董仲舒、公孙弘的建议,"罢黜百家,独尊儒术",在中央设立太学,地方郡县及封国也普遍设立官学,教学内容一律为儒家学说,先秦时代流传下来的其他学派均被排除出局。儒家学说被奉为"经",当时主要有五部被尊为"经"的著作即《诗》《书》《易》《礼》《春秋》,被称为五经;每一经又因为有不同的版本和不同的解说,又分为若干家,每一家各自传承,又形成不同的解释内容和治学方式,叫作家法或者师说;学生无论是在官学就读,还是跟随私人学习,都按照老师传授的内容和方法代代相传,按照自己的理解和需要,解释、阐发原始经典的思想含义以及对现实政治的作用。后人把这种学术活动命名为经学,两汉时代就是经学时代。

《孝经》之"经"的本意是原则和纲领,即行孝的基本原则,和汉代五经之"经"不同。有汉一代,《孝经》的学术地位和《诗》《书》《易》《礼》《春秋》不能相比,而是作为传、记流传。但若就其地位而言,和五经相同,并且是儒家经典中被普遍定为官学教材的儒家著作。汉文帝在中央设博士官,其中有《论语》《孝经》《孟子》《尔雅》。汉武帝以后,博士官仅限于五经,其余都不立博士,原先的《论语》《孝经》《孟子》《尔雅》博士被罢黜。但是,废除《孝经》《论语》博士的原因和《孟子》《尔雅》不同,《孟子》因为是诸子书而被罢,《尔雅》因为是小学即名物之学而被罢。《孝经》《论语》则是所有士人必读之书,不限于博士的职能范围,研习五经中的任何一经,都必须学习《孝经》《论语》,所以不需要设立专门的博士官。汉代的识字课本《急就篇》说"宦学讽诵《孝经》《论语》",即做官和做学问,都必须通读《孝经》和《论语》;东汉崔寔的《四民月令》说每到冬天十一月,各家各户都要送幼童入学,学习的内容就是从《孝经》《论语》开始。

　　从学校教育层面看,无论是官学还是私学,《孝经》都是必修科目,《孝经》是当时最普及的教材。西汉平帝时下令地方官学都要设立《孝经》师,专门传授《孝经》,还下令在全国范围内征召通《孝经》《论语》的儒生,由官府提供交通工具和费用,送到中央,给予特殊的礼遇,以表彰他们教化社会、弘扬儒学的功绩,同时号召百姓尊奉儒学。中央所设的五经博士都必须通《孝经》。因为是蒙学读物，通《孝经》是加入知识分子队伍的起点，正确地理解和把握《孝经》关乎终生，因而受到学者们的格外重视，许多经学大师在研治五经的同时，把《孝经》实际上置于诸经之首，有的经学大师则专门因治《孝经》名扬天下。

在汉代，随着时间的推移，统治者对《孝经》的重视也在不断加强。刘秀立国伊始，极为重视儒学，在统一全国的过程中，每到一地，"未及下车而先访儒雅，采求阙文，补缀漏逸。先是四方学士多怀协图书，遁逃林薮。自是莫不抱负坟策，云会京师"。"建武五年，乃修起太学，稽式古典，笾豆干戚之容，备之于列，服方领习矩步者，委它乎其中。中元元年，初建三雍。明帝即位，亲行其礼。……帝正坐自讲，诸儒执经问难于前，冠带缙绅之人，圜桥门而观听者盖亿万计……"（《后汉书》卷七十九《儒林列传》）在儒学诸经中尤其重视《孝经》。刘秀不仅下令儒生要读《孝经》，就是守卫宫廷的虎贲士也必须学习《孝经》。汉明帝明确下诏要求期门羽林介胄之士都要通《孝经》。东汉的一些州郡长吏为教化民众，就命专人抄写《孝经》，发给百姓诵读，如凉州刺史宋枭就给凉州全境每家发了一本。到东汉，原来的五经扩大为七经，《孝经》被列为七经之一。按汉代七经有不同说法，一是指《诗》《书》《易》

《礼》《乐》《春秋》《论语》七部书,二是指《诗》《书》《易》《礼》《乐》《春秋》《孝经》七部书,三是指《诗》《书》《易》《仪礼》《礼记》《周礼》《春秋》七部书。根据学者研究,应当以第二种记载为是,汉代以孝治天下,《孝经》在汉初就被立为博士,随着孝道对社会影响的日益广泛和深入,《孝经》的地位自然不断上升。

《孝经·感应章》记载说:"昔者明王事父孝,故事天明;事母孝,故事地察;长幼顺,故上下治。天地明察,神明彰矣。故虽天子,必有尊也,言有父也;必有先也,言有兄也。宗庙致敬,不忘亲也。修身慎行,恐辱先也。宗庙致敬,鬼神著矣。孝悌之至,通于神明,光于四海,无所不通。"意思是说,人神相通,天人感应,天子孝事父母、礼敬兄长,上天是明察在心的,自然给以优厚的回报。实际上这把孝行神秘化了。这在《孝经》问世之初,没有多大影响。但随着儒学独尊之后,这种天人感应的影响越来越大。

汉代儒学与先秦的孔子、孟子的儒学,有着很大的不同,是在孔孟政治、伦理学说基础之上吸收阴阳五行家、法家、道家等学派的学说而形成的新儒学。在汉代儒家心目中,孔子是为汉家立法的神人,孔子的所有主张都是为汉家提出的,《孝经》也不例外。当时人认为,《孝经》是孔子所作,给汉家治理天下用的,《孝经》中的每一句话都充满着玄机，所以《孝经》字数虽少，但意蕴无穷，要反复领会和实行。但是，究竟有哪些意蕴，孔子的意思究竟是什么，一般人当然是无从了解的，那就要靠学高之士的解说和传播了。汉代的经学就是因此而发展起来的。然而，先秦传下来的儒家之书，包括记录孔子原话的《论语》和孔子编定的《春秋》以及孔子删削编定而成的《诗》，还有《易》《礼》《孟子》等其他著作，在文字上是看不出孔子为汉家制法的根据的；同时，在君主专制制度之下，天威难犯，人们不敢直接批评现实，在经书中又找不到直接的理论依据，于是部分经师就编造新书，称是孔子对经书的解释，借以表达自己的主张，同时沽名钓誉，抬高自己的身份。因为这些书是对经书的解释，所以被称为纬书。

按流传到现代的各种纬书残本，包括一些片段、名目，有近百种。这些纬书的共同特点：一是神化孔子，认为孔子是上帝之一——黑帝之子，孔子母亲在梦中和黑帝交而生下孔子，长相奇特，是个能够知道过去和未来的神圣；二是说明孔子的所有思想都是为汉而立，都是天意的转达，孔子所述非孔子个人意见，乃是天帝的意旨；三是把孔子的各项主张进一步哲理化、神秘化，将孔子本来是针对某一件事、某一个人所说的话当作放之四海而皆准的真理。而在所有经书中，《孝经》字数最少，文意最浅显，内涵也最丰富，涉及了国家、社会、家庭的方方面面，有着极为广阔的发挥空间，当然也要有相应的纬书。在这些纬书中，《孝经》的地位和《春秋》一样，远远在其他诸经之上，认为《孝经》是孔子专门为汉家制定的治国总纲。在汉儒心目中，孔子是"志在《春秋》，行在《孝经》"(《春秋公羊传》何休《公羊解诂序》疏引，十三经注疏本)。在公羊学家心目中，《春秋》不是一部历史书，而是寓褒贬于叙事之中的政治理论书，在其文字背后有着精深的微言大义，将这些微言大义变为现实是孔子的理想，也是孔子传达上天意旨要求汉代帝王们实现的政治目标。要实现这个政治目标，就要按照《孝经》的要求去做，《孝经》就是孔子为了实现《春秋》之志专门为汉家君臣而写的。可见，汉代《孝经》地位之高，影响之大。

现在知道的汉代关于《孝经》的纬书有30种左右，大部分都失传亡佚了，都是有目无书，只有《孝经援神契》《孝经钩命诀》等少数几种有片段流传至今。这些断简残篇已足以说明《孝经》被神化的状况。这体现在如下几个方面：

首先，在理论上，提出在天地没有形成之前，孝的思想就存在了，孝是世界的本原之一，是神意。《孝经援神契》说："孝通神明，天人契合，援引众义，山藏海纳。""元气混沌，孝在其中。"天地未分之前，一片混沌，清气上升以为天，浊气下沉以为地，这就是最早的元气宇宙观。

孝是元气的一部分，通天地，合神明，无所不在，无所不能；人人都要遵守，各行其是。这就把《孝经》中的五等之孝神圣化了。帝王也好，庶人也好，都必须按神明的旨意办，如何去做，按《孝经》的规定执行就行了。

其次，孔子是为后世立法的"素王"。素王就是有王者之德才而没有王者的地位和权力的空王，上天降生这样一位素王，乃是为后世制宪立法、掌握大政方针、教化民众的导师。按照纬书所述，孔子是黑帝之子，和其他圣王一样，生就一副奇特的模样，头如四周高中间凹陷的尼丘山，所以名孔丘字仲尼，这是拥有高尚道德才华的圣者的相貌。《孝经钩命诀》说："仲尼斗唇，舌里七重，吐教陈机受度。"又说"仲尼虎掌""龟脊""辅喉骈齿"。即嘴巴很大，张开像个斗，舌头有七层纹理，所以能够教化天下；手像老虎掌，背脊如乌龟，牙齿是一个整体，除了一个正常的喉咙之外，其余均不同于常人。《春秋演孔图》说孔子身高十尺、腰大九围，坐下像蹲着的龙，腰有点微驼，立着像牵牛星；近看如卯，闪闪发光，前胸还有"制作定，世符运"六个字，说他是受天命来制法掌教的。

孔子虽是天生的圣人，但他生不逢时，出生在礼崩乐坏的春秋末年。按照阴阳家所创造的五德终始说，朝代兴亡按照五行相生相胜的顺序进行。按照五德终始说的顺序，传说中的虞帝属土、夏朝属金、商朝属水、周朝属木，而孔子是黑帝之后,和周朝的木德没有相生和相胜的关系,要代替周朝的木德,只有赤帝之后、火德之君(这个顺序,和战国末年邹衍创立、汉代政治家沿用的五德终始说不同)。因为不合五行更代的顺序,孔子只能做一个素王,为新兴之王立法了。

其三,孔子为汉立法。孔子的一切思想学说,都是为汉代而立的。因为孔子是个先知,他前知五百年、后知五百载,他在世时早已预见了历史的未来,他知道周朝的灭亡是天命使然,后来会有秦朝统一天下,但秦朝只是为汉朝的兴起扫清障碍而已,是为汉家统一打前站的。所以,孔子的著述、编书、传道,都是为了汉家立法。《孝经右契》编造了这样一个故事:

孔子曾梦见丰沛地区赤气升腾,就命颜回、子夏驾着车子前去观看。走到楚地西北部也就是快到丰沛之地时,见到一个少儿带着一只麒麟,麒麟左前足受伤了,被少儿用草掩盖着。少儿自称姓赤松,名时乔。孔子问他,看到了什么没有?时乔说看到一个奇异的动物,像麋鹿,长着羊头,头上有角,角底部有肉,刚刚向西去了。孔子听后,说"天下已有主也!为赤刘,陈、项为辅"。这时,少儿让孔子看麒麟,因为麒麟受伤,不能移动,孔子来到麒麟面前,麒麟吐出三卷书给孔子,书上还有图,每一卷都写了20个字:"赤刘当起日,周亡,赤气起,火耀兴,玄丘制命,帝卯金。"(《初学记》卷二十九引)刘邦被认为是赤帝之后，《右契》说的"赤刘"就是指刘邦而言，"帝卯金"是指刘氏称帝。"陈、项为辅"是指陈胜、项羽协助刘邦推翻秦朝而言。"玄丘制命，帝卯金"即指黑帝之子孔丘为刘氏皇帝"制命"。孔子所说的一切都是为了汉朝，汉朝君臣就要按照孔子所说的办。这当然是汉代儒生编造的谎言，但这在神化孔子的同时，也神化了汉朝的统治，是符合汉朝统治需要的，所以在当时十分流行。

孔子为汉朝"制命"，所制之"命"是什么？是《春秋》和《孝经》。这是孔子"志在《春秋》，行在《孝经》"的由来。《孝经钩命诀》说：

> 圣人不空生，必有所制，以显天心。丘为木铎，制天下法。(《礼记·中庸》疏引，十三经注疏本)

> 子曰：吾作《孝经》，以素王，无爵禄之赏，斧钺之诛，与先王以托权，目至德要道以题行，首仲尼以立情性，言子曰以开号，列曾子以示撰辅，《书》《诗》以合谋。(《太平御览》卷六百一十引)

> 孔子在庶，德无所施，功无所就，志在《春秋》，行在《孝经》。(《春秋公羊传》何休《解诂序》引)

> 孔子云：欲观我褒贬诸侯之志，在《春秋》；崇人伦之行，在《孝经》。(邢昺：《孝经注疏序》引)

圣人不能白白地来到人间走一场，一定要为人间留下规范，表达上天旨意。孔子就是为了给汉家立法而降临人世的。因为孔子是一个素王，不用高官厚禄和严刑峻法治理天下，作《孝经》一部，用至德要道为篇题，首先由仲尼讲明主旨，以曾子为施教对象，用问答的形式把孝道讲透，以《诗》《书》为据，说明孝道是成就明王伟业的成功事例。《孝经》和《春秋》同等重要，《春秋》体现的是政治思想，《孝经》体现的则是孔子所提倡和遵行的纲常伦理。《孝经钩命决》说《孝经》十八章，"为天地喉襟，道要德本"（《太平御览》卷六百一十引）。实际上，《孝经》不仅是伦理道德的标准，而且是立法的原则之一。《孝经·五刑章》有："五刑之属三千，而罪莫大于不孝。"汉律规定"不孝者枭首"（《春秋公羊传》文公十六年何休《解诂》）。后世把不孝列为十大罪之一，包括骂詈父母、祖父母；在父母丧期内，自行婚娶；父母在，分居异财等等。所以《孝经》不仅有行政立法的指导作用，而且有法律效力。

为了说明《孝经》的神奇，纬书还编造了这样一个故事。《孝经右契》记载说：

> 孔子作《春秋》，制《孝经》，既成，使七十二弟子向北辰星磬折而立，使曾子抱《河》《洛》事北向。孔子斋戒，衣绛单衣，向北辰而拜，告备于天曰：

"《孝经》四卷,《春秋》《河》《洛》凡八十一卷,谨已备。"天乃洪郁起白雾摩地,赤虹自上下,化为黄玉,长三尺,上有刻文。孔子跪受而读之,曰:"宝文出,刘季握,卯金刀,在轸北,字禾子,天下服。"(《北堂书钞》卷八十五,《宋书》卷二十七《符瑞志上》。引者按:本书引文系合辑两书之文,相互补充,以求全豹。)

这段故事形象而具体。在这里,孔子成了一个通天教主,是受上天旨意制作和传授《春秋》《孝经》给刘邦及其子孙的。将《春秋》《孝经》制作完成之后,孔子率领72名高足面向北斗,鞠躬90度,恭恭敬敬地站着,由以孝著称的曾子抱着《河图》《洛书》。孔子则事先斋戒,穿红色单衣,头上插青白色的笔,跪着向北斗祷告说:"《孝经》《春秋》《河图》《洛书》,都按照天命,制作完成,特此向苍天复命。"话音刚落,天上瑞雾弥漫,地面白雾升腾,一道赤虹自上而下,飘飘冉冉,随后化为一块黄色的宝玉,上面刻着文字,原来是上天告诉孔子,刘氏将来要坐天下。所谓"宝文出,刘季握"的"宝文"就是孔子制作的《孝经》《春秋》等书;刘季即刘邦,刘邦排行第三,故以季为字,下文的"卯金刀""字禾子"是对刘季的重复和强调。"在轸北"指刘邦的出生地,"轸"是楚国分野,轸北即楚地北部,即丰沛地区。这个故事荒诞离奇,当然是后人编造的,其目的是借助政治力量抬高《孝经》《春秋》的地位。但是,其方法很巧妙,首先说明刘汉统治是天命使然,而后以天命的形式说明《孝经》《春秋》是汉家治理天下的总纲,刘邦子孙们固然要遵照执行,天下臣民更要奉行不二。

(3)父权的膨胀

孝源于西周的尊祖敬宗,维护父权,体现的是子女对父母的赡养与敬顺。但在先秦时期,强调子孝的同时,也强调父慈,"父慈子孝"尽管不完全平等,但说明有一定的对等性。而《孝经》在理论上则片面强调孝子的义务,至于父母应如何对待子女则未予说明。《圣治章》说:"人之行莫大于孝,孝莫大于严父,严父莫大于配天,则周公其人也。昔者周公郊祀后稷以配天,宗祀文王于明堂以配上帝。是以四海之内各以其职来助祭。夫圣人之德又何以加于孝乎?""严父"是崇敬、尊敬父亲。孝的根本就是崇敬父亲。作为一个帝王,崇敬父亲的最大表现就是以父亲配祀天帝。对此,周公为后人作出了榜样。汉家自然要效法周公。这说的虽然是帝王之孝,但普通平民的行孝当然也是以父亲为中心,全心全意地想着如何"严父"就行了。父对子有绝对的权力,子对父只有义务,国家法律、社会道德、风俗舆论,都是如此,孝道的义务片面化、绝对化了。

这至少体现在如下几个方面。

第一，对家庭财产的支配权。按照汉代家礼规定，父亲是一家之长，有着当然的财产支配权。《礼记·坊记》谓："父母在，不敢有其身，不敢私其财。"同书《内则》云："子妇无私货，无私畜无私器，不敢私假，不敢私与。"父母在世，子女不得有私财，甚至不能有自己的专门用品，不能私自将财物借给别人，更不能赠与他人，一切都要通过父亲。在儒学独尊之后，《礼记》的各项规定对汉代社会影响很大，是社会各阶层日常行为规范，其中的有些篇目成书于汉代，《内则》《坊记》篇中就有汉代的内容，所指就是汉代的情况。如西汉末年的樊重"世善农稼，好货殖。重性温厚，有法度，三世共财，子孙朝夕礼敬，常若公家。其营理产业，物无所弃，课役童隶，各得其宜，故能上下勠力，财利岁倍，至乃开广田土三百余顷"（《后汉书》卷三十二《樊宏传》）。樊重掌握着家庭的财产权和其他各项权力，支配着全家所有人的行为，既能使三世共财，又能使家庭成员之间尊卑有序，行礼如仪。

第二，支配子女婚姻权。中国传统婚姻是为了延续宗族，也就是人们常说的传宗接代，而不是男女青年之间的感情结合。为了光大门楣，就要讲究门当户对。所以婚姻本来是各个家族或者家庭之间的事情，一切由父母说了算。结婚之后，无论夫妻感情如何，父母想废除就废除，要继续就继续。《礼记·内则》记载"七出"之条，即丈夫可以用这七条中的任何一条理由将妻子赶出家门,其中有"子甚宜其妻,父母不说,出。子不宜其妻,父母曰:是善事我。子行夫妇之礼焉,没身不衰"。夫妻感情再好,父母不喜欢,丈夫也只好把妻子休掉。反之,夫妻感情再差,父母认为这个儿媳不错,合自己心意,做儿子的就不能将妻子赶走,而必须相守一辈子。著名的乐府诗《孔雀东南飞》描写的爱情悲剧就是形象的写照。焦仲卿和刘兰芝本是一对恩爱夫妻,因为焦母不喜欢刘兰芝,焦仲卿迫于母命,不得不忍痛将妻子刘兰芝休掉,导致二人双双殉情而死。

第三,支配子女行为和人身权。父亲是一家之主,子女只能以父之是非为是非,不得有任何的违背。《孝经》说的"孝莫大于严父"是实实在在深入人心的,在汉人心目中,"孝莫大于严父,故父之所尊,子不敢不承;父之所异,子不敢同"(《汉书》卷七十三《韦贤传》)。无论对与错,子女都必须无条件接受。在这种思想意识支配之下,父母对子女的人身自然可以任意支配,当作个人私有财产买卖、处置。在汉代,遇到灾荒年景,官府允许父母卖子女,有的地区相沿成俗,如淮南地区,把儿子卖给人家做奴隶,如果三年不能赎回,就永远为奴,在这三年里,被卖者有专门的名称,叫作"赘子"(《汉书》卷六十四《严助传》如淳注)。父母不如意,不论是非,可以任意殴打、虐待子女。如东汉冯豹"年十二,母为父所出。后母恶之,尝因豹夜寐,欲行毒害，豹逃走得免"（《后汉书》卷二十八《冯豹传》）。为什么？就是因为"天下无不是的父母"，父母的一切都是对的。而所有这一切，国家的法律都是予以保护的。如果子女对父母稍有违抗，就是不孝，就要被重处。即使子女正确，子女也不能诉诸官府，上告官府，官府也不受理，相反要受到责罚。

第四，愚孝的出现。按照儒家伦理，行孝以不伤身体为原则。因为伤害了身体，影响宗族的传承。《孝经》也是这样主张的。《孝经·丧亲章》说："三日而食，教民无以死伤生。毁不灭性，此圣人之政也。丧不过三年，示民有终也。"但是，在汉代的社会实践中，舆论赞扬和推崇的是那些不惜自己身家性命以行孝的行为。最典型的如郭巨埋儿的故事。郭巨家贫，无法赡养母亲，就将年幼的儿子活埋，好省下粮食养母亲，挖坑时得到一坛子黄金，他的儿子才免于一死。这当然是为宣传孝行感动神明而编出来的故事。《孝经·感应章》说："孝悌之至，通于神明，光于四海，无所不通。"只要诚心行孝，神明是会明察一切的，郭巨就是一个例子。殊不知，埋儿本身就违背了圣人孝道的原则。又如孝女叔先雄的父亲乘船溺水而亡，"尸丧不归。雄感念怨痛，号泣昼夜，心不图存，常有自沉之计。所生男女二人，并数岁，雄乃各作囊，盛珠环以系儿，数为诀别之辞。家人每防闲之，经百许日，后稍解，雄因乘小船,于父堕处恸哭,遂自投水死"。置年幼的儿女于不顾,即使亡灵有知,亡灵该作何感想?又如孝女曹娥的父亲溺死江中,"不得其尸骸。娥年十四,乃沿江号哭,昼夜不绝于生,旬有七日,遂投江而死"(《后汉书》卷八十四《列女传》)。按照圣人之道,孝的核心是养、敬、顺,父母在世时,物质上尽力赡养,精神上从内心崇敬,行为上顺从,让双亲快乐,并以此为自己最大的幸福;父母去世后,以礼祭祀,简单地说就是生养死祭。父亲意外而亡,做儿女的伤心欲绝是情理之中的事,但自己一定要随父而去,显然不合圣人之道,无益于孝行的发扬光大,流于愚孝的歧途。而当时的人们对此大加表彰,欲树为孝行的典范,正是父权膨胀到无视子女生存的程度的体现,说明汉代孝道伦理的实践状况及其变迁趋势。

2. 魏晋隋唐时期孝伦理的变异

魏晋南北朝时代在政治上是一个大分裂、大动荡的时代,在孝道伦理上也是一个多样化的时代。一方面,统治阶级大力颁行《孝经》,提倡孝道;另一方面,因为佛教的传入和玄学的兴起,对于孝的伦理和表现有不同的理解,所以和两汉相比,魏晋南北朝时期的孝道总体上呈发展与变异并存的状态。

（1）魏晋的"孝治"

魏晋南北朝时代在总的指导思想上，依然继承了两汉的以孝治天下的基本国策，为贯彻以孝治天下采取一系列措施，对《孝经》的注解、讲授、诵读较之两汉有过之而无不及。晋武帝泰始七年（271年）、惠帝元康元年（291年）都曾举行太子讲习《孝经》的礼仪以作为天下的榜样。东晋立国江左，晋元帝作《孝经传》，宣称《孝经》是"天经地义，圣人不加；原始要终，莫逾孝道。能使甘泉自涌，邻火不焚；地出黄金，天降神女，感痛之至，良有可称"（朱彝尊：《经义考》卷二百二十三）。晋恭帝八岁时，因宫廷之争，尚在幽厄之中，仍授之以《孝经》。另一方面，遵守孝道仍然是选官的前提之一，晋武帝司马炎即位伊始就下诏命令中正以六条选举人才，"一曰忠恪匪躬，二曰孝敬尽礼，三曰友于兄弟，四曰洁身劳谦，五曰信义可复，六曰学以为己"。太始四年六月下诏："士庶有好学笃道，孝弟忠信，清白异行者，举而进之；有不孝敬于父母、不长悌于族党，悖礼弃常，不率法令者，纠而罪之。"（《晋书》卷三《武帝纪》）当时选官采用九品中正制度，就是在全国各州郡任命世家大族为大小中正，负责选拔本州、本郡的人才，按照所选人才的能力和品行分为九等，报告中央，由中央再量才录用，授予官职。中正评定人物等第高低的主要依据就是孝悌,这六条中间的"孝敬尽礼""友于兄弟"云云都是指孝悌及其延伸而言;所谓"好学笃道,孝悌忠信,清白异行者,举而进之"也是指孝悌而言。无论人物的地位高低、家世如何,一旦被戴上一顶违反孝悌之道的帽子,仕途将大受影响。如《世说新语》记载这样一则故事,名士阮简行为不拘小节,不守常例,父亲去世,在奔丧途中遇到大雪,天寒难耐,吃了一点肉,违反了父母去世、孝子三日不食的礼制规定,结果三十几年不能为官。又比如《三国志》的作者陈寿在父亲去世之后卧病在床,由女婢服侍吃药,被客人看到之后,认为不合孝子之义,违背了丧礼的有关规定,好几年时间不得为官。这在魏晋时代不是个案,而是普遍现象。

晋武帝司马炎灭蜀,征召亡国之臣出仕新朝,这既是对亡国之臣的安抚,也是对亡国之臣的考验:出仕即表示臣服于新朝,否则就是对新朝的不满,就有可能招来杀身之祸。可是李密不愿赴任,上了一道奏章,说明自己的理由:称自己自幼孤苦伶仃,和祖母相依为命,是祖母把自己抚养成人;现在祖母年事已高,自己不能离开,"圣朝以孝治天下",就让自己尽完孝道,待祖母终了天年之后再到朝廷做官。言辞恳切,情义深长,这就是著名的《陈情表》。司马炎并没有因此认为李密的行为是对新朝的不恭敬,而是准其所请,传为美谈,原因就是为了提倡孝道。

南朝宋、齐、梁、陈四代尽管内部政治斗争残酷，宗室之间相互杀戮，但统治者对《孝经》极为尊崇。刘宋武帝、文帝都亲自讲授《孝经》。梁武帝在天监年间亲自撰写《孝经义疏》，令师傅为年仅三岁的昭明太子讲授。陈文帝、宣帝、后主各朝都为太子讲授《孝经》。在北朝，北魏刚统一中原，道武帝于登国元年就命崔浩讲解《孝经》。孝文帝改革，全面实行汉化政策，更是大力提倡孝道，把《孝经》翻译成鲜卑语，"教于国人，谓之国语《孝经》"（《隋书》卷三十二《经籍志》）。后继帝王也都亲自讲授《孝经》，《孝经》被立于官学。北方的世家大族为了保持自己的社会地位以《诗》《礼》传家相标榜，谨守儒家伦理，在民族矛盾激烈的时代，孝悌之道成为儒学伦理的主体。

儒家伦理的核心可以用忠和孝两个字来概括。而《孝经》的主旨是以孝劝忠。但是，对于魏晋南北朝的历代帝王来说，提得最多的是孝；就是那些世家大族也把孝放在忠的前面。可以这样说，魏晋南北朝是个孝大于忠的时代。如果和汉代相比，魏晋时代倒更像个"以孝治天下"的时代。为什么？这有两个方面的原因。一是如鲁迅所言："（魏晋）为什么要以孝治天下呢？因为天位从禅让，即巧取豪夺而来，若主张以忠治天下，他们的立足点便不稳，办事便棘手，立论也难了，所以一定要以孝治天下。"（鲁迅:《而已集·魏晋风度及文章与药及酒之关系》，载《鲁迅全集》第三卷，人民文学出版社，1973）这是符合事实的。曹魏和西晋的第一位皇帝都是前朝臣子，是以禅让的名义从前朝皇帝手中夺取帝位的，从忠的角度看是典型的篡弑行为，面对朝中前朝的旧臣遗老、自己昔日的同僚，是没有脸面谈什么忠的。所以，只能谈孝，标榜以孝治天下，好在忠孝本来一体，以孝治天下既能得到群臣的认同，也能收到忠君的政治效果，可以用不孝的罪名铲除政敌。在曹魏和西晋时期，许多大臣都是被以不孝的罪名杀掉的。

　　另一方面的原因是适应门阀政治下世家大族维护其统治的需要。所谓的世家大族就是累世冠缨的大地主，他们以世世代代传承儒学，以诗礼传家相标榜，拥有崇高的社会地位和政治特权，以家世和礼法标明自己的身份不同于那些普通地主和出身微贱的官僚。孝道是礼法的主体，世家大族以礼法相高，首重孝道。因为这些世家大族，聚族而居的同时，拥有成百上千的依附民，无论是本宗族的普通成员还是依附民，都隶属于宗族长，政府承认族长对他们有行政上的管理权，为了维护宗族成员之间的统一和自己的地位，也为了加强对依附民的管理，这些世家大族无不大力提倡孝道。而在宗室内部相互倾轧、王朝变幻无常的情况下，无论哪一个皇帝，要想有所作为、要巩固自己的地位，都必须得到这些世家大族的支持，只能以孝道相号召。对此，帝王们是明白的。如司马昭死后，司马炎正式接受曹魏禅让称帝,为了得到群臣的拥护、为天下作出榜样,坚持按照丧礼的规定,服丧三年,说自己不能因为做了皇帝,就丢掉了儒生的本色。后来,他又为母亲服丧三年。这样,在帝王倡导和世族的好尚这两根杠杆的共同作用下,形成了魏晋南北朝时期以孝相标榜的社会风气。

打开魏晋南北朝时期的史籍,孝行的表现多种多样。人们彼此交往谈话时,一定要注意避讳,即避免说出对方长辈的名字或者同音的字,如果发生了这样的事情,是一件极为不礼貌的行为,如果被提到的尊长已经去世,对方立即表现出十分痛苦的样子,以示自己是个真正的孝子。在社会各个阶层,都涌现出数量众多的孝行典范,在《魏书》《晋书》等正史中出现了专门记载孝行的类传,如"孝义传""孝友传""孝感传"等,表彰各种孝行人物。有为了守孝辞官回家的,有为了行孝、赡养老人不愿出仕的,有为亲人守丧而哀毁过礼、形销骨立、杖而后起以至于感动神明的,有孝行使亲人死而复生、盲而复明的,等等。像后来《二十四孝》中的许多故事如"王祥卧冰""孟宗哭笋""陆绩怀橘""吴猛饲蚊"等都产生于这一时期。可以说,《孝经》所主张的孝行及其结果在这一时期都有实例。大多数事例用常理和常识分析,是不可能发生的事情,是明显的附会编造,但在当时却在表彰之列,当时人认为是真的发生过,而官府表彰时明知是造假也不去核实和分析,原因是为了表彰孝行,提倡孝道。

有意思的是,《孝经》的主旨是以孝劝忠,忠孝统一。但在实践过程中,要做到忠孝两全是有困难的。按照礼制的要求,做儿女的每天都要昏定晨省、冬温夏清,在父母跟前端茶倒水、伺候饮食,不得有缺。否则就是违背礼制,就是不孝。这就是《孝经》所说的"居则致其敬,养则致其乐,病则致其忧"的体现。但一个人一旦为官,无论是离家远近,都不可能时时刻刻侍奉父母左右。如果每时每刻都在父母身边,公务势必受影响,而影响了公务则是不忠,忠孝之间的冲突势所难免。魏晋时期,忠孝之间的冲突要严重得多,性质也有所不同。因为当时政治风云变幻无穷,改朝换代频繁,为了保住自己的家业和地位,不存在忠于某一个王朝的问题,否则,死抱住某一个王朝不放,只能导致家族的衰亡。所以,在当时有许多世家大族,朝秦暮楚,不时变换新主子,不存在什么忠的问题。也正因为如此,只能大力提倡孝道了,而此时对孝道伦理的理解和实践与《孝经》的主旨是有别的。

(2)遵守礼法与率性而为

由于魏晋之国都是"篡弑"而来,而得国之后又倡导礼法,动辄以名教诛除异己,而礼法内容的主体是个"孝"字。那些对现实当权者不满而又无力正面相抗衡的士大夫们则以独特的方式，如蔑视礼法，表达对执政者不满，表达自己对孝道的独特理解，认为表面上的遵守礼法未必是真孝，孝与不孝不是由是否遵守礼法来决定，而是看是否发自内心的自然本性，一味地以礼法相标榜不过是伪君子而已，违反本性的矫饰之举统统应予以抛弃。持这种看法并身体力行的典型人物的数量虽然不多，但影响是意味深长的。

魏晋时期的思想界，玄学居于主导地位，无论是达官显贵还是普通士大夫，无不受到玄风的影响，在行为方式上都程度不同地放纵自己，突破东汉时代儒家的纲常伦理的行为制约。所谓玄学，是当时的一种哲学思潮，学者们通过对《老子》《庄子》《周易》三本著作的解释和阐发表达自己的宇宙观、人生观、社会观。因为谈论的主要话题是《老子》《庄子》书中的哲学范畴"玄"的性质和状态，被称为玄学。《老子》和《庄子》在人生观和政治观上都是主张自然无为的，采取消极避世的方式。当然这种无为并非真正意义上的无为，而是以无为的方式表达自己不满于现状。魏晋时期，儒学的伦理思想已经成为政治实践问题，如果用儒家的忠孝节义衡量现实，则现实政权的合理性就受到质疑，而怀疑现实政权就要招致杀身之祸。而士大夫们家财万贯、奴仆成群，世世代代有享不尽的高官厚禄，纵情享受就是了，这就需要一种为自己的享受提供支持的理论，乐于谈论那些抽象的哲学问题。在人生观方面，谈论最多的就是纲常和自然的关系问题。名教就是纲常伦理，是人为设计制定的，是为老子、庄子所反对的。在老子、庄子看来，人应当顺应自然而生活，而不应该改变自然去适应名教。而现实政治则要求人们以名教为先，这就产生了矛盾。一些人为了揭示现实名教的虚伪性，就以顺应自然为依据，故意违反礼法，以自己的方式表示对孝道的理解和奉行，揭露礼法的虚伪。如阮籍就是典型的代表。阮籍博学多才，与曹魏宗室关系密切，不满于司马氏的篡弑而又无可奈何。母亲去世的时候，阮籍正披头散发坐在床上，大碗喝酒，大块吃肉，和别人在下棋，听到母亲去世的噩耗，一仍其旧，客人要求以后再下，阮籍认为胜负未决，一定要决出胜负才结束。《晋书·阮籍传》说阮籍："性至孝，母终，正与人围棋，对者求止，籍留与决赌。既而饮酒二斗，举声一号，吐血数升。及将葬，食一蒸肫，饮二斗酒然后临决，直言穷矣，举声一号，又吐血数升。毁瘠骨立，殆致灭性。"从外在的行为上看，阮籍当然是违背礼法的，但从内心看，"举声一号，吐血数升"，"毁瘠骨立，殆致灭性"，又说明阮籍是个真孝子。于是有的人认为阮籍违背礼法，是名教罪人，应该把他逐出中原，以免继续伤风败俗；有的人认为，阮籍是发自内心的孝。最后司马昭认为阮籍虽然饮酒吃肉，但"毁瘠骨立，殆致灭性"，是发自内心的真孝,对阮籍这样的"度外之人"不必拘束于常礼。

　　自阮籍的行为得到肯定,引发了孝行和孝心的分别。孝心把孝行墨守成规的拘泥转化为因任自然的洒脱,把对外在形式的讲究推向对内在精神的重视,使不守礼制的方外之人和以仪轨自居的礼法之士受到同样的尊重,在理论上也就有了相应的探讨。《世说新语·德行》记载了这样一个故事,读来颇有意味。王戎、和峤同为大名士,同以孝著称于世。王戎任豫州刺史,母亲病故之后,仍然喝酒吃肉,与人下棋,但短短数日,容颜憔悴,体力衰竭,杖而后起,一步三摇,弱不禁风。当时,和峤也有大丧,则行礼如仪,一切按照礼法居丧,饮食起居,都按照丧礼的规定进行。晋武帝问刘毅是否知道王戎、和峤的事,有什么看法?刘毅说:"和峤虽然符合礼法,但身体状况良好。王戎虽然不合礼法,但人瘦得皮包骨头。和峤行孝是以保证自己的性命为前提,而王戎尽孝则不顾自己生命。王戎是死孝,和峤是生孝。王戎之孝过于和峤。"尽人生之礼,不因哀哭死者而伤及生者的称为生孝;尽哀思之情,不顾身体而伤及自己的称为死孝。生孝重在表现孝行的礼仪周备,死孝则反映孝心的忧伤哀毁。二者相较,孝心比孝行更加深刻感人。也就是说,孝与不孝,不仅仅看外在,还要看内在,内在甚于外在。这样,两汉时期的孝观念和孝行为一元化,就呈现出多姿多彩的风貌。中国的孝道伦理,增加了新的内容。

魏晋南北朝时期,佛教在中国传播迅速,佛教基本理论认为人生在世,无论彼此之间有什么差别,都是一个苦字,现实社会就是一个大苦海。人们之所以在这个苦海中受苦,是因为每一个人都是独立的个体,不断地轮回转世,前世的行为决定着现世的结果,现世的行为则决定着下一世的结果,过去不明白这个道理,所以在现世受苦。也就是说,人们现在的贫穷和富有、高贵和卑贱,都是每一个人前世作业的结果。要想未来得到好结果,现世就要行善修佛。但现世行善只能使自己的来世得到好一些的报应,并不能得到永恒的幸福。无论现在是如何忠孝,如何严格遵守儒家的礼仪制度、国家的法律要求,都不可能得到永恒的幸福。所谓永恒的幸福,就是摆脱轮回,达到不生不灭的永远快乐的境界,也就是成佛。要达到这一目的,要求信徒们抛弃现实的功名利禄、道德伦理,看破红尘,遁入空门,出家为僧,起码要崇拜佛祖,祈求保佑。舍此之外,没有别的途径。由于这一套理论对现实苦难成因的解释比较严密,既给人们的未来带来希望,又给人们现实的心灵带来安慰,在社会上广泛流行,为社会各个阶层所接受,并影响到国家政治的走向。显然,佛教的理论和中国传统的伦理特别是《孝经》的百善孝为先、以孝劝忠的思想是背道而驰的:一是,出家僧人剃发和"身体发肤,受之父母，不敢毁伤"的孝道的基本要求相违背；二是，出家之人不娶妻生子，没有后代，致使宗族绝灭，这和儒家的光宗耀祖的行孝目的更是根本对立；三是，出家者剃光头、披袈裟，不拜君王、不拜父母，违背了孝道的尊尊亲亲的原则，是无君无父。而佛教向政治的渗透，则影响了传统士大夫的地位和利益。于是儒家、道家和佛家之间的争论势不可免。

儒家、道家反对佛教的主要论据就是批评佛教不孝父母、不敬君王，所引的主要经典就是《孝经》。如刘勰《灭惑论》引《三破论》说："伏闻君子之德，'身体发肤，受之父母，不敢毁伤，孝之始也'。"而佛教违背这个基本原则，"入家而破家。使父子殊事，兄弟异法，遗弃二亲，孝道顿绝，忧娱各异，歌哭不同，骨血生仇，服属永弃，悖化犯顺，无昊天之报。五逆不孝，不复过此"（僧佑：《弘明集》，上海古籍出版社，1991）。显然，这是把《孝经》作为最高的理论武器使用的。面对儒家、道家的责难，佛家也意识到，要使佛教在中国扎下根，就必须接受中国的孝悌之道，在理论上调和二者之间的矛盾。著名佛教学者慧远，针对儒家、道家的攻击，专门写了一篇论文，叫作《沙门不敬王者论》，解释说出家之人确实不拜君王、不拜父母，但绝不是不忠不孝，恰恰相反，这是大忠大孝。因为世俗的忠孝只能使一人一家遵守孝道，还要时时教育，收效实在有限。而佛家则可以使天下人永远地守忠行孝,人们信佛,自己从内心抛弃现实一切恶念恶行,更使天下抛弃一切恶念恶行,人人向善,不会有任何违背礼法的事情,以此治国,其收效比世俗的忠孝观不知要大多少,从而开启了传统儒家孝道观与佛教相结合的路径,孝道伦理更加丰富了。

(3)唐代的忠大于孝

隋唐一统天下之后,对孝道也大力提倡。隋文帝杨坚和群臣议政时,经常论及《孝经》,并命重臣为诸子为王者讲授《孝经》。唐太宗对皇太子读《孝经》大加称赞,说"行此足以事父兄,为臣子"(《旧唐书》卷三《高宗纪》)。贞观七年,太宗召萧德言给晋王授《孝经》;十六年太宗亲临国子学,祭酒孔颖达讲《孝经》;同年,太宗亲阅陆德明《孝经音义》书稿。高宗仪凤三年(678年)诏令以《孝经》和《道德经》为上经,"贡举皆须兼通"(《唐会要》卷七十五)。也就是规定在科举考试过程中,《孝经》和《道德经》是各科考试的共同科目。按李唐宗室出于政治的需要,自认是《道德经》作者也是道家创始人老子李耳之后,故而极为推崇道家和道教,规定道教在佛教之前,天下士子都要读《道德经》。又按唐代科举考试制度,儒经共有九部,分为大、中、小三经:《左传》《礼记》为大经,《毛诗》《周礼》《仪礼》为中经,《易》《尚书》《公羊》《穀梁》为小经。应试不同科目所考经典类别和数量不同,但《孝经》和《道德经》是各科必试科目。唐玄宗曾两度亲注《孝经》,诏令"天下家藏《孝经》,精勤教习,学校之中,加倍传授,州县官长,申劝课焉"(《唐会要》卷七十五)。天宝四年,唐玄宗亲自以八分书体书写《孝经》,刻石立于太学,这一石刻现藏于西安碑林博物馆。天宝年间,唐玄宗曾免征服丧百姓的赋税钱粮和劳役。从汉代就开始的"孝悌力田"的选士科目在唐代也一直保留着,对于那些"以孝闻于世"的孝子贤孙也极尽表彰之能事,《旧唐书》和《新唐书》都有《孝友传》,集中记载唐代孝行的典型事例,凡善事父母、能按照传统为老人养老送终的,大都有官府举荐、朝廷旌表,或者授予官职,或者赏赐钱帛、蠲免其赋役,有的受到皇帝的亲自嘉奖和勉励。武则天时,元让以孝著称,诏拜太子议郎,武则天说:"卿既能孝于家,必能忠于国。今授此职,须知朕意。宜以孝道辅弼我儿。"(《旧唐书》卷一百八十八《孝友传》)如贞原初年孝子林赞听说母亲生病,弃官还家,衣不解带,伺候汤药;母亲去世之后,哀痛毁行,五天不入水浆;自己为母亲挖墓,不愿假手他人;又结庐于母亲墓旁,为母亲守墓,以至于孝感神明,天降甘露。事闻朝廷,德宗下诏建二阙于林赞母亲墓前,蠲免全家徭役赋税,时称"阙下林家"(《新唐书》卷一百七十《孝友传》)。

汉代司法实践中的"原心定罪"以弘扬孝道的司法原则在唐代得到了进一步的法典化。我国古代法律中著名的"十恶不赦"大罪是在唐朝系统化和完整化的。十恶大罪的提出,始于北齐,首次被列入北齐的律典之中,到唐朝予以完整的定义。这十恶分别是:谋反、谋大逆、谋叛、恶逆、不道、大不敬、不孝、不睦、不义、内乱。这里的谋反就是反对君王的行为,无论是反对君王的言论还是某种行为,都是谋反之罪。谋大逆是指毁坏皇帝宗庙陵墓的预谋和行为。谋叛就是投降别的国家。恶逆是殴打、密谋杀害祖父母、父母及祖辈、父辈和兄弟姐妹的行为。不道是罪不至死而故意杀犯人一家三口,或者将人杀死后又把尸体分解,以及蛊毒杀人等行为。大不敬是指侵犯皇帝权威的所有行为,如因为行为不谨慎对皇帝的人身安全造成危险,违反等级规定而使用了皇帝专用物品,言语奏折冒犯皇帝威严,等等。不孝,按照《唐律疏义》的解释,"善事父母曰孝,既有违犯,是名不孝",即违背"善事父母"之道就是不孝。不睦是亲属间的侵犯行为。不义是属吏、学生谋杀上司和老师的行为。内乱是指乱伦。

根据《唐律》律文和《唐律疏义》的规定与解释,这十恶大罪的内容,就是对不忠、不孝两类犯罪行为的惩处。直接命名不孝罪的虽然只有一条,即第七项"不孝"。但如"不睦"罪是不孝的延伸;"恶逆"则是不孝的极端行为,普通人之间,杀人偿命,是天经地义之理,谋杀尊亲当然是罪不容诛。至于律文规定的"不孝"罪,则是针对不能以礼养、敬、顺尊亲的种种行为的惩处。

《唐律》规定不孝的具体行为是:"谓告言诅詈祖父母、父母;及祖父母、父母在,别籍异财;若供养有阙;居父母丧,身自嫁娶,若作乐释服从吉;闻祖父母、父母丧,匿不举哀;诈称祖父母、父母死。"告言就是到官府控告,诅是诅咒,詈是辱骂,控告、辱骂、诅咒祖父母、父母都以谋杀祖父母、父母论处,都是不孝大罪。若祖父母、父母健在,不仅私蓄财产,而且分财异居,完全抛弃了行孝之心,抛弃了人伦之道,违背圣人礼制,罪在不赦。自己有能力供养老人衣食而不按时供养,或者不能满足老人生活需要,致使老人缺衣少食,父母只要到官府举报,就治以不孝罪。服丧期间,自行嫁娶,或者不穿孝服,参与各种娱乐活动;听说祖父母、父母死讯,故意隐瞒;假称祖父母、父母死亡的,都以不孝罪重处。所有这些,反映了唐代对孝道的重视和提倡,并为以后历代法律所沿用。

但是,从比较的角度来看,就社会行为和社会价值观而言,唐代对孝道伦理的重视不如汉代,也不如以后。就以两《唐书》所记载的各种孝行来看,其行孝主要是能够按照礼制为老人养老送终、行礼如仪,像因惊天地、泣鬼神而受到表彰的事迹少而又少,只是个别现象。这从行为上讲,唐代皇帝自身,就缺少《孝经》所说的孝行自律,没能做到《孝经·天子章》要求的"爱敬尽于事亲,而德教加于百姓,刑于四海"。如唐太宗李世民通过玄武门之变,杀兄诛弟,逼父退位,自己登上了皇帝的宝座,从伦理的角度看,这是典型的不孝行为。宋人范祖禹批评说:"建成虽无功,太子也;太宗虽有功,藩王也。太子,君之贰,父之统也,而杀之,是无君父也。立子以长,不以功,所以重先君之世也,故周公不有天下,弟虽齐圣,不先于兄久矣。"(《唐鉴》卷二十)从李世民开始,围绕着皇位问题,宫廷政变频繁,嫡长子继承制的传统屡遭破坏。最高统治阶层为了争夺帝位,违背祖训,践踏孝道,也就制约着孝道对社会实践的规范。

此外,唐代是我国封建社会的黄金时代,个人的价值得到了空前的发展,人人可以凭借自己的才干,通过科举等途径改变自己的社会地位,"朝为读书郎,暮登天子堂",在当时所在多有。人的命运更多的是掌握在自己手中,而不是靠祖宗的荫庇,祖宗的地位自然就有所下降。"受命不于天,于其人",是当时大多数人的看法。李世民就说过这样的明言:"天子者,有道则人推而为主;无道则人弃而不用。"(《贞观政要·论政体》)天子不是上天固定地授予哪一个人的,而是谁"有道"谁来做,而且是大家"推而为主"。唐代诗歌个性发达,充满了对人性的赞美、对美好生活的追求和浪漫的性格。而《孝经》虽然被规定为士子必读之书,但是它要求子女绝对服从父母,青年服从老年,新一代要严守祖制,万事都要遵照祖宗成法,显然和当时的价值观念与社会追求背道而驰,受到冷落是情理中的事。

但是,对于任何一个统治者来说,无论自己是怎样得到的权力,权力一经到手,就要求臣民绝对地忠于自己。对待孝,可以从宽要求,对待忠,则不能放松。如武则天,自己是绝对地违背祖制,把大唐改为大周,一个儿媳妇取代了自己的公公、丈夫的天下,自然是不孝之举。武则天也表彰孝行,但目的是一个忠字,在武则天眼里,忠实在是比孝重要得多。武则天一方面诛杀异己,另一方面要求臣下无条件地忠于自己,作《臣轨》颁行天下,作为臣子的行为规范。《臣轨》将为臣之道概括为同体、至忠、守道、公正、匡谏、诚信、慎密、廉洁、良将、利人十个条目,每个条目再分为应该做什么和不该做什么等细目。其《同体》章直接说君臣关系就是人的大脑和四肢的关系,二者不可分离,大脑指挥四肢,君王指挥臣下;大脑的命令要四肢来完成,四肢只有在大脑的命令之下才可能有所作为。二者的主从关系是无法改变的,这是先天决定的,君臣之间也是如此,所以说"臣之事君,犹子之事父,父子虽至亲,犹未若君臣之同体也"(《丛书集成初编》第八百九十三册)。因为"古有无子之父,无父之家,未有无臣之君,无君之国"。父亲没有儿子可以生存,家庭没有父亲也可以生存;但是,任何一个君王没有臣下则不成其为君,一个国家没有国君更不成其为国,没有了国家、君王,臣子自然不存在了,所以"君臣同体"比"父子同体"还要天经地义。而臣下,无论是新科进士,还是旧臣遗老,或者是出于观念的因素,或者是为了自己的仕途,只要能给自己带来实际的利益,不管皇帝的品行如何、是否是个孝子,都极尽歌功颂德之能事。武则天主政时期,和高宗李治并称为"二圣";李治死后,武则天权纲独揽,更被称为神佛降世;建立大周之后,自然是一片颂声,其英明神武,是前无古人、后无来者。这种情况,到了唐代中后期,显得有过之而无不及。如唐德宗、顺宗、宪宗、穆宗时期,大唐国势远远不能和安史之乱以前相比,中央宦官弄权,地方藩镇割据。只有宪宗,花费大量军力物力,平定淮西镇的叛乱,表面上算是维持住了统一的局面。但在臣子笔下,这些皇帝个个都能和尧舜禹汤相比。如韩愈在给宪宗的一篇奏章中称颂说:"高祖创制天下,其功大矣,而治未太平也。太宗太平矣,而大功所立咸在高祖之代。非如陛下承天宝之后,接因循之余,六七十年之外,赫然兴起，南面指麾，而致此巍巍之治功也。"(《韩昌黎文集校注》，上海古籍出版社，1986）唐宪宗在位，确实对藩镇割据有所打击，平定了淮西镇的叛乱，使中央权力一度有所加强，韩愈的这一段话就是赞颂宪宗的这一功劳的。奏章中的高祖是指唐朝开国皇帝李渊；太宗是李世民；天宝是唐玄宗的年号，代指唐玄宗。奏章说宪宗功劳超过其任何一个先辈，高祖虽然建立了大唐，但仅仅建立了制度，没有实现天下太平；太宗时代虽然实现了天下太平，有所谓的"贞观之治"，但是不过是继承了高祖的各项制度的结果而已，自己并没有什么特殊的作为。他们都不能和宪宗相比。天宝之后六七十年，国家始终不稳，到了宪宗手中，国势真正地勃然强盛起来了，一举平定了南面称王、割据一方的藩镇势力，巍巍功劳是前人所无法比拟的。稍有历史常识的人都知道李渊、李世民的功劳才是无可比拟的，把宪宗和李渊、李世民相提并论本身就是荒唐，而作为后嗣之君来说，从孝道的角度看，更不能和开国君主相提并论，这样做是要遭到违背孝道的批评，是欺祖的行为。但韩愈这样做了，宪宗也欣然接受了。而韩愈是一代文豪，在当时官僚士大夫中以中兴儒家道统闻名，应该说其道德修养、伦理素质远远高于一般士人和平民。韩愈尚且如此，其他人可想而知了。为什么？就是因为这是忠君的体现，当今的皇帝永远都是圣明的。可见，在唐朝君臣心目中，忠重于孝。

3. 宋元明清时期《孝经》的传播和孝道的特点

宋朝立国，吸取唐朝后期和五代分裂的统治教训，在政治、军事制度各个方面加强君主集权的同时，在意识形态领域大力提倡忠孝之道，理学（又称为道学）兴起，《孝经》也受到空前的重视并注重其理论发掘。在唐代，儒家经典共有九家，即三礼（《周礼》《仪礼》《礼记》）、三传（《春秋左氏传》《春秋公羊传》《春秋穀梁传》）《诗》《书》、《易》。到宋代，理学家们将《孝经》《论语》《孟子》《尔雅》正式列为儒家经典，把九经扩大为十三经，标志着《孝经》学术地位的提高，以孝尽忠得到了大力的推广。明清两朝尽管在推行孝道的具体措施上有其特点，但基本上是宋朝的延续。和以往不同，宋代以后对《孝经》的研究和对孝道的推广，就宣传方式说，呈现出通俗化、宗教化的趋势；就孝道思想说，则呈哲理化特点；就孝道义务来说，则是片面的绝对化。

（1）《孝经》的传播和对孝道的重视

宋代君王对《孝经》的重视和对孝道的提倡，身体力行。宋太宗亲书《孝经》赐予李至，说"若有资于教化，莫《孝经》若也"（《宋史》卷二百六十六《李至传》）。真宗咸平二年（999年），令邢昺撰《孝经疏》。大中祥符八年（1015年）真宗又亲撰《孝经》诗，命群臣应和。南宋理学更加兴盛，对《孝经》的提倡也更加用力，宋高宗时常御书《孝经》赐予重臣，并颁行州县学校，作为钦定读本。对此，《宋史》卷四百五十六《孝义传》有简明扼要的总结，云："冠冕百行莫大于孝，范防百为莫大于义。先王兴孝以教民厚，民用不薄；兴义以教民睦，民用不争。率天下而由孝义，非履信思顺之世乎。"这说的是对孝义功能的认识，至于对孝义行为的旌表，则是"太祖、太宗以来，子有复父仇而杀人者，壮而释之；刲股割肝，咸见褒赏；至于数世同居，辄复其家"。那些本来是愚孝的行为，也一律予以表彰。有宋一朝，孝子辈出，孝行壮烈，惊天地、泣鬼神的感人故事也层出不穷。表彰这些，当然是为了以孝劝忠。上行下效，有了最高统治者的尊崇，广大知识分子、地主豪门，自然以孝道自励，数世同居、千口共灶，所在多有；各种家礼、世范、族规，迅速兴起。最著名的如司马光的《涑水家仪》、袁采的《袁氏世范》、朱熹的《家礼》（《古今图书集成·明伦汇编·家范典》）等，影响广泛而深远。这些家礼、世范的共同点是把孝行绝对化，根据《礼记》的内容，对子女的一言一行作出严格的规定，不得越雷池一步。

　　元朝是蒙古族建立的。蒙古族本是游牧民族，其生活习惯是逐水草而居，其风俗是贵壮贱老。而宋代的理学，强调夏夷之防，视周边少数民族为蛮夷，使民族心理隔阂加深。元朝入主中原之后对孝道的重视自然不能和宋朝相比。被宋朝视为最高孝行的诸如卧冰求鱼、割股疗亲等行为一律被禁止。这在蒙古人看来，割股也好，切肝也好，无论是否能把亲人的病治好，都导致儿女的伤害，国家需要壮年劳动力去当兵打仗、耕田服役，因所谓的行孝而影响国家的劳动力来源，是万万不能接受的。所以，元朝法律明确规定：禁止所有可能伤害儿女的孝行。至于自汉以来就相沿不衰的各项礼仪制度自然不被重视。如《元史·世祖纪》记载："左丞吕师夔，乞假五月，省母江州。帝许之，因谕安图曰：'此事汝蒙古人不知。'"文宗时，大臣僧家奴上书说："自古求忠臣，必于孝子之门。今官于朝者，十年不省觐者有之，非无思亲之心，实由朝廷无给假省亲之制，而有擅离官次之禁。"（《元史》卷三十三《文宗纪二》）说明元朝统治者确实在观念和制度上都不重视孝道伦理。

现在看来，元朝禁止割股疗亲等愚孝行为，当然是对的。因为割股疗亲等行为是没有任何科学依据的。但是，元朝统治者对孝道的轻视，是以其相对落后的生产、文化为基础的。对孝道的忽视，不利于和汉族地主知识分子的合作。而汉族地主为了表明自己的华夏正统，依然奉行孝道。最典型的表现就是郭居敬编定《二十四孝》的故事及其传布。所谓《二十四孝》就是古往今来的具有典型意义的24个孝行故事，其总的精神是宣扬子女竭尽全力孝敬父母，其中有养亲、爱亲、娱亲、思亲、侍疾等类型的代表，有的是有积极意义的，可以供后人学习效仿，有的则纯属愚孝。把愚孝的事例树立为榜样，说明此时孝道的趋于极端化。

朱元璋出身贫寒，由布衣而天子，深知民间百姓的疾苦，也知道孝道在民间流传的情况和巨大作用，特别是在元朝官方轻视孝道的情况下，明白要从内心得到百姓的拥护，必须利用孝亲之情，充分发挥孝道的作用。首先使百姓孝于亲，而后再使之忠于君，在尊祖敬宗的前提下，实现一家一姓的长治久安，因而朱元璋在所有帝王中，可以说是提倡孝道最为积极的一个。朱元璋明确指出，《孝经》是"孔子明帝王治天下之大经大法，以垂万世"（《明会要》卷二十六），他明令州府县学的生员都要熟读谨记，严格执行；反复阐明孝是"风化之本""古今通义""帝王之先务"，"垂训立教，大要有三：曰敬天，曰忠君，曰孝亲。君能敬天，臣能忠君，子能孝亲，则人道立矣"（《明通鉴》卷八）。

朱元璋明白任何事情都要以身作则，否则难以率下，所以在行孝方面，他按照《孝经》的要求，处处以孝为先，作为宗室子孙及天下的榜样。称帝之后，想到自己富有天下，而父母双亲却没能享受过任何的荣华，自己更没能在父母跟前略表孝子之情，常常是痛彻肺腑，每次祭祀列祖列宗都是涕泪交流，时常在梦中与考妣相见。所以，朱元璋特别重视对祖宗的祭祀之礼，称帝之后制度建设的重要内容就是制定礼仪，史称"明太祖初定天下，他务未遑，首开礼、乐二局，广征耆儒，分曹究讨"，规定每年大规模的祭祀十三项，中祀二十五，小祀八，庶民之家"亦得祭里社、谷神及祖父母、父母并祀灶，载在祀典"（《明史》卷四十七《礼一》）。规定男子成年加冕，要拜父母及其他长辈，平民百姓平日宴饮谒拜，要严格按照长幼尊卑之序，子女每天都要到祖父母、父母跟前昏定晨省，不得有缺，等等。朱元璋特别指出，以往丧服制度把生母和庶母相区别是错误的，应一视同仁，都服三年的斩衰之服，又命令专门官员整理丧礼，对五服之礼予以明白的解释，命名为《孝慈录》，颁行天下。他命人画《孝行图》，传示子孙，让后世朝夕观摩。上行下效，地方官员自然表彰孝行，教化百姓，民间更以各种通俗易懂、喜闻乐见的方式和内容宣传孝道伦理和行为。整个明朝，孝道伦理都极受推崇，原因盖在于此。

清朝入关，以异族统治中原，不便以忠君思想教化百姓，如果那样只会激起更加强烈的民族情绪，因而只能以"曲线救国"的方式，提倡孝道，希望通过孝道实现忠君的目的。顺治皇帝入关不久即亲自注释《孝经》，康熙四十六年，下诏刊行满汉合璧的《孝经》。雍正五年，又专门颁行钦定的《孝经》版本，后来雍正皇帝又把历代《孝经》的重要注解汇集成《孝经集注》刊行。从内容上说，历代学者、帝王对《孝经》的解释可谓完备，孝道的功能《孝经》的微言大义都发掘殆尽，顺治、雍正的注释也好、集注也好，并没有多大的新意，从学术上看实在是没有必要，之所以这样做，就是出于宣传的政治需要。康熙曾不止一次地强调"孝为百行之本""孝为万事之纲"，能够顺应孝道以治民就能上感神明、下顺民心。康熙十六年，曾颁行《人心风俗致治美政十六条》，第一条就是"敦孝悌以重人伦，笃宗族以昭雍睦"。尽管随着清朝统治的巩固，反清的民族情绪逐渐消失，统治者完全可以直接提倡忠君之道，但后嗣之君仍然大力宣传《孝经》，咸丰年间，曾令各省学校在科举考试时要加试《孝经》。与此同时，在社会上广为发行的各种蒙学读物、通俗读物更是以宣传孝道为中心。无论是达官显贵，还是贩夫走卒，孝观念可以说是渗入其血液之中了。

（2）孝道教化的通俗化

《孝经》是以孝为中心、论述君臣父子尊卑长幼伦理的纲领性经典，无论是对孝理论的论述，还是对其他伦理纲常的解说，都过于简略。就其内容言，虽然说的是以孝尽忠,但对什么是孝、什么是忠、具体怎样做才算是孝等内容并没有涉及。这对《孝经》的作者来说,是不成其为问题的问题,因为什么是孝、什么是忠等等,对于儒家学者来说是个常识,无须多说;制作《孝经》的目的不在于说明孝和忠的具体内容,而是为了说明孝道在儒家伦理体系中的地位和治国过程中的功能而已。但是,孝行是要在日常生活中通过具体的事亲细节来体现的,《仪礼》《礼记》等经典虽然有具体的规定,但规定都是如何事亲的程序,而没有为什么要这样做的说明,更没有不这样做的后果的说明;且不说这些具体规定因时过境迁,有些已经脱离了现实的可行性,就是以可行的内容而言,对于大多数面朝黄土背朝天、斗大字不识两筐、绝大多数是文盲的平民百姓来说,也无从把握。要使孝观念深入人心,要使孝伦理化为日常行为,就要有平民百姓能够接受的宣传方式和内容,要使《孝经》民间化、孝道通俗化,把《孝经》的内涵具体化,便于普通文盲的诵记和遵守,从而真正地使孝道深入人心,个个在家做孝子,在外为忠臣。

孝道伦理的通俗化和实践化始于宋代。宋代是理学高涨时期,《孝经》所说的"夫孝,天之经也,地之义也"得到了哲学的论证,孝道被认为是天理,不允许有任何的怀疑,人生的任务就是自觉地"存天理,灭人欲"。同时,理学家们注意到如何使孝道天理的实践化、操作化问题,用浅显易懂的诗歌述说行孝之理、报孝之情，用具体而严格的家范、族规规范家族成员的言谈举止，通过蒙学教材向儿童少年灌输孝道理论和规范，用佛教、道教的报应说诱导孝行的自觉性，等等。这个过程从宋代开始，越明朝至清朝而达于鼎盛。为说明这一时期孝道的传播方式和传播情况，分别举例说明如下。

先看蒙学教材中的孝道内容。教育从幼儿抓起，古人对此十分明白。蒙学读物就是专门为初学识字的少儿编写的教材，内容以儒家纲常伦理和名物典故为主。这一过程从宋代就开始了，明清时期最多。现在还广为流传的《三字经》《幼学琼林》等就是其代表作，因是启蒙读物，对孝悌之道自然格外重视。《三字经》有云：

> 为人子，方少时，师亲友，习礼仪。香九龄，能温席，孝于亲，所当执。融四岁，能让梨，弟于长，宜先知。首孝悌，次见闻，知某数，识某文……父母恩，夫妇从，兄则友，弟则恭。长幼序，友与朋，君则敬，臣则忠……《孝经》通，四书熟，如六经，始可读……扬名声，显父母，光于前，裕于后。

少儿理解力有限，无须说多少道理，只要教他们具体怎样做、向什么人学、读什么书就行了。首先要知道什么是长幼尊卑之礼，然后是要明白父子、夫妇、兄弟、君臣、朋友之道。随着年龄的增长，读书首先读《孝经》，《孝经》通了，再读四书，然后是其他儒学经典。读书有成，就能光宗耀祖。儿童将上述内容背诵于心，于不知不觉中化为自己的行动，从小养成行孝守礼的习惯，成人之后自然是孝子忠臣。

《三字经》叙述的只是原则要求，对于人事未知的幼儿来说，究竟应该怎样做还缺少操作性。而"父母恩，夫妇从，兄则友，弟则恭。长幼序，友与朋，君则敬，臣则忠"首先是要通过具体的言谈举止来体现的，这些礼仪也要从小养成，要对刚进学堂的儿童进行专门的教育。为达此目的，南宋的朱熹曾制定《蒙童须知》，详细规定学生的行为举止，后来清代的李毓秀等人又进行补充，更名为《弟子规》，由五个部分构成，其总叙开宗明义地说明："弟子规，圣人训。首孝悌，次谨信。泛爱众，而亲仁。有余力，则学文。"然后按照总叙的顺序一一展开各项内容。其第二部分"入则孝，出则悌"云：

> 父母呼，应勿缓；父母命，行勿懒。父母教，须敬听；父母责，须顺承。冬则温，夏则凊；晨则省，昏则定。出必告，反必面；居有常，业无变。事虽小，勿自擅；苟擅为，子道亏。物虽小，勿私藏；苟私藏，亲心伤。亲所好，力为具；亲所恶，谨为去。身有伤，贻亲忧；

德有伤，贻亲羞。亲爱我，孝何难？亲憎我，孝方贤。
亲有过，谏使更，怡吾色，柔吾声；谏不入，悦复谏；
号泣虽，挞无怨。亲有疾，药先尝，昼夜侍，不离床。
丧三年，常悲咽，居处变，酒肉绝。丧尽礼，祭尽诚，
事死者，如事生。兄道友，弟道恭，兄弟睦，孝在中。
财物轻，怨何生？言语忍，忿自泯。或饮食，或坐走，
长者先，幼者后。长呼人，即代叫；人不在，己即到。
称尊长，勿呼名；对尊长，勿见能。路遇长，疾趋揖；
长无言，退恭立。骑下马，乘下车，过犹待，百步余。
长者立，幼勿坐；长者坐，命乃坐。尊长前，声要低；
低不闻，却非宜。进必趋，退必迟；问起对，视勿移。
事诸父，如事父；事诸兄，如事兄。

以上可谓丰富多彩，细致入微，涵盖了孝道的方方面面；其言语简单明白，有着十分具体的可操作性。概括说来，其内容可以分为五大项：一是对父母的教诲应采取的态度，即无论父母说什么、怎么说，都要恭敬地听从照办。二是对父母日常起居的照顾，以及家居生活要注意的事项。父母在堂，昏定晨省，延医诊病，尝药疗疾，不厌其烦，不得有缺；不能有私房钱，一切归父母；事事时时请示父母，一切以父母的喜怒哀乐为转移。三是对父母的不当之处，要在敬顺的前提之下竭力劝谏，虽九死而不悔！无论

父母态度如何,自己都必须是和颜悦色地接受和坚持;即使受到鞭挞斥骂,仍然如此。四是事死如事生,严格遵守丧葬祭祀之礼,要守孝三年,按时祭祀。五是兄弟和睦,言谈举止、音容笑貌、举手投足之间都体现对长者的尊重。这些内容,并不是编者的发明,在儒家经典《礼记》等书中都有记载,但是,对于少年来说,这些经典不仅文字过于艰难晦涩,而且有些已经因时代变迁而不具有可操作性。《弟子规》将其简单化、条理化、具体化之后,适合儿童的接受特点,从而使儿童从小养成自觉行孝的习惯。

现在来看劝孝诗文。劝孝诗文就是专门劝人行孝的通俗易懂的诗歌、格言、小说、故事、唱本等文学作品。种类繁多,不胜枚举,流传最广的代表作,故事类的主要有《二十四孝》及其衍生的各种图录、绘画、诗歌作品,后人仿照《二十四孝》编撰的《后二十四孝》《女二十四孝》《百孝图说》等等,到清朝光绪年间又有人将以往的孝行故事编辑为《二百四十孝》。诗歌类的主要有各种《劝孝诗》《劝孝格言》《道情劝孝歌》《劝报亲恩篇》等等。此外还有佛教、道教经籍中的劝孝诗歌,从宗教的角度、用宗教的话语劝说世人行孝。社会上广为人知的有佛教的《父母恩重难报经》,属于道教的有《太上老君说报父母恩重经》《元始洞真慈善孝子报恩成道经》《文昌孝经》《文昌帝君劝孝文》《文昌帝君八反歌》等等。

以通俗易懂的语言、形象生动的比喻、细致入微的描写，融教化于真实之中，合说理与情感为一体，是劝孝诗文的总特点。这在唐代就开始了，到宋代以后逐渐普及化，到明清最为兴盛。这些劝孝诗文和蒙学读物的区别在于，蒙学读物只讲如何做，至于为什么要这样做，限于对象的理解力和生活体验的缺乏，不予涉及。而劝孝诗文则重在讲述亲恩似海、终生难报的道理。其早期作品可以举北宋理学家邵雍的《孝父母三十二章》诗为代表。邵雍的《孝父母三十二章》诗夹叙夹议，述说父母养育子女的奉献与艰辛，一片舐犊之情和对子女成长的牵挂与企盼，年老力衰之后行动之困难；又从反面列举那些只顾自己妻儿享受、不问父母安危的不孝行为进行批评。文笔雅俗共赏，读来朗朗上口，说理丝丝入扣，抒情感人肺腑。比如其中叙述父母对出门在外的儿女的牵挂云："远游含泪倚门庭，暮宿朝餐总挂心。唯恐风霜儿受苦，平安书到值千金。"寥寥数语，舐犊之情跃然纸上。然而，光阴荏苒，转瞬之间，父母已经步入老年，这个时候儿女应当主动观察父母的变化和需求，主动回报父母的养育之恩了："谁道形容似去年，今年亲发白如棉。却愁前面无多路，急早承欢在膝前。"老人没有别的愿望，只希望儿女绕膝，免于寂寞之苦。随着年龄的增长，行动越来越困难，父母为了儿女的成长，已然耗干了心血，再也没有了年轻时的风采和能力,儿孙应该明白,父母的衰老是为了自己,自己应主动赡养敬顺,要体会老人的愿望和需求,事事全心全意地做在前面:"亲老如何不健餐,多因心血已枯干。劝君好顺爹娘意,天大恩情仔细看","亲老龙钟甚不宜,要人陪伴要人依。身边今有何人在,孝顺儿孙可得知","父母而今病可怜,愿儿常在卧床边。纵然暂出房门外,还要亲人在面前","病来汤药要亲煎,昼莫辞劳夜莫眠。须记儿时有点痛,爹娘日夜意悬悬"。无论是身体健康时对老人的昏定晨省、行动陪护,还是老人生病卧床时的请医延药、端茶倒水,都不是一日一时的事情,天长日久,子女难免心生厌倦。但是,子女应该记住自己年幼时父母是如何推干就湿把自己抚养大、在自己生病——即使是因为顽皮淘气而擦破一点皮肤,父母是如何牵肠挂肚,不顾一切地照顾自己,而不应有任何的懈怠。

  自宋代以后,类似于邵雍《孝父母三十二章》诗的作品甚多,只是内容稍有偏重,或详或简。从孝道伦理的内容和逻辑上进行通俗、详细而深刻论述的要以清代姚廷杰的《教孝篇》为代表。《教孝篇》从内容上说是《孝经》思想的逻辑延伸和具体化,详细说明为人子者应如何敬养父母、如何顺亲谏亲、如何悦亲事疾、如何遵守礼制葬亲祭亲等等,文字太长,不去一一引述,我们可以从题目上推知其具体内容。《教孝篇》由14个部分组成，题目分别是：一曰全天性以乐其生；二曰和兄弟以慰其心；三曰训妻子以解其忧；四曰慎交游以免其虑；五曰动婉容以得其欢；六曰善奉养以安其身；七曰勤服劳以适其体；八曰审寒燠以防其疾；九曰存人心以酬其德；十曰受偏憎以隐其过；十一曰用几谏以冀其悟；十二曰慎殡殓以保其肤；十三曰急营葬以妥其灵；十四曰全节义以显其名。这些是说理的代表。此外，更有大量的说事之作，即通过具体的过程描述劝行孝道。如《文昌帝君劝孝歌》（一说是唐代王刚所作。但从内容和文风分析，应是晚出的《文昌帝君劝孝歌》）就偏重于对母亲生育、抚养之恩的描述，较之邵雍的《孝父母三十二章》对母亲的感恩之情要厚重得多。而至今还在社会上广为传播的《老来难》对老年人生活艰难的描述更加具体。因为文字太长，不能一一引述，现摘录《文昌帝君劝孝歌》的片段以见一斑，其叙述父母养育子女艰难云：

孝为百行首，诗书不胜录。
富贵与贫贱，俱可追芳躅。
若不尽孝道，何以分人畜？
我今述俚言，为汝效忠告。
百骸未成人，十月怀母腹。

> 渴饮母之血,饥食母之肉。
> 儿身将欲生,母身如在狱。
> 惟恐生产时,身为鬼眷属。
> 一旦见儿面,母命喜再续。
> 一种诚求心,日夜勤抚鞠。
> 母卧湿簟席,儿眠干蓐茵。

从文字上看,这些诗歌确实如作者所言是"俚言",浅近易懂,叙述的内容也十分具体,历数养子之苦、爱子之深,说明为儿女的"若不尽孝道,何以分人畜"的道理。因为内容具体,文字通俗,农夫贩妇,无论识字与否,耳濡目染,天长日久,也是耳熟能详,牢记于心,从正面激发孝亲之情。

明清时期,劝善书流行。劝善书是专门劝诫百姓行善的通俗读物,其"善"的内容主要是忠孝节义思想,而以宗教神学的说教方式化导民众,宣称善有善报、恶有恶报,行善自然有好结果,否则必遭恶报,或者报在自己身上,或者报在家人身上;或者现世得报,或者来世得报。如流传广泛的《文昌孝经》说:

> 惟天爱孝,惟地成孝。惟神敬孝,惟鬼畏孝。
> 孝可格天,孝可动地,孝可感人,三才化成。不孝之子,
> 百行不录;尽孝之子,万罪可赎。不孝之子,天地咸疾,

魔缠祸侵，雷霆诛殛。尽孝之子，鬼神护之，水难出之，火难出之；刀兵刑戮，疫疠凶灾，毒药毒虫，冤家谋害，一切厄中，处处佑之，凡诸福禄，一一畀之。

有的则通过阴森恐怖的地狱描述，威吓不孝行为的发生。如《劝妇女尽孝俗歌》说：

阳报你纵逃过去，阴报你向何处跑。森罗殿上没人情，不用金银不用宝。阎王发票鬼来勾，哪怕为人多奸狡。钢叉钉处血淋淋，不见地狱魂飞掉。丝毫账簿记分明，又用孽镜将心照。……反目相看挖眼睛，服事不勤剁手爪，油锅铜柱烈火烧，刀山剑树愁云绕。还从奈何桥上过，恶犬毒蛇来吞咬。谁叫生前不孝顺，阴雷一声击头脑。

在阳间不孝敬父母，没有受到应得的惩罚，到阴间要遭到更大的报应。《孝经》有《感应章》，指出孝事父母，"天地明察，神明彰矣。……孝悌之至，通于神明，光于四海，无所不通"。其本意是说孝子能孝敬父母，就能恭恭敬敬地奉祀天地神明、祭祀祖宗亡灵，天地神明自然知道孝子之心而保佑之。至于不孝敬父母会有什么后果，神明会不会惩罚则没有说。劝善书的因果报应则是儒家伦理和佛教果报的结合，诱之以利、威之以罚，强化孝道的教化力度。

这些劝善书的体裁,或者是诗歌,或者是散文。其起源和影响要以《太上感应篇》出现较早,流行也最广、影响也最大。其内容都是忠孝节义和佛教道教的某些要求。其他的如《文昌帝君阴骘文》《关圣帝君觉世真经》等等,都是《太上感应篇》的引申和具体化,文字更加浅近而已。为了形象具体说明神明惩罚与福佑、便于百姓的了解和操作,一些士大夫、佛教道教信徒还将种种善行制作成功过格,按照要求去做则积功,否则有过;不同行为,功过各不相同。这在明清时期极为流行,构成民间信仰的一大特点,也是孝道教化的重要手段,有力地推动了孝道伦理的世俗化和普及化。如明代僧人袾宏制作的《自知录·善门》有云"事父母致敬尽养,一日为一善""事继母致敬尽养,一日为二善""事君王竭忠效力,一日为一善"。这些说的都还过于笼统,还要做进一步的分解。《文昌帝君功过格》则十分详细,其《父母功格》云:

> 晨昏定省,致敬尽养,一日一功。代受一劳苦,一次一功。对亲和气婉容,忧愤不形,一日一功。修德勤学,致亲喜悦,一日一功。教一善必从,一次一功。一事责怒顺受,一功。赞成一善,十功。解亲一怒,舒亲一忧,十功。顺亲心不吝财物,十功。一大事劝亲改过迁善,十功。……显亲扬名,五十功。丧

葬诚信，五十功……

这是正面的，反过来，如果该做的不做，则属于有过，要受到神明的暗中责罚。如其《父母过格》云：

> 阻亲善，百过。唆亲恶，百过。厚妻子，薄父母，百过，事轻者减半论。丧葬草率，百过。纵家人妇子逆亲，百过，事轻者减半论。……扬亲一短，五十过。亲有过不谏，五十过。背一义方训，五十过。亲病不小心医治，五十过，如请医不审、进食不调、汤药不谨之类。……

关于夫妇、兄弟、朋友等等，凡是涉及人伦关系的都有相应规定，同时还针对初学者文化水平有限的特点，设计出简便易行的计算功过的方法供人使用。比如有"投黄黑豆之法"：

> 缝一布囊，长短宽窄，随意量裁。拴腰带间，共三层。中层供记功过，内层装大小黄豆，外层装大小黑豆。如有一功，取内层小黄豆一颗，投入中层里；如有一过，取外层小黑豆一颗，投入中层。有十功投一大黄豆，十过投一大黑豆。功过之多寡，照颗数加减。临睡时，将中层大小黄黑豆取出数之，算功过若干，即写在逐日功过册上。（袁啸波：《民间劝善书》，

上海古籍出版社，1995）

用豆子记数是民间最常用的方法，用来计算功过则是一大发明，简便易行。如此，则使那些大字不识的贩夫走卒、愚夫愚妇时时刻刻处于"功"与"过"的约束之中。

（3）孝道实践的极端化和愚孝

自宋代理学昌盛之后，孝道是"天理"之一，"存天理，灭人欲"是做人的头等大事，行孝亦然。"君叫臣死，臣不得不死；父叫子亡，子不得不亡"被视为天经地义。儒家的孝道伦理也就被片面地绝对化，强调子女绝对的敬顺，不能有任何的是非曲直观念；子女的一切是父母给的，要无条件地随时为行孝付出生命，而不论这种付出有没有道理，是否符合人情，是否符合生活常识。几乎打开所有的家训、族规，首先强调的就是孝悌二字，详细规定家族成员的行为内容，父母尊长有绝对的权威，子女晚辈则只有义务。如北宋司马光《涑水家仪》说：

> 凡子受父母之命，必籍记而佩之，时省而速行之，事毕则反命焉。或所命有不可行者，则和色柔声具是非利害而白之，待父母之许，然后改之；若不许，苟于事无大害者，亦当曲从。若以父母之命为非而直行己志，虽所执皆是，犹为不顺之子，况未必是乎！

因父母的一切都是正确的，必须无条件服从，以最快的效率执行,及时将办理结果回报;即使父母之命有错,只要没有大问题,照办就是了。否则,即使自己的意见正确,事实也证明了父母的错误,如果不按照父母指示,是不孝行为;如果自己意见本来就错误,再违背父母之命,就更是不孝了。

《孝经》是主张子女对父母的缺点错误要尽到劝谏职责的。《孝经·谏争章》借孔子之口明确说为人臣者要争于君,做一个"争臣",只要谏诤,国君虽然无道,也不会失去天下;为人子者要做一个"争子",敢于谏诤父亲的错误言行,"父有争子,则身不陷于不义。故当不义,则子不可以不争于父;臣不可以不争于君;故当不义则争之"。对君王、父母的"不义"言行,臣子是必须谏诤的,这是尽忠、尽孝的内容之一。但是,到了宋代以后,臣谏君和子劝父已不完全等同了,臣子进谏君王是忠心的体现,即使皇帝会龙颜不悦也要犯颜直谏。但是儿女对父母的错误则只能婉言相劝,父母爱听就听,不爱听就不听,儿女只能按照父母的意思去做。《涑水家仪》说:"凡父母有过,下气怡色,柔声以谏,谏若不入,起敬起孝,悦则复谏;不悦,与其得罪于乡党州闾,宁熟谏。父母怒,不悦而挞之流血,不敢疾怨,起敬起孝。"父母不听劝谏,不高兴,是自己不够孝顺,或者说是还没尽到孝道,要更加恭敬地尽孝;待父母高兴了再继续进谏。父母发怒,责罚儿女,责罚得再重，即使被打得皮开肉绽，疼痛不堪，也要忍住，要非常幸福和非常高兴地接受下来，不得有任何的不满，更不准有什么怨恨。司马光将《礼记》中的所有侍奉父母的礼仪条理化，结合当时的社会现实，进行增减，对子女晚辈的行为做了十分具体的规定。如"凡为人子者，出必告，反必面"，即外出之前先向父母说明到什么地方去，办什么事情；回来之后，先向父母汇报情况。若在家中，每天都要晨省昏定，在父母身边侍奉时的言谈举止、衣着穿戴要中规中矩；一日三餐，大小事务，先请示后执行，就餐时，座位顺序、举箸先后、饮食分配，都有详细安排。

司马光的《家仪》只是宋代以后众多家规、族训的一个代表，在传世的数以千计的家规族训中，越是晚出，就越是详细和具体，子女的义务也就更加绝对化。

元代以后，孝行录的编撰进入一个新的阶段，古往今来的孝子贤孙的事迹被编在一起，作为效法的榜样，其中众多孝行都属于愚孝。如影响最大、流传最广的郭居敬编纂的《二十四孝》，就是这一方面的典型作品。《二十四孝》中的24个孝行故事，情节并不复杂，但很有代表性，通过具体事例强调孝道义务的单向性，为了长辈的需要，子女要主动放弃个人利益和生命，包括妻子儿女的生命和利益。如"王祥卧冰""吴猛饲蚊""戏彩娱亲""鹿乳养亲"就是牺牲自己健康甚至生命以行孝的事例。王祥是晋朝人，生母早亡,继母"不慈",常常在父亲跟前说王祥的不是,王祥常常因此受到父亲的责罚。但王祥仍然孝心对父亲和继母。继母冬天想吃鱼,时值冰封季节,无处购买,也无法张网,王祥就用自己的身体把河里的冰融化再捕鱼,最后孝心感动了神明,河冰自解,并且从水里跳出鲤鱼两条。吴猛也是晋朝人,年仅八岁,就以孝心被人推崇,因家中贫困,夏天没有蚊帐,深受蚊虫叮咬之苦;每到晚上,吴猛提前上床,裸身而卧,任凭蚊虫叮咬而不驱赶,希望蚊子多叮咬自己,吃饱喝足了,就不会再咬父母了;如果把蚊子赶走,它们会再去咬父母。周代的老莱子,行年七十有余,为了使父母高兴,常常穿上幼儿衣服,五彩斑斓,模仿婴幼儿的举动和哭声;给父母送水时,故意在父母面前摔倒,学婴儿啼哭,让父母高兴。"鹿乳养亲"也是周代的事。周人郯子的父母双目失明,想吃鹿乳,郯子为了满足父母的要求,就身披鹿皮,装扮成鹿,混入鹿群,挤取鹿乳;后来遇到猎人,差一点真的被当成鹿射死,几乎丢掉性命。

　　为孝而牺牲子女的例子则有"郭巨埋儿"的故事。郭巨是汉朝人,因为家中贫困,粮食太少,无法赡养母亲,他和妻子商量说,儿子可以再生,还会再有,而母亲只有一个,于是要将年仅三岁的儿子给活埋;在挖坑时,挖到了两坛黄金,儿子才得救。这"王祥卧冰""吴猛饲蚊""戏彩娱亲""鹿乳养亲""郭巨埋儿"等故事,在历史上当然只是传说,并非真实;按照孔子的孝道观,这本身就违背了孝道的要求。《孝经》明言:"身体发肤,受之父母,不敢毁伤,孝之始也。"传宗接代、光大门楣、显耀祖宗更是孝的目的。而王祥为了继母冬天里能吃上鱼,就不顾生命危险去卧冰求鱼,冰是不会融化的,王祥则绝对会因此而被冻死,起码是大病一场;老莱子以七十之躯学做幼儿状,故意摔倒以博取父母欢心,果真如此,老莱子这把老骨头能撑得住吗?摔伤自己怎么办?人假扮成鹿就能混入鹿群、挤到鹿奶吗?要是真的死于猎人箭下,那双目失明而又年迈的双亲怎么办?即使不被猎人射死,遇到大型食肉动物,其他的鹿可以凭借速度逃生,郯子怎么办?怕是只能做猛兽的美味!吴猛希望蚊子咬了自己就不去咬父母,其智商确实是无法再低了,蚊子数量是不固定的,不是只有那么几个。郭巨活埋了三岁的儿子就能满足赡养母亲的粮食需要了?真的埋了儿子,使老祖母失去孙子,能不心痛吗?老祖母能够活下去吗?若老人因失去孙子而痛不欲生,郭巨的孝行又有什么意义?上举诸人,从做儿子的角度看,确实都是大孝子,但是,若用孔子、孟子等儒家先贤们的要求衡量,显然违背了孝的本质,简直是愚不可及,而且残忍透顶,违背人性!这些,古人未必不懂,在编录"王祥卧冰""郭巨埋儿"等故事时,郭居敬的本意可能是为了说明孝感神明的灵验性，但恰恰影射出孝行的极端化价值取向和趋于愚昧的特点，从一个方面也反映了孝行愚昧化的现实。

《二十四孝》所辑故事都是唐代以前的。至于宋代以后孝行的极端与愚昧，较之《二十四孝》自是更加有过之而无不及。只举一个《宋史·孝义传》就足以说明问题了。打开《宋史·孝义传》，扑面而来的就是那些惊天地、泣鬼神的愚孝行为。《宋史·孝义传》正式记录的75位传主，除了世代同居、教化乡里的行为以外，其余孝行大致上可分为两类：一是毁伤身体为双亲治病，二是服丧超过礼制的规定。如太原人刘孝忠，家中贫困，母亲生病三年未愈，听说人肉可以治病，刘孝忠就先割左大腿的肉给他母亲吃，后又割左乳的肉喂他母亲；母亲心脏疼痛剧烈，刘孝忠就在手心中烧火，让自己代替母亲受疼，终于治好了母亲的病。又有莱州人吕升，父亲双目失明，吕升自己剖肤切肝，用肝为药，终于使父亲重见光明。又有冀州人王翰，母亲双目失明，王翰把自己的右眼挖出，装进母亲的眼中，结果使他的母亲"目明如故"。在当时，割肉疗亲几成风气，类似的事例不胜枚举。

宋朝理学高涨，守礼自是行孝的要求之一。但是守礼不能过度，过度既违背孝道，也没有意义。《孝经·丧亲章》说："孝子之丧亲也，哭不偯，礼无容，言不文，服美不安，闻乐不乐，食旨不甘，此哀戚之情也。三日而食，教民无以死伤生。毁不灭性，此圣人之政也。丧不过三年，示民有终也。"父母去世，哀痛无比，孝子自然是撕心裂肺地痛哭，言谈举止、服饰容貌都不再考虑是否合乎礼节要求。亲人刚去世时，孝子因悲痛是难进饮食的，但三天以后必须进食，不能"以死伤生"，因哀悼死者而使生者受伤害，死者的在天之灵是不安的。孝子因失去亲人、悲哀过度而消瘦羸弱，但不能危及孝子的生命，这是圣人的教诲。为父母服丧三年，是为了说明丧事是有终结的。但在宋代，孝子行孝往往超过礼制的规定。《宋史·孝义传》多有记载和表彰。如大名人李坯，母亲去世以后，把家产交给弟弟经营，自己在母亲墓旁搭一个茅草棚，号啕大哭，昼夜不止，天天手挖肩背，把母亲的坟墓添了一丈多高；六年里不近酒肉，不进家门，被乡人尊为李孝子。又有徐州丰县人李祚，母亲去世后，在墓地居住27年。如此等等，不一而足。所有这些，官府都上奏朝廷，一一予以旌表，被尊为典范。

按《孝经》，孝道的内容就是尽心尽力地赡养、敬顺父母，父母去世之后则按照礼制表达哀思。而赡养敬顺又是一个互动过程。子女孝敬父母，而父母则疼爱子女。这种敬顺和疼爱的互动总是呈疼爱在先、敬爱在后的顺序状态；父母更希望儿孙健康、家族兴旺，能通过自己的奋斗，使家族发达，光宗耀祖是孝的最高标准。用这个标准来看，为亲人守墓十年不近人事，中断正常的家庭生活，影响家族人口的繁衍，即使不说是违背孝道，也是毫无意义；至于割肉疗亲，更是缺乏任何的事实根据，毫无生活常识可言。而官府也好，文人也好，对此都大力表彰，目的只有一个，那就是通过父权的绝对化，强调子女对父亲的绝对的奉献，实现君权的绝对化，保证臣子对君主的绝对奉献和绝对忠诚。这和君主专制的发展是一致的。

三 《孝经》与中国传统家庭伦理

　　家庭是人类社会最早的以婚姻血缘关系为核心的最基本的生产生活共同体,是古往今来人类社会最基本的细胞。在中国的传统文化中,人们最重视的社会单位就是家了。家是抚育每一个人成长的地方,是每一个人感情的寄托,家庭的扩大和兴旺更是每一个人奋斗的目标。《孝经》第一章《开宗明义章》说:"夫孝,始于事亲,中于事君,终于立身。""事亲"即侍奉双亲是行孝之始,父子关系(包含母子在内)是孝道的轴心,其余之兄弟、夫妇、叔侄、甥舅等等,都是以父子关系为轴心按血缘远近展开的。家庭人际关系尊卑有序、长幼有礼之后,才能移之于国家社会;将孝道放大,作为处理社会关系的核心,才能移孝为忠,忠孝合一。所以,在传统观念中,国和家是合一的,孝子和忠臣是合一的。《孟子·滕文公上》云:"父子有亲,君臣有义,夫妇有别,长幼有序,朋友有信。"《礼记·中庸》云:"君臣也,父子也,夫妇也,昆弟也,朋友之交也,五者天下之达道也。"父子、兄弟、夫妇、君臣、朋友,是人际关系的主体,也就是人们常说的五伦。对这五对关系顺序的排列,在不同的历史时期、不同的学者,有所不同,或从政治的层面将君臣放在第一位,或从亲情层面将父子放在第一位。但是,从历史发生的顺序看,亲情是真正的核心。古代学者对此是十分明白的。所谓孝道,就是家庭人际关系行为规范的总和。《孝经》以通俗简洁的语言,概括儒家孝道的内容,此后两千余年的家庭关系都是按照《孝经》及其所代表的儒家伦理执行的。

家庭伦理是社会道德的基础,古人对此是清楚的,所以首先重视的是家庭伦理秩序。在传统的五伦中,前三者即父子、夫妇、兄弟是家庭关系,后二者即君臣、朋友则是家庭关系的延伸。父子、夫妇、兄弟、君臣、朋友五对关系,涉及十个方面,各有其行为规范,古人谓之十义,《礼记·礼运》篇有明确说明:

> 何谓人义?父慈、子孝、兄良、弟弟、夫义、妇听、长惠、幼顺、君仁、臣忠,十者谓之人义。

所谓"义",就是"宜"的意思,即应该和必须做到的。这"人义"的十种规范,又称为"十义",体现着不同的伦理基础和实现的目标。宋代理学家朱熹在《白鹿洞书院学规》的开场白中首先强调的就是这五伦十义:"父子有亲,君臣有义,夫妇有别,长幼有序,朋友有信。右五教之目,尧舜使契为司徒,敬敷五教,即此是也,学者学此而已。"学习的内容就是"五教",也就是五伦。"尧舜使契为司徒"是后人的虚构,尧舜和契都是古史传说中的人物,在传说中尧舜时代,既没有什么五伦、十义,也没有什么《孝经》。当然,《礼记》也好,《白鹿洞书院学规》也好,传习范围只局限于学堂和少数读书人的圈子里,在社会上流传毕竟不广。为了使这五伦十义在社会上广为传布,特别是为了使识字不多甚至是文盲而又占人口绝大多数的下层民众都能掌握和遵守,古人就将这些内容以通俗而具体的形式写成诗歌在民间传诵。现举一例如下:

> 子孝宽父心,斯言诚为确,不患父不慈,子贤亲自乐。父母天地心,大小无厚薄,大舜日夔夔,瞽瞍亦允若。夫以义为良,妇以顺为令,和乐祯祥来,乖戾灾祸应;举案必齐眉,如宾互相敬;牝鸡一晨鸣,三纲何由正。兄须爱其弟,弟必恭其兄,勿以纤毫利,伤此骨肉情;周公赋棠棣,田氏感紫荆,连枝复同气,妇言慎无听。损友敬而远,益友宜相亲,所交在贤德,岂论富与贫;君子淡如水,岁久情愈真,小人口如蜜,

转眼如仇人。(《古今图书集成·明伦汇编·家范典》卷四,《家范总部·艺文二》,第三百二十一册)

这相当于一首劝善诗,讲父子、夫妇、兄弟、朋友之道,具体而通俗。类似体裁和内容的诗歌、文章,在古代不胜枚举。

然而,《孝经》也好,其他的先贤圣哲的著作也好,上举各项家庭伦理并非在其问世之日起就对中国的家庭伦理实践起着指导作用。理论是一回事,人们怎样做又是一回事。在任何一个时代,书面的东西和社会实际总是有距离的。《孝经》宣传的内容也是如此。因为家庭伦理的实践决定于政治经济发展。这有必要对中国古代的家庭的结构的变化作一个简单的说明。

1. 传统家庭的历史状况

古代家庭和现在有着很大的不同。现代社会一般都是小家庭,是一对夫妇和子女数人组成一个家庭,一般的五六口人而已,也就是社会学上的核心家庭;其人口多的一般有祖孙三代组成的家庭,人口在十口左右,就是大家庭了。至于当代社会,根据社会学者、相关单位的统计和笔者的调查与观察,家庭规模更趋于微型化:一对夫妇加一个或两个子女的小家庭是大多数,父母老人基本上是独立生活，很少与儿孙辈一起生活，五口之家很少，五口以上家庭几乎为零。因而，在当代父子、兄弟、夫妇的成员都有限，家庭成员的经济和生活相对独立的条件下，不存在传统的父子之道、夫妇之道、兄弟之道。父子、夫妇、兄弟之间平等是客观存在，而且是必然趋势，是现代文明的体现。但是，在古代中国，家庭的实际情况要复杂得多，在不同的历史时期，家庭大小、家内人际关系有不同的特点。要了解传统家庭伦理的由来必须对传统家庭变迁有一个基本的了解。

在战国时代，特别是各国变法以后，普遍实行国家授田制，就是国家先建立严密的户籍制度，把农民固定在居住地，不允许自由迁徙，然后把土地分给农民，无论农民种与不种，实际收成如何，都要向国家交纳固定数量的田税。授田的基本标准就是五口之家、百亩之地。这说明当时五口家庭占多数。如果家庭人口多，政府就强制性迫使农民分家立户。如秦国在商鞅变法时就以法律的方式规定："民有二男以上不分异者倍其赋""父子兄弟同室内息者为禁"。(《史记》卷六十八《商君列传》)当时所有家庭都要在官府登记，叫作立户，立户之后就要交税，叫作户赋。家庭数量越多，户赋也就越多。家庭的所有成员都要登记在户籍簿上，年龄、身体状况、身份、性别，都要一一注明，国家根据性别、年龄分别规定不同的劳役任务，强制执行。

所以各国都严格户籍登记，防止偷税漏税。商鞅在秦国变法规定："民有二男以上不分异者倍其赋""父子兄弟同室内息者为禁"。意思是说，家里有两个成年男子而不分家的，就加倍征收户赋，如果有三个成年男子则三倍征收；禁止父子兄弟生活在一起。这里的"室"既是指房屋，也是指财产。禁止"同室内息"就是禁止在一起共同生活。这样，原来的大家庭就被强制性地分解了，家庭形态均以五口之家、百亩之地式的小家庭为主。这不仅仅是秦国的制度，其他各国都是如此。秦国改革较东方六国为晚，强制推行小家庭制度晚于东方，是吸收东方六国制度而来。所以在先秦时代思想家的著作中大都以五口之家、百亩之地作为当时国家组织生产、收取赋税的标准形态。当然，在阶级社会里，人分为不同的阶级和等级，不同阶级和等级的人有着不同的权利，农民是被统治阶级，只有纳税服役的义务，他们的家庭只能按照统治者的要求析产分居。至于那些地主官僚，是统治阶级，虽有兄弟数人也不一定分居，其家庭规模就要大得多，有十口、数十口之家，但这在家庭总数中只占少数。

强迫分居，直到秦朝统一和西汉时代都没有改变。那时的家庭人际关系也没有《孝经》所说的这些孝道的约束，父子兄弟之间根本不存在《孝经》和儒家学者们所宣传的父慈子孝、夫义妇顺、兄爱弟悌等伦理秩序。西汉初年的著名政论家贾谊曾经有过一段评论秦朝和汉初家庭秩序的文字，对我们了解当时的家庭伦理很有帮助，现引如下：

> 商君遗礼义，弃仁恩，并心于进取，行之二岁，秦俗日败。故秦人家富子壮则出分，家贫子壮则出赘。借父耰锄，虑有德色；母取箕帚，立而谇语。抱哺其子，与公并倨；妇姑不相说，则反唇而相稽。其慈子耆利，不同禽兽者亡几耳。……曩之为秦者，今转而为汉矣。然其遗风余俗，犹尚未改。今世以侈靡相竞，而上亡制度，弃礼谊，捐廉耻，日甚，可谓月异而岁不同矣。
> （《汉书》卷四十八《贾谊传》）

这段话的意思是说，商鞅变法，抛弃儒家所宣扬的仁义道德，只想着如何兼并天下，不顾道德教化，新法不过推行两年，秦国的风俗迅速衰败。父子兄弟之间没有丝毫的孝慈仁爱，只有赤裸裸的私利冲突，家里有钱的，子女成人就分户别居；家里没钱的则将成年儿子送给人家做赘婿。老子借把锄或者其他的东西给儿子用，一定在心里记下，觉得儿子欠了自己一分人情；母亲拿儿子的扫帚用一下，儿子不仅不同意，而且大声呵斥母亲。儿媳妇给小孩喂着奶，就和公公在一起；婆媳之间话不投机，立即互相指责争吵。最孝顺的儿子和父母之间也都是以利益为转移，和禽兽相差无几。所有这些，到汉代没有丝毫的改变。不仅如此，和秦相比，汉代还有过之而无不及，世风骄奢淫逸，互相攀比，完全抛弃了礼义廉耻，愈演愈烈，可谓是日新月异。贾谊说这些的目的是劝谏汉文帝提倡儒家所主张的仁义道德，提倡教化。他所说的汉初的社会风气是当时人说当时事，是现实的真实写照。但是，这种风俗并不是秦国独有的现象，也不是商鞅变法导致的，而是战国时代的共同特点。战国是孝的伦理实践消弭的时代，正因为如此，儒家知识分子才大声疾呼孝道，《孝经》才对孝道进行系统的总结与整合。关于苏秦合纵成功家庭地位变化的真实故事很能说明这个问题。

商鞅变法之后，秦国迅速强大，原来强大的东方六国燕、齐、韩、赵、魏、楚在秦国面前屡吃败仗，于是有一些人就想方设法让六国之间放弃原来的矛盾，联合起来共同对付秦国，当时人把这种活动称为"合纵"。另外一部分人则专门挑起六国之间的矛盾，让六国中间的某一国或者某几个国家和秦国联合，进攻其他几个或者一个国家，当时人则把这种活动称为"连横"。从事合纵、连横的人都有一套游说的方式和理论，除了游说的内容不同，合纵和连横的游说方法是一致的，叫作纵横术，历史上就把从事合纵、连横的人称为纵横家。苏秦就是著名的纵横家代表。苏秦是洛阳人，兄弟中间排行第三，见种田经商太辛苦，就拜权谋家鬼谷子为师，学习纵横长短之术，但是，出师之后在各国游说好几年，也没有哪一个国君采纳他的意见，穷困潦倒地回到家里，兄弟姐妹等全家人都耻笑他，说他不务正业，受穷是咎由自取，就是他的妻子见他身无分文地回来也不给他好脸色看，在织布机上连下来都不下来。"兄弟嫂妹妻妾窃皆笑之，曰：'周人之俗，治产业，力工商，逐什二以为务。今子释本而事口舌，困，不亦宜乎。'"意思是我们周人也就是洛阳人（东周建都洛阳）的习惯是通过耕种、经商或者做手工致富，而你苏秦怕苦怕累，一心想走捷径，想依靠卖嘴皮子实现富贵梦，怎么可能？结果一事无成、穷困潦倒、走投无路，只好回到家里，依靠父母兄弟，不是理所当然吗？苏秦自己也感到羞愧，于是发奋读书，闭门一年，读完所有纵横之书，领会纵横之术精要，出游各国，合纵成功，韩赵魏燕齐楚六个国家都以苏秦为丞相，名倾天下，各国赠送的财富是船装车载，数不胜数。这时候苏秦再回到家中，他母亲出洛阳城十里迎接，全家人在苏秦面前连头都不敢抬，满脸堆笑、恭恭敬敬、小心谨慎地侍奉苏秦饮食起居。苏秦的嫂子原来讥笑苏秦最厉害，现在表现得最谦恭，每次见到这位小叔子，都不敢正视苏秦，而是鞠躬九十度、双手平举、轻声细语地和苏秦说话。苏秦笑着问她："何前倨而后恭也？"意思是说你以前是非常高傲的，现在是如此的谦卑，这是为什么啊？苏秦的嫂子伏在地上，用袖子挡着脸说"见季子位高金多也",即看到三叔地位高、金钱多才这样的啊!苏秦感慨说:"此一人之身,富贵则亲戚畏惧之,贫贱则轻易之,况众人乎!"(《史记》卷六十九《苏秦列传》)意思是说:"同是一个人,有钱有势,自己亲人都畏惧;无钱无势,自己的亲人也看不起自己;对亲戚家人尚且如此,对那些无亲无故的人就更可以想见了。"苏秦总结的不是他家庭的个别情况,而是当时的普遍事实。社会价值观念普遍如此,重利轻义,是共同的价值观。因而,贾谊所说的绝不仅仅是秦国的情况,也不是商鞅变法所造成的。西汉时代,人们普遍以批评秦朝政治的方式影射现实,提出自己不同的政治意见,希望当朝天子能够采纳,贾谊也是如此。但无论贾谊是批评秦政还是批评汉政,都说明直到贾谊的时代,《孝经》所主张的伦常秩序还没有成为现实。尽管西汉建立之后,汉文帝宣布汉以孝治天下,包括《孝经》在内的儒家学说迅速传播,但对社会生活真正发生影响还要有一个过程。

《孝经》的理论真正地普遍影响社会生活是在西汉后期,这一方面是因为汉武帝虽然定儒学为官学,但其对社会的影响要有个过程;另一方面则是因为家庭结构直到西汉后期才真正地发生变化,原来的小家庭即核心家庭开始向大家庭转变,而家庭结构的变化,家庭人际关系的多样化,由家庭而家族、由家族而社会的一体化才是《孝经》

理论变为现实的基础。

在我国古代社会，从官方的户口统计上看，家庭规模始终不大。实际情况则比较复杂。西汉后期，全国每户平均只有 4.8 口人，东汉时也只有 5.8 口人。从传世文献看，有五口、七口、八口、十口以上的各种情况，占大多数的是五至六口之家。少数地主大族官僚几代同居，家有数十口人。魏晋南北朝时代，因为战乱，为了自保，同乡同族的人往往聚为一体以增加自我保护能力，曹魏时又明确规定父母健在时，不得分财异居，"除异子之科，使父子无异财也"（《晋书》卷三十《刑法志》），即在法律的层面保护同居共财；加上当时门阀政治占主导地位，即国家权力高低按照宗族地位、历代为官状况在各个名门望族中间分配，为了政治利益，人们也不轻易分居。因而家庭规模迅速扩大。颜之推在《颜氏家训》中说道：

> 常以为二十口家，奴婢盛多，不可出二十人，良田十顷，堂室才蔽风雨，车马仅代杖策，蓄财数万，以拟吉凶急速，不啻此者，以义散之；不至此者，勿非道求之。

颜之推出身官宦世家，高门大姓，官至北齐黄门侍郎，集官僚、地主于一身。他说这段话的目的是告诫子孙要勤谨持家，求财不要贪多，治家不要过大，更不能用歪门邪道求财，否则子孙骄逸、树大招风，导致无妄之灾。家里有二十口人、二十个奴婢，一千亩地，房屋够遮风避雨，车马够出行代步和生产使用的，家里边有几万文钱，防止天灾意外用钱，就够了。如果超过了这个数字，就要以正当的方式散给四邻八舍、宗族乡党；达不到这个标准，也不能用不正当手段去获取钱财。颜之推之所以有这样的主张，是鉴于当时民族矛盾、阶级矛盾激烈，统治集团内部斗争残酷，争权夺利，无日无之，位高权重、财富太多，都会招致横祸，他自己就因为身为黄门侍郎，参与朝中机要，差一点被人陷害，所以主张小富即安，做个普通地主就行了。他所说的这一千亩地、二十口人就是当时一个普通地主的家庭规模。至于那些大官僚地主的家庭有的远远不止此数，有的数世同居共财，一家多至百余口。《北史·节义传》表彰六位累世同居共财的典范，其中博陵人李几"七世共居同财，家有二十二房、一百九十八口"。南齐有陈立子，四世一百零七口人同居共财。所以在文献中曾屡次出现"百室合户，千丁共籍"的记载，可见当时百口之家不是个别现象。

不过，若从统计学的角度看，魏晋南北朝时期的有几十口、百余口的大家庭都是地主官僚，在户口总数中比重很小。占人口绝大多数的农民家庭一般也只是五至八口人，敦煌文书有大量的户籍资料都能说明这个问题。累世同居共财之所以受到特别的表彰，除了这些行为符合统治阶级所宣扬的伦理需要之外，还因为在现实中这类事实实属凤毛麟角。所谓"百室合户，千丁共籍"反映的是户籍登记制度的弊端，并不能因此说是当时家庭人口的实际情况，这里的"百室合户，千丁共籍"是指成百的个体家庭、上千人登记为一户，原因是躲避徭役，那些不堪国家徭役、赋税剥削的贫苦农民寄名于权势之家门下而构成"百室合户，千丁共籍"的现象，不能说这百室、千丁都是一个家庭。

隋唐时期，国家不仅表彰同居共财，对分居问题十分重视，有专门的法律限制。《唐律·户婚》有三条规定：

> 诸祖父母、父母在，而子孙别籍异财者，徒三年。
> 若祖父母、父母令别籍，及以子孙妄继人后者，徒二年，子孙不坐。
> 诸居父母丧生子及兄弟别籍异财者，徒一年。

根据《唐律疏义》的解释，所谓"别籍异财"包含两种情况：一是"籍别财同"，虽然在财产上没有分割，但户籍上单独立户；二是"户同财异"，即财产已经分开，在户籍上仍然是一家。这两种情况都要判三年徒刑。所谓"祖父母、父母令别籍"是指"但云别籍，不云令其异财，令异财者明其无罪"。即祖父母、父母只令儿孙在户籍上单独立户，财产并不分开，和令子孙用不正当方式继承他人财产者，都要判指示者两年徒刑，子孙本人无罪。这第三条规定是指儿子死亡，孙子和祖父母分异以及诸子之中有一人死亡之后其余诸子分财异居、单独立户的，都要判处一年徒刑。这样做的目的，在经济上是为了保证户籍的真实性，防止虚假户籍影响国家税收。当时有按户征收的户税，户因财产的不同分为不同等级，像"籍别财同"和"户同财异"都导致户籍和户税的不实。但更重要的是政治上的教化，宣扬孝道。西晋在废除分户令即上述"除异子之科"时，曾解释其原因说："正杀继母，与亲母同，防继假之隙也；除异子之科，使父子无异财也；殴兄姊加至五岁刑，以明教化也。"(《晋书》卷三十《刑法志》)杀死继母和杀死亲母判刑一样，表明继母和亲母相同，在侍奉继母和亲母时不得有亲疏远近之别；废除父子分异之令，为使父子不分财；把殴打兄姊的刑法增加到五年徒刑，是要表明长幼秩序，以刑为教，化育民众。后代继承了这一指导思想，敦风教、倡孝行的诏令不绝于书，正史中的"孝义传""孝友传"代代多有的目的也在这里，如唐玄宗亲自为《孝经》作注，明确指出"即令同籍共居，以敦风教"(《旧唐书·食货志》天宝元年诏)。思想上的宣传提倡，法律上的限制，家庭规模自然有所扩大。

宋代因为理学兴盛，孝观念更被提到空前的高度，同财共居与否被看作是否行孝的标志。国家法律除了继承唐代的相关内容之外,对分财异居者作出了更加明确的限制,地方官员在审理分家案件时又根据理学观念加重刑罚,有的地方如陕西就有对个别别籍异财者处以"弃市"的极刑。在法律和教化的双重作用下,累世同居共财的官僚、地主所在多有,成为乡里表率,其家庭规模有的多达数千口。如江州得安陈氏经历唐末、南唐、北宋三个朝代,累世同居十三世二百余年,共有家口三千七百余人,直到宋仁宗时才分居,其规模之大,实属罕见。其余著名的大家庭还有十世同居、家众数百口的保德赵氏、十九世同居共财的会稽裘氏、八世同居的铜陵余氏、十一世同居家众七百余口的铜陵钟氏、八世同居家众七百八十一口的德化许氏、八世同居家众三千口以义治家的汉阳张氏等等。这些在《宋史·孝义传》中都有专篇。

　　降至明清,累世同居的大家庭更加普遍,见之于正史如《明史》《清史稿》的就连篇累牍。如南海霍氏(霍韬)、庞氏(庞尚鹏)均数百口同居共财;五世同居的泽州景氏(景宁)、浦江张氏、当涂杨氏(杨乙六)、吉水周氏(周勉),七世同居的建德何氏(何永敬),十一世同居的洛阳杨氏(杨棕),九世同居的偃师任氏(任天笃),等等,家庭口数或数百、或近千。这些都是正史或者地方志中的史例,受到朝廷表彰的大家庭,至于各地私家著述所记未入正史的数量远远超过正史的记载。

总体说来，在东汉以后，在道德教化和法律以及经济动因的多重作用下，我国的累世同居现象呈逐渐增多的趋势。但是，这些累世同居者多限于官僚地主，也就是统治阶级。对于占人口大多数的农民来说，其家庭规模虽然在不同的时代有不同的变动，有的时候人口多一点，有的时候人口少一点，但总体上仍然是以五至七口之家、祖孙三代式的人口组合为主。就以明清时代来说，累世同居、家口百千者固然很多，但若从统计学的层面看，占家庭数量绝大多数的仍然是小家庭。明朝万历六年（1578年）全国平均每户人口为5.7人，清朝乾隆十四年（1749年）全国平均每户人口4.89人。所以，就中国古代社会的总体而言，仍然是小家庭为主的社会，这些小家庭或者自己拥有一小块土地，或者租种地主的一小块土地，男耕女织，完粮纳税，成为历朝历代封建国家统治的基础，这就是人们常说的小农经济为基础的传统社会。

既然小家庭在数量上占优势，其家庭结构简单，是否可以认为《孝经》及其他儒家经典所宣扬的家庭伦理对这些小家庭的影响有限，我们考察传统社会的家庭礼仪只要关注那些大家庭就可以了？答案是否定的。这不仅仅是因为无论家庭规模如何，都具备夫妇、父子、兄弟这三对基本的人际关系，也就存在着夫妇、父子、兄弟之间的伦常秩序及其礼仪，家庭规模的大小不过是这三对关系的延展和缩小而已，更主要的是小家庭的居住形态基本上聚族而居，各个家庭在法律上虽然是独立的，但在血缘上彼此之间联为一体，有着亲疏远近的等衰之别，每一个小家庭都处于宗法关系的网络之中，而这种状况是越到后来越突出的。

在战国秦汉时代特别是秦朝和西汉，政府强制分居的条件下，小农与小农之间基本上是地域上的邻里关系，尽管邻里之间很可能是同一个祖先的子孙，彼此之间存在着血缘关系，但这种血缘关系对于各个家庭的经济行为、社会行为、伦理行为的影响甚小，对地方行政影响也有限，人们的活动或者是个体行为，或者是邻里之间的集体行动，如送往迎来、吊死问疾、防匪防盗、宗教娱乐等等，都是以当时的基层行政组织为单位。但是，到了东汉时代，情况就大为不同，邻里之间的血缘关系对各个小家庭的影响日益凸显出来，无论是各个小家庭之间还是小家庭和大地主之间，在地域上比邻而居的关系之上大都披上了宗族血缘关系的外衣，地主和族长往往合而为一，众多的宗族成员作为普通个体小农在经济上受族长剥削的同时，在宗法上也服从族长的管理，族长则利用宗族血缘关系巩固其在地方社会的领袖地位。降至魏晋南北朝，聚族而居发展到一个新的历史阶段，所谓"百室合户，千丁共籍"主要是指聚族而居而言。

聚族而居到了隋唐以后，其宗族关系的作用更加明显。

这些有着共同祖先的小家庭世世代代住在一起，构成完整的一个村落，或相近的几个自然村落，形成了稳定的地域和血缘关系合一的社会共同体，彼此之间，以血缘关系相维系，有族谱记载血缘关系的远近和各个家庭的人口构成及亲疏关系，制定一定的家法族规作为共同遵守的法规，处理族众之间的关系；推选一位或者几位族长，行使宗族庶务的管理权；建立祠堂，作为共同祭祀祖先和处理族事务的场所，各个家庭都必须听命于族长，服从族规。这样的由一些小家庭聚族而居构成的区域性宗族组织，在宋代以后的地方志中随处可见，如安徽宁国地区，城乡聚族而居者人口多者至万余，少的也有几千人（《嘉庆宁国府志》卷九引《旌县志》）；池州各县，每过一县、翻越一岭，都见到烟火万家以上的聚族而居的村落，有的十几个村落相连，一个宗族之下分成好多个支族，方圆数十里都是一个姓，隶属于同一宗族组织（《光绪石埭宗谱》卷一载康熙时人潘宗洛序）。又如江苏苏州地区，兄弟分家，都围绕列祖列宗的庐墓居住，一村之中，同宗同族者数十家数百家者很普遍（《同治重修苏州府志》卷三引《县区志》）。这些在新中国成立之前还普遍存在，现代农村中的张庄、李庄、王庄、赵庄等名称都是以前聚族而居的遗留，现在许多作为旅游资源备受人们注目的古村古镇，都是过去聚族而居的最典型地区。所有这些，既是孝伦理实施的结果，又反过来进一步推进了孝伦理的实践。

无论是累世同居的大家庭，还是聚族而居的宗族组织，其内部都有严密的组织管理系统。大体说来，累世同居的大家庭有家长一人、副家长一至数人。家长的名称，大多数直接称为家长，有的称为主事、家督、宗长、族长等，下设若干人分管生产活动、生活事务、财物保管、婚丧嫁娶、宗族祭祀等，所有人等都需要有公心、有才干的人担任。根据人口多寡、事务繁简，管事人员或多或少，没有一定的标准。家庭内有细密的活动规则，起床、吃饭、出工、就寝等日常生活都要按规定时间，统一行动，具体办法是或敲梆、或击钟，钟梆一响，全体统一行动，延迟者若没有正当理由要受罚。所有活动，包括外出和日常劳动，都由家长于早晨或者晚上具体分派，事情完毕，则要向家长汇报，如果是买卖物品的则要将财物交割清楚。家庭所有成员有事外出，如新婚者看望岳父母、回娘家，或者是亲戚家有婚丧嫁娶、吊死问疾等，则要事先请假，并按标准准备礼品，等等。所有这一切都由家长一个人决定，所有成员都必须按家长的命令办，家长在家庭中具有无上权威，有严厉家法惩罚任何一个敢于违抗家长意志的人。分派事务、聚众议事，家长俨然如君主那样威风凛凛。他们就像戏剧中所描绘的国王早朝那样，清晨坐于中堂之上，调派全家的活路，命令家众执行杂务，督促检查以往工作落实情况，听取汇报，发布命令，答复请示，奖励有功，惩戒违反家法者。每一个大家庭都是一个独立王国，家长代表家庭全体成员与外界打交道，对家众来说，家长既是一家之主，又是官府的代表，家长的奖惩就是官府的法律。对于那些聚族而居的宗族主来说，因为生产和生活分散于各个小家庭进行，其具体事务，族长不予过问之外，其余如宗族活动、宗族财产、族规的制定和执行等等，都由族长掌握，族长是凌驾于所有族众之上的最高权威。

家庭人口的多寡，决定着家庭结构，家庭结构影响着家庭伦理的实践。对于累世同居的大家庭来说，人口众多，人际关系复杂，在建立严密的管理细则的同时，更提倡伦理教化，严格三纲五常，让家众自觉地维护家长的权威。如果说无论是孔子，还是《孝经》的作者，他们提出孝道的理论及其具体要求在当时还只是停留在理论层面上的话，那么随着大家庭的形成，是完全地变为现实了，构成了国家统治思想的坚实基础。对于那些小家庭来说，家庭人口虽然有限，但他们同样处于族权的统治之下，纲常伦理具有同等的控制作用，传统五伦中的父子、夫妇、兄弟关系同样存在于小家庭之中。而所有这一切，理论上的解释和提倡固然不可或缺，但更重要的是通过一系列的具体行为来体现的，这就是以孝道为基本内涵的家礼，父子有父子之礼，夫妇有夫妇之礼，兄弟有兄弟之礼。一个小家庭如此，一个大家庭也是如此。

2. 父子之礼

父权是家庭权力的核心，父子之礼是家庭礼仪的主体，母女、婆媳之礼以及家族、宗族成员间的叔侄之礼等等，都是父子之礼的衍生。所以这里所说的父子是一个泛指，所谓的父子关系实际上包含了所有长辈与晚辈的关系。

父子关系的核心是孝，《孝经·开宗明义章》第一章就说得很明白："夫孝，始于事亲。"这里的"事亲"就是指对父母的"孝"，其内涵极为丰富，包括了养、敬、乐三个层次。养指的是物质上的赡养，敬是指发自内心地对父母的尊敬，时时刻刻想着父母的一切，乐是指因为孝敬父母从内心感到快乐，即以孝敬父母为终身的快乐和幸福。物质上的赡养很容易做到，但对于"敬"就不是那么说说就可以的，要让父母在日常生活中时时体会到，要贯穿于一举手、一投足、一颦一笑之中，于是形成了一系列的居家礼仪。

关于家礼，儒家十三经之一的《礼记》有着原理性的论述和详细而烦琐的规定。《礼记·曲礼上》说："夫礼者，所以定亲疏，决嫌疑，别同异，明是非也。""道德仁义，非礼不成。教训正俗，非礼不备。分争辩讼，非礼不决。君臣上下，父子兄弟，非礼不定。宦学事师，非礼不亲。

班朝治军,莅官行法,非礼威严不行。"意思是说,礼的功能是来区别亲疏远近的,尊卑贵贱、地位高低,都用礼来分别,不同阶层、不同阶级、不同地位的人都按照符合自己身份的言谈举止去说话做事,让人一看便知各自的身份,防止误解。道德仁义也好,教化百姓也好,君臣上下,父子兄弟,师生尊卑,官府权威,都要通过礼仪来决定;没有礼仪,就显示不出它们之间的区别。有了这些礼仪,人人都遵守这些礼仪,自然就贵贱分明,秩序大定,天下太平了。《礼记》的作者和孔子、孟子等其他儒家学者一样,都主张以自我修养为治理天下的出发点,明确宣称诚心、正意、修身、齐家、治国、平天下,诚心、正意是指个人对儒家所宣传的先贤圣王之道的尊奉,即只有儒家宣称的圣王之道是唯一正道,必须身体力行。身体力行必须从身边的人和事做起,先把家庭治理好,然后把家庭的关系移于治国就行了。所以《礼记》一书对父子、夫妇、兄弟以及由此而生发出去的尊卑长幼之礼有着详细而烦琐的规定。如《礼记·曲礼》说:"凡为人子之礼,冬温而夏清,昏定而晨省。"意思是说,子女对父母在冬天要考虑到父母的温暖,惦念着增加衣物被褥;夏天要惦念为父母降温。晚上要先为父母铺好床铺,看看父母有什么别的需求,父母入睡之后才能入睡,天亮后要先到父母床前向父母请安。在《礼记·内则》中对子女的礼仪有着十分具体的规定,极为琐碎，其基本大意为：凡儿子侍奉父母、儿媳侍奉公婆，早上鸡鸣即起，洗漱完毕，穿戴整齐，到父母（公婆）住处，小心谨慎、轻声细语地问候父母、公婆衣服冷暖，身体有无不适，如父母、公婆有何不适要马上采取措施，缓解父母的痛苦；父母出入，子女或先或后，搀扶父母、公婆，防止意外；每日饮食，要事先请示父母、公婆，根据父母、公婆的口味去准备、奉上，等父母、公婆尝过之后，儿子、媳妇才能吃饭；在父母跟前，始终要恭恭敬敬，唯唯诺诺，不得随意打喷嚏、伸懒腰、斜视，等等；不能随便动父母的衣物用具；父母不叫坐不能坐，不叫退不能退；离开家必须先告诉父母外出要到哪里、要多长时间，回家后必须先到父母跟前秉明情况，即"出必告，反必面"。当然，这只是儒家的书面规定，具体实践不会如此烦琐，各家情况不同，职业各异，当然不可能事事都按照《礼记》的规定去做。但是，无论在实践过程中的繁简如何，其基本原则和基本程序是必须遵守的，对社会实践影响巨大，一般的大家庭大都按照《礼记》的要求处理家庭关系，从而维持家长的独尊地位。如东汉人司马防，曾做过洛阳令、京兆尹，年老之后，还乡休养，几个儿子都长大成人、娶妻生子，在司马防面前仍然是"不命曰进不敢进，不命曰坐不敢坐，不指有所问不敢言，父子之间肃如也"（《三国志》卷十五《司马朗传》注引司马彪《序传》）。尽管在汉末战乱之时，天下百姓颠沛流离，司马防的家礼未曾稍废。

随着时间的推移，越到后来，对子女的要求越详细，《礼记》所规定的家礼变本加厉地成为现实的规范。前面列举过的宋代的文学家、史学家、政治家司马光的《涑水家仪》，即司马光的治家规范，其中对子女、儿媳侍奉父母、公婆的行为有详细要求，对后世历史影响深远，是后世家范、族规的范本，本节即以此为范例，作一个综合分析。其内容归纳起来，有如下几个方面：

第一，子女外出办事，首先要秉明父母。《家仪》云："凡为人子者，出必告，反必面。"外出之前先向父母说明到什么地方去，办什么事情；回来之后，先向父母汇报情况。若在家中，每天都要晨省昏定，在父母身边侍奉时的言谈举止、衣着穿戴要中规中矩；一日三餐，大小事务，先请示后执行，就餐时，座位顺序，举箸先后，饮食分配，都有详细安排。《家仪》云：

> 凡子事父母、妇事舅姑：天欲明咸起，盥漱栉总具冠带；昧爽，适父母舅姑之所省问。父母舅姑起，子供药物，妇具晨馐。供具毕，乃退，各从其事。将食，子妇请所欲于家长，退，具而供之；尊长举箸，子妇乃各退就食。丈夫、妇人各设食于他所，依长幼而坐，其饮食比均一。幼子又食于他所，亦依长

幼席地而坐，男坐于左，女坐于右。及夕食，亦如之。既夜，父母舅姑将寝，则安置而退。居闲无事，则侍于父母舅姑之所。容貌必恭，执事必谨，言语应对，必下气怡声；出入起居，必谨扶卫之；不敢涕唾喧呼于父母舅姑之侧。父母舅姑不命之坐不敢坐，不命之退不敢退。

黎明即起，洗漱完毕，衣着整洁，到父母、公婆寝处，父母、公婆起床之后，儿子奉上药物，儿媳端上早点；父母、公婆用完之后再回到自己住处，各人忙各人的事情。做饭之前，要先请示父母、公婆。吃饭时，先伺候父母、公婆吃过之后，看看父母、公婆是否满意，然后再回到自己住处用餐。男女不同席，儿子、儿媳、晚辈子侄，分开用餐，严格按尊卑长幼秩序就座。夜晚，儿子、儿媳先侍奉父母、公婆就寝之后才能休息。在父母、公婆身边容貌要恭恭敬敬，做事要小心谨慎，说话要柔声细语，不得流鼻涕、打哈欠、打喷嚏、大声呵斥下人，否则都是对父母的不恭敬。父母、公婆起身外出，要小心在身前或身后搀扶，防止意外发生，没有父母、公婆的允许不得擅自就座、离开。若父母生病，子女儿媳要放下手边的日常事务，全力伺候在病榻旁边，《涑水家仪》云：

> 凡父母舅姑有疾，子妇无故不离侧，亲调尝药饵

而供之。父母有疾，子色不满容、不戏笑、不宴游，舍置余事，专以迎医检方合药为务，疾已，复初。

儿子、儿媳，无事不得离开父母身边，脸上充满忧戚之色，不饮酒，不参加宴会，不说笑，全力请医问药，把药煎好之后要先尝尝温度是否适中、苦不苦，再端给父母、公婆服用，直到老人病康复，才恢复正常生活。

第二，对父母、公婆的吩咐要谨记在心，必须不折不扣地执行，不得有任何的改变。即使是父母、公婆的吩咐有错误或者无法办到，也不准擅自改变。《家仪》云：

凡子受父母之命，必籍记而佩之，时省而速行之，事毕则反命焉。或所命有不可行者，则和色柔声具是非利害而白之，待父母之许，然后改之；若不许，苟于事无大害者，亦当曲从。若以父母之命为非而直行己志，虽所执皆是，犹为不顺之子，况未必是乎！

父母吩咐之后，要记在纸上，带在身边，时时对照，看是否完成；一俟办完，立即向父母复命。父母吩咐有误，要和颜悦色地向父母说明情况，进行劝谏，得到允许之后再按照自己的意见办理；如果父母不同意，原来的吩咐也没有什么大的妨碍，即使自己受委屈也要按原来的吩咐去办。因为为人子者的首要使命是敬顺父母，如果认为父母的命令不对，直接按照自己的想法办事，即使是正确的也是对父母的不顺，何况自己的意见未必正确，就更是不顺父母了。

第三，人难免有错，父母也是如此。子女对待父母的过错，不能直截了当地批评，只能委婉地劝说。《家仪》云：

> 凡父母有过，下气怡色，柔声以谏，谏若不入，起敬起孝，悦则复谏；不悦，与其得罪于乡党州间，宁熟谏。父母怒，不悦而挞之流血，不敢疾怨，起敬起孝。

劝谏时要面带欢乐之色，声音轻柔，父母不采纳、不高兴，就停止劝谏，极尽孝敬的义务，使父母高兴。父母高兴了，再进行劝谏。因劝谏导致父母责罚，即使被父母责打，甚至被打得流血，也不敢有任何的不满和怨恨，父母因责打子女而消除心中不快，也是子女尽孝的方式。因为"凡子事父母，父母所爱亦当爱之、所敬亦当敬之。至于犬马尽然，而况于人乎"。犬马效力于主人是唯主人意志是从，儿子对待父母更应该如此。对子女来说，父母的意志就是自己的意志，父母的好恶就是自己的好恶。侍奉父母，就是要保证父母内心欢乐，顺着父母的意志，所谓"凡子事父母，乐其心不违其志，乐其耳目，安其寝处，以其饮食忠养之"（司马光：《涑水家仪》，载《古今图书集成·明伦汇编·家范典》第二卷《家范总部》）。"乐其心不违其志"

是侍奉父母的最高准则,对待父母的过错当然只能是在顺从的前提之下"柔声以谏"了。

第四,送往迎来,吊死问疾,节日庆典,家庭宴会,都要按礼仪执行。《家仪》云:

> 有宾客,不敢坐于正厅,升降不敢由东阶,上下马不敢当厅。凡事不敢自拟于其父。

正厅是家主待客的地方,东阶是家主迎宾之处。父亲是一家之主,父亲在,儿子是不能在父母的位置上迎接宾客的。晚辈见到长辈,必须下拜,不同场合、不同情况下拜的次数有所不同。《家仪》云:

> 坐而尊长过之则起,出遇尊长于途则下马。不见尊长经再宿以上,则再拜,五宿以上则四拜。贺冬至、正旦六拜,朔望四拜。

晚辈见到尊长要起立,骑马时遇见尊长要下马;对天天见面的尊长拜一拜,若是两天没见,要拜两拜,五天没见的拜四拜;在冬至和元旦这两个节日里,对尊长是六拜,在每月的朔日也要拜四拜。具体下拜次数,可以灵活掌握,但必须是尊长出于对晚辈的怜惜,主动阻止继续行礼,晚辈才能停下来,否则要依例而行。这种简化,实际上也体现了卑幼对尊长的敬顺,尊长出于怜爱要求晚辈减少下拜次数,晚辈若再坚持拜完规定的次数,也是对长辈意志的违背。至于家庭聚会，尊卑长幼的座次、朝向、敬酒顺序都有规定，其具体内容又因聚会的性质不同而有异。这可以分为两类：一类是礼仪性质的聚会，冬至和每月朔望日举行；一类是家庭宴会性质的，二者基本精神一致，都要维护家长地位的独尊。关于礼仪性的冬至、朔望聚会之礼，《家仪》云：

> 冬至、朔望聚于堂上，丈夫处左西上，妇女处右东上，皆北向共为一列，各以长幼为序，共拜家长。毕，长兄立于门之左，长姊立于门之右，皆南向，诸弟妹以次拜，讫，各就列，丈夫西上，妇人东上，共受卑幼拜，受拜讫，先退。后辈立受拜于门东西如前辈之仪。若卑幼自远方至见尊长，遇尊长三人以上同处者，先共再拜，叙寒暄、问起居讫，又三再拜而止。

这里共分三个程序：首先是全家上下共拜家长，以家长为中心，按照男左女右、先尊后卑的顺序排好，共同向家长下拜；然后是长兄、长姐分立在正门两侧，接受弟弟妹妹们的拜礼；第三步是同辈兄妹分立两边，接受全体晚辈的拜礼。如果有的晚辈是从外面回来的，见到尊长之后要先行拜见礼，然后再和家人一起行礼；如果同时见到三位尊长，则要先向三位尊长共同下拜两次，然后再分别给三位尊长下拜两次，总共要拜八拜。

平时及节日家宴,首先要为家长祝寿,其礼仪和冬至、朔望之礼相比则多了一些饮酒宴享的内容。《家仪》云:

> 凡节序及非时家宴,上寿于家长,卑幼盛服序立如朔望之仪,先再拜。子弟之最长者一人,进立于家长之前,幼者一人搢笏、执酒盏立于其左,一人搢笏、执酒注立于其右。长者搢笏,跪斟酒祝曰:"伏愿某官备膺五福,保卒宜家。"尊长饮毕,授幼者盏注,反其故处,长者出笏,俯伏兴退,与卑幼皆再拜。家长命诸卑幼坐,皆再拜而坐。家长命侍者遍酢诸卑幼,诸卑幼皆起,序立如前,俱再拜就坐。饮讫,家长命易服,皆退易便服,还复就坐。

逢年过节,老人做寿,全家上下,自然要大聚会。届时全体家庭成员和朔望之仪一样,衣着整齐,按长幼次序排列。而后从众子弟中选出年尊者一人,手持笏板,站在家长前面,年幼者二人把笏板插在腰带上(即"搢笏"),分别拿着酒盏和酒注,立于两侧。宴席开始,年尊子弟先出列,将笏板插在腰带上,跪在家长面前,从两个年幼子弟手中拿过酒盏和酒注,斟上酒向家长致祝酒词之后饮完杯中酒,将酒具交给年幼子弟,返回原来位置,然后双手执笏,鞠躬而退,和两个年轻子弟共同再次下拜。这时,家长命晚辈子侄就座,子侄们则再拜而后坐;随后,家长命下人给晚辈们斟酒，晚辈们再次起立下拜致谢，共同饮完杯中酒之后，家长叫子侄卑幼们换上便服，才开始正常的家庭宴席。

第五，家庭成员自幼要接受严格的礼教教育，向小孩灌输忠孝伦序思想是每一个家庭的大事。《家仪》云：

> 凡子始生，若为之求乳母，必择良家妇人稍温谨者。子能食，饲之教以右手；子能言，教之自名及唱喏万福安置；稍有知，则教之以恭敬尊长，有不识尊卑长幼者，则严诃禁之。六岁，教之数与方名，男子始习书字，女子始习女工之小者。七岁，男女不同席、不共食，始诵《孝经》《论语》，虽女子亦宜诵之。自七岁以下，谓之孺子，早寝晏起，食无时。八岁，出入门户及即席饮食必后长者，始教之以廉让，男子诵《尚书》，女子不出中门。九岁，男子诵《春秋》及诸史，始为之讲解，使晓义理，女子亦为之讲解《论语》《孝经》及《列女传》《女诫》之类，略晓大意。十岁，男子出就外傅，居宿于外，读《诗》《礼》《传》，为之讲解，使知仁义礼智信。自是以往，可以读《孟》《荀》《杨子》，博观群书。凡所读书，必择其精要者而读之，其异端非圣贤之书传，宜禁之，勿使妄观，以惑乱其志。观书皆通，始可学文辞。女子则教以婉娩、听从，及

女工之大者。未冠笄者，质明而起，总角靧面，以见尊长。佐长者供养，祭祀则佐执酒食。若既冠笄，则皆责以成人之礼，不得复言童幼矣。

按照司马光自己的解释，之所以要选择"良家妇人稍温谨者"为乳母，是因为乳母是小孩的第一位启蒙老师，若"乳母不良，非惟败乱家法，兼令所饲子性行亦类之"。为了让小孩自幼接受正规的正统教育，所以要谨慎地选择乳母。从上述规定的教育内容及教育程序看，无非是以孝为中心的伦理思想及其形式化——家庭礼仪，同时规定男女之别。儿童要上的第一课是记住自己的名字和给尊长行礼时说的祝词（男童为唱喏，女童为万福），稍明事理，就要记住如何尊敬尊长，否则要受到严厉的呵斥和责罚。六岁开始学写字，女童开始学习养蚕织布、裁剪缝纫以及烹调膳食等所谓"女工"的初步知识。七岁可以正式读书，读的第一本书就是《孝经》和《论语》。以后随着年龄的增长，学习内容逐渐增加，男童读《尚书》《春秋》及其他儒学经传和文史书籍，女童则偏重于《论语》《孝经》《列女传》《女诫》一类的。男子要治国平天下，女子的主要任务是管理家务，所以读书内容有所不同。在读书过程中，男童重点是明白仁义礼智信的理论及其实践，女子重点是明白"婉娩、听从，及女工之大者"。没有成人之前，虽然还是幼童,但是每天要像大人一样鸡鸣而起,穿戴整齐,给尊长请安问好,做一些力所能及的事情。男子二十岁,正式戴冠,女子十五岁,束发及笄,标志成人,一切按成人礼执行。

第六,仆隶之礼即以礼驭下。《孝经·孝治章》有云:"治家者不敢失于臣妾,而况于妻子乎?故得人之欢心,以事其亲。"在古代中国,地主官僚之家大都仆隶成群,他们既从事农业和其他家庭副业生产,同时承担主人的所有生活事务,他们虽然不是主人的家庭成员,但和主人朝夕相处,他们对家主忠心与否,做事是否尽力,不仅直接关系到主人财产的收支,还关系到家庭秩序的好坏。为了使仆隶对主人尽力生产,明白自己的身份地位,也要有相应的礼仪。《孝经》所说的"不敢失于臣妾"就是指如何以礼管理臣妾而言。基本原则是臣妾对主人要严守主仆之礼,在臣妾之间或者臣妾的家庭内也要遵守尊卑长幼之礼。《家仪》云:

> 凡内外仆妾,鸡初鸣咸起,栉总盥漱衣服,男仆洒扫厅事及庭,铃下苍头洒扫中庭,女仆洒扫堂室。设倚卓,陈盥漱栉靧之具。主父、主母既起,则拂床襞衾,侍立左右以备使。令退而具饮食,得闲则浣濯纫缝,先公后私。及夜,则复拂床展衾。当昼,内外

仆妾惟主人之命，各从其事，以供百役。

凡女仆，同辈谓长者为姊，后辈谓前辈为姨，务相雍睦。其有斗争者，主父、主母闻之，即诃禁之。不止，即杖之。理曲者杖多，一止一不止，独杖不止者。

凡男仆，有忠信可任者，重其禄。能干家事，次之。其专务欺诈、背公徇私、屡为盗窃、弄权犯上者，逐之。凡女仆，年满不愿留者，纵之；勤旧少过者，资而嫁之；其两面二舌、饰虚造谗、离间骨肉者，逐之；屡为盗窃者，逐之；放荡不谨者，逐之；有离叛之志者，逐之。

臣妾只有义务，没有权利，所以臣妾之礼只是对臣妾义务以及主人如何役使臣妾的规定，只在臣妾与臣妾之间简单地提到长幼之礼，统一臣妾长幼的称呼。这是因为上述父子长幼尊卑之礼是基于血缘关系的孝道，而臣妾之于主人则是基于忠心，以礼役使臣妾的目的是使臣妾忠于主人，在这里忠与孝合一了。之所以要有如此具体的礼仪规定是要保证"孝"的最高层次"敬"的实现。

《涑水家仪》的内容仅仅是对家庭长幼尊卑秩序的规定，其礼仪也仅仅是古代家礼的一部分，其中心思想是"事亲"，也就是保证孝道的实现。仅从上举内容来看，我们不难看出，《礼记》所规定的各项事亲之礼在后世是得到严格执行的，并且有所发展。这不是个别现象，而是普遍情况。

司马光的《涑水家仪》对当时和后世有着广泛的影响，当时和后世的地主、士大夫、官僚无不引以为范本，在其家训、世范、家诫、治家格言中，要家人子弟学而时习之。如南宋赵鼎的《家训笔录》总计 30 条，第一条云："闺门之内，以孝友为先务……前人遗训子孙，自有一书，并司马温公家范，可各录一本，时时一览，足以为法。"这里的《家范》是和《涑水家仪》并行的司马光的另一部书，《家范》是对《涑水家仪》的理论概括，《涑水家仪》是《家范》的程序化。家礼也好，家仪也好，无论是就具体的礼仪程序，还是对人伦关系的理解，都是随着时代的变迁而变迁的。

当然，司马光的《涑水家仪》对后世虽有示范的意义，但后世并不限于司马光所言，而是处于不断的丰富过程之中。如自宋元直到明朝一直同族共居的宁波郑氏家族，《宋史》《元史》均将其家族列入《孝友传》或者《孝义传》，到了明代，郑太和曾集录其历代先祖的治家格言为《郑氏规范》，其子孙后来又有补充，总计有 168 条。其内容极为丰富，中心思想是父子、夫妇、兄弟以及孝与忠的关系，保证孝与忠的无上性，旁及家族经济经营的各项细则。对于各项家庭礼仪的规定，远较《涑水家仪》详细，如关于子孙饮食服饰的规定：子弟未成年，学业无进步，不能随便吃肉；16 岁之后，学习冠礼，要能背诵四书正文，能理解其大义，若不符合要求，推迟到21岁再举行冠礼；在25岁之前，除了冬天穿的棉衣用绢帛之外，其余的都穿麻布衣服；除了冬天遇雨天凉，可以穿用蜡浸过的木屐之外，其余都要穿麻鞋，外出30里以内路程，只能步行，不得乘车骑马。30岁之后才能饮酒，在长者面前也不得多饮。又如关于子弟日常行为的规定：家里有专门的起床簿，每天黎明，敲钟为号，闻钟即起，在签名簿上签名之后，各司其事，不签名者要受责罚；平时衣着整洁，走路要步履稳健，不准左蹿右跳，手舞足蹈；见客行礼，要恭敬严肃，依序而行，不得乱了次序；见到尊长，要主动起立、让路，不得与长者争先；和长者说话，要自称全名，尊称对方，不准以平等的语气说话；每月朔望，全家到祠堂祭列祖列宗，不得嬉笑说话，听从训诫，牢记"凡为子者必孝其亲，为妻者必敬其夫，为兄者必爱其弟，为弟者必恭其兄"。每天早晨，根据敲钟次数和先后做不同的事情：敲钟四下，全体起床梳洗；敲钟八下，按尊卑长幼次序来到大厅，男女依序分坐家长两侧，由未成年的男女幼童分别宣读男女诫文，诫文的中心内容一致，都是孝慈之道，但侧重不同。男训词讲的是家庭盛衰之道："皆系乎积善与积恶而已。何谓积善？居家则孝弟，处事则仁恕，凡所以济人者皆是也。何谓积恶？恃己之势以自强，克人之财以自富，凡所以欺心者皆是也。……"女训词则是妇女的持家之道："家之和不和，皆系妇人之贤否。何谓贤？事舅姑以孝顺，奉丈夫以恭敬，待娣姒以温和，接子孙以慈爱，如此之类是已……"训诫完毕，男女全体起立向家长作揖致敬，而后分列两旁，对揖致敬之后，退出大厅，男子在同心堂，女子在安贞堂，分别吃早饭，中饭、晚饭也是如此。可见，越是到后来，家礼的内容越复杂，程序越具体。孝道通过这些烦琐的事亲之礼贯穿于家庭成员举手投足之中，通过强制性的规范，变为潜意识的行为指南。

3. 夫妇之礼

家庭的成立是以婚姻关系为前提的，没有婚姻的缔结，也就谈不上什么家庭。对这一点，古人是十分明白的。《易·序卦传》说："有天地然后有万物，有万物然后有男女，有男女然后有夫妇，有夫妇然后有父子，有父子然后有君臣，有君臣然后有上下，有上下然后礼义有所错。"这段话的本义是要说明夫妇、父子、君臣关系犹如天和地的关系一样不可移易，天永远在地之上，男永远在女之上，父永远在子之上，君永远在臣之上。但是，从人伦关系发生的顺序看，夫妇关系则是所有关系的开始，没有夫妇，也就没有家庭、没有儿女，也就没有父子关系的存在，君臣尊卑也就失去了自然和人伦基础。所以，夫妇关系本是家庭关系的核心，只是在父家长制时代，以男性为中心，人们更看重的是父子伦序，故本书先叙述父子尊卑关系之后，才叙述夫妇关系。

　　夫妇关系，在理论上是平等的，但是在人类社会进入到父权社会以后，夫权就居于母权之上了。但是，就中国的父权社会而言，在不同的历史时期，夫妇关系不平等的程度有所不同。大体说来，时代愈后，夫权愈高，妇女的从属性愈强。而这个过程到汉代以后则呈加速度发展。在先秦时期，虽然中国社会早已进入父权时代，但夫妇之间较之后世还是比较平等的。众所周知的战国时期苏秦的故事就是个很好的说明。苏秦因为出生在洛阳的一个小生产者家庭，以农耕织布为业，同时做一些小买卖，生活艰苦，为了摆脱贫困，去学习纵横之术，连横失败，受尽家人的白眼，他母亲不理他，兄弟不理他，妻子在织布，见他回来居然连头都不抬，身子也不欠，更不要说什么端茶倒水侍奉生活了。苏秦嫂子说，人家是凭本领经商种地吃饭，你却要依靠嘴上功夫吃饭，受穷是活该。合纵成功之后，情景大变，原因在于财富。这个故事还说明在当时是不存在妻子对丈夫的绝对服从问题的，丈夫的权威必须以实际能力为基础。没有能力，没有权势，能力才干不如妻子，是不存在什么对妻子的支配权的。这种情况，并不是个别，而是当时社会人们共同的价值观念，女性追求富贵、追求幸福是天经地义，司马迁在《史记·货殖列传》中总结燕赵中山等地区的风俗特点是："丈夫相聚游戏，悲歌慷慨，起则相随椎剽，休则掘冢做巧奸冶，多美物，为倡优。女子则鼓鸣瑟，跕屣，游媚富贵，入后宫，遍诸侯。"又总结说："今夫赵女郑姬，设形容，揳鸣琴，揄长袂，蹑利屣，目挑心招，出不远千里，不择老少者，奔富厚也。"在"富厚"面前，伦理是苍白无力的，男子固然不受礼法的约束，女子也是如此，男女之间的关系可见一斑。

夫妻关系的相对平等，到了汉代有了实质性的改变。西汉中期以后，儒家思想成为统治思想，儒家所主张的伦理道德成为官方的道德规范，并以法律的形式强制人们执行，同时自幼教育人们自觉遵守，三从四德成为妇女的最高道德标准，夫妻关系实际上逐步地演变为主仆关系，妻子对丈夫只能绝对服从。西汉后期著名学者刘向为了宣传儒家心目中的贤妻良母，曾编撰《列女传》一书，搜集包括传说中的女性在内的女子事迹，分门别类地予以编撰，希望人们学习这些女子的孝行和贤德，如孝顺公婆、礼敬丈夫、帮助丈夫成就事业而牺牲自我等等。东汉时期的儒学经典《白虎通义·三纲六纪》解释夫妇关系时说："夫为妻纲。""夫妇者，何谓也？夫者，扶也，以道扶接也。妇者，服也，以礼屈服。"《释名·释亲》说："妇，服也，服家事也。"《大戴礼记》说得更干脆，说"妇人，伏于人也"。妇女之所以称为妇女就是因为妇女的本意就是服从丈夫，全心全意地做好家事。

妻子是丈夫的附属品，自然要恭恭敬敬地侍奉丈夫，丈夫对待妻子也要符合礼的要求。东汉梁鸿和孟光夫妇的故事被认为是最值得标榜的典范。梁鸿博学高才，家贫不仕，有隐居之志，因和孟光志同道合而拒绝众多世家大族的嫁女请求，娶家境贫寒、相貌平平的孟光为妻，夫妇二人隐居深山，相敬如宾，孟光每次给梁鸿端饭时都把放饭菜的托盘高高地举起，直到和自己的眉目平齐，从来不敢抬头正视梁鸿，这就是著名的"相敬如宾、举案齐眉"的故事。其实，只要稍加留意就不难发现，这"相敬如宾、举案齐眉"的背后绝不是现在人们所想象的是什么夫妇平等的关系，而是孟光对梁鸿的无条件服从，以伺候梁鸿、得到梁鸿的满意为自己最高价值体现。梁鸿听说孟光的理想是嫁一个像自己这样的人，遂娶孟光为妻。孟光为了考验梁鸿是否真的愿意隐居过着贫苦的生活，先是盛装打扮，看梁鸿是否留恋物质享受，结果梁鸿一连七天不说不笑，孟光询问原因，梁鸿说："我要的是穿布衣、会劳动、能吃苦、可以和我隐居山林的人，而不是一个贪图享受的人。"孟光换上粗布衣服之后，梁鸿大喜，说："此真梁鸿妻也，能奉我矣。"而后二人隐居终南山，一直是"相敬如宾、举案齐眉"，传为佳话。这是一个不折不扣的"夫为妻纲"的标本，区别在于孟光和梁鸿有相同的志愿，自觉地以丈夫为天,帮助丈夫实现自己的意愿而已。二人之间是没有任何平等可言的。后人予以宣传,就是要妇女像孟光那样自觉地以丈夫的意志为意志,帮助丈夫完成自己的理想,举止符合"礼"的要求。

东汉后期的才女班昭,曾作《女诫》七篇,根据三纲五常的思想,对妇女的日常行为作出具体的要求和解说,要妇女们自觉遵守。第一篇《卑弱》,讲述妇女天生在男子之下,就是服侍人的,命中注定要"谦让恭敬,先人后己。有善莫名,有恶莫辞,忍辱含垢,常若畏惧,是谓卑弱下人也。晚寝早作,勿惮夙夜,执务私事,不辞剧易……"一句话,妇女天生就是伺候他人的,应该任劳任怨。第二篇《夫妇》专门讲述夫妇之道,主旨是说明夫妇二人都要有贤德,但二者"贤"的标准和目的不同,丈夫之"贤"指的是驾驭妻子的能力,妇女之"贤"是指伺候丈夫的能力,所以说"夫不贤则无以御妇,妇不贤则无以事夫。夫不御妇,则威仪废缺;妇不事夫,则义理坠阙"。第三篇《敬顺》,是说妇女"以弱为美",要满足现状,不要有非分之想,不可逞强。"敬顺之道,妇之大礼也",什么是敬?就是持久地恭敬丈夫。什么是顺?就是持久地宽容他人,不要去争什么是非曲直,否则就会有矛盾,招来丈夫的呵斥和惩罚,被丈夫抛弃。第四篇《妇行》,即妇女言谈举止规范,共有四个方面:妇德、妇言、妇容、妇功。女子无才便是德,所谓妇德就是"不必才明绝异也"。要"清闲贞静,守节整齐,行己有耻,动静有法"。妇言是不要伶牙俐齿、说三道四,要"不道恶语,时然后言,不厌于人",也就是不说别人坏话,该说话的时候说话,不该说的时候不要说话,不要令人生厌。妇容是要求妇女不要浓妆艳抹,不要打扮自己,只要"服饰鲜洁,沐浴以时,身不垢辱"就行了。妇功指的是"专心纺绩,不好戏笑,洁齐酒食,以供宾客",不要去学那些与纺织、厨艺无关的技艺。第五篇《专心》,是强调妇女专心致志地服侍丈夫,因为"夫有再娶之义,女无二适之文"。丈夫可以娶三妻四妾,妻子则不事二夫,对于妻子来说,丈夫是天,人离不开天,妻子不能也无法离开天,只能全心全意于丈夫一人,但是,这并不是说要妻子想方设法讨好丈夫,而是要动静合礼,"礼义居洁,耳无淫听,目无邪视,出无冶容,入无废饰,无聚会群辈,无看视门户"。按照礼的要求,洁身自好,不合礼义的不听,不合礼义的不看,出门不要刻意打扮,在家要适当修饰,不要呼朋引类地聚会,不要看门外往来的行人和发生的事情,否则,就是违背"专心"之道。第六篇《屈从》,就是无条件地服从公婆。专心于丈夫还不是一个好儿媳,因为如果丈夫满意公婆不满意仍然无法生活下去。专心于丈夫得到的是夫妻恩爱,但仅有夫妻恩爱是不够的,还必须得到公婆的欢心,这就是要"屈从",公婆说得有理也好、无理也好，符合事实也好、不符合事实也好，都要"从令""顺命"，不要"违戾是非，争分曲直"。第七篇《和叔妹》，就是要和丈夫的兄弟姐妹和睦相处。班昭指出，妻子得到丈夫的欢心，是因为公婆喜欢自己，而公婆之所以喜欢自己是因为叔妹在公婆面前称赞自己，如果叔妹不在公婆面前称赞自己，自己得不到公婆的欢心，将失去丈夫的恩宠，所以要"和叔妹"。怎样"和叔妹"？就是要"谦顺"，即谦虚和顺地对待小叔子和小姑子，赢得他们的欢心和尊敬，绝对不能依仗自己年龄比他们大，有着丈夫的宠爱，对小叔子和小姑子颐指气使，要牢记"谦则德之柄，顺则妇之行"，只有"谦顺"才是唯一正确的选择。(《后汉书》卷八十四《列女传·曹大家传》)

　　班昭是东汉著名史学家班固的妹妹，后嫁给扶风（今陕西扶风）曹世叔，博学多才，精通文史，其兄长班固撰著《汉书》，因病去世，还有《天文志》和八表没有写完，汉和帝命班昭到东观藏书阁利用国家档案资料，续写《汉书》的《天文志》和八表，这就是现在人们看到的《汉书》八表和《天文志》。全书完成后，由于内容广博，文字古奥，当时能读通者没有几个人，汉和帝命当时名儒马融和马融的哥哥马续先后到东观藏书阁跟随班昭研读《汉书》；朝中每有大议，太后、皇帝时常遣使向班昭请教，或者直接请班昭进宫讨论，当时人尊称班昭为"大家"（"家"读作姑），后人称为曹大家。她所作的《女诫》受到当时的达官贵人的一致称誉，汉和帝和邓太后都给予极高的表彰，在社会上迅速地流传开来，成为统治阶级教化民众的教材。

众所周知，男尊女卑，本来是男子强加给妇女的枷锁，目的是保持男权的独尊地位，孔子、孟子都有过这方面的表述，但并不绝对主张妇女要无条件服从男子。到了董仲舒手里，才把三纲五常绝对化、神学化，但在当时的影响还有一定的局限性，也还是男子强加给女子的绳索而已。而到了班昭手里，进一步把"夫为妻纲"具体化、程序化了，从日常生活的事例中分析男尊女卑的合理性，以自己的亲身体验要求妇女主动遵守、维护夫为妻纲的永恒性，可以说把董仲舒的"三纲五常"的说教发展到了新的阶段。如果说董仲舒的"三纲五常说"是男子强加给妇女的枷锁的话，班昭的《女诫》则标志着女性对夫为妻纲的自我摄取，表明妇女对丈夫的依附和顺从已从被迫、无奈转为主动地追随了。

从《女诫》中我们不难看出妇女除了抚育子女之外，实际上具有双重身份：一是要伺候丈夫，做丈夫的奴仆；二是为丈夫分担孝敬父母、爱护弟妹的义务，还要协调家庭关系，关系处理好了是应当的，否则过错都在妇女身上，而其中尤其以孝为重要。因为妇女在家庭中只有义务，没有权利，随时都有可能被丈夫抛弃。早在先秦时代，就有所谓的"七出"之条，就是丈夫有七条理由随时可以把妻子驱逐出家门。这"七出"是："不顺父母，去；无子，去；淫，去；妒，去；有恶疾，去；多言，去；窃盗，去。"(《大戴礼记·本命》)这七条规定不仅从感情到行为，从语言到举止，都将妇女严厉地束缚住了，丈夫如果喜新厌旧，随时随地冠冕堂皇地找一个理由就可把妻子赶出家门，而妻子面对这一切只能被动地接受，毫无主动可言。如果说这在先秦时代还只是书面的理论的话，那么随着儒学成为统治思想，丈夫就确实拥有了对妻子的生杀予夺大权，这"七出"之条就成为悬在妇女头上的利剑。但是，先儒们在设计"七出"的时候，出于宗法和孝道的考虑，也同时提出了"三不去"，即丈夫虽然可以用"七出"驱逐妻子，但妻子只要有三种情况中的一种，丈夫就不能休掉妻子。这"三不去"是：无家可归者不去，为公婆守孝三年者不去，娶时丈夫贫贱而后富贵者不去。在这"三不去"中，能够通过自身努力避免被丈夫休掉的途径只有一个：这就是孝敬公婆，讨得公婆的欢心。从这个意义上讲，妇女的孝道有着特殊的重要性，历代统治者也都予以特别的强调和宣传。唐人陈邈的妻子郑氏因为其侄女被封为永王妃，就仿照《孝经》体例，专门作《女孝经》一十八章，劝诫其侄女如何遵守妇道。其上《女孝经表》云：

> 妾闻天地之性，贵则柔焉；夫妇之道，重礼义焉。仁义礼智信者，是谓五常。五常之教，其来远矣！总而为主，实在孝乎！夫孝者，感鬼神、动天地，精神至贯，无所不达。盖以夫妇之道，人伦之始，考其得失，非细务也。
>
> 《易》著乾坤，则阴阳之制有别；《礼》标羔雁，则伉俪之事实陈。妾每览先圣垂言，观前贤行事，未尝不抚躬三复……妾侄女特蒙天恩，策为永王妃，以少长闺闱，未闲诗礼，至于经诰，触事面墙，夙夜忧惧，战惧交集。今戒以为妇之道，申以执巾之礼，并述经史正义，无复载乎浮词，总一十八章，各为篇目，名曰《女孝经》。上至皇后，下及庶人，不行孝而成名者，未之闻也。妾不敢自专，因以曹大家为主，虽不足藏诸岩石，亦可少补闺庭，辄不揆量，敢兹闻达，轻触屏扆，伏待罪戾。

郑氏《女孝经》的中心思想和《孝经》相同，区别在于进一步强调妇女尽孝的特点，这就是除了孝敬父母、公婆之外，更要注意夫妇之礼，遵守"为妇之道"。其理论打着曹大家的旗号，其要求较之曹大家的《女诫》更加具体，处处打着"孝"的名义而已，认为"夫孝者，感鬼神、动天地，精神至贯，无所不达"。其作《女孝经》的直接原因是训诫其侄女，但表明的是人人都要遵守的妇道，故在体例上模仿《孝经》，希望天下女子学而时习之，像男子那样，因此而光大门楣，所以特别指出"上至皇后，下及庶人，不行孝而成名者，未之闻也"。

《女孝经》也分十八章，第一章《开宗明义》按曹大家之口说明女子行孝的重要性，依次为《后妃》《夫人（这里的夫人是指有皇帝诰命封号而言）》《邦君妻》《庶人妻》《事舅姑》《三才》《孝治》《贤明》《纪德行》《四德》《广要道》《节行》《广扬名》《谏诤》《胎教》《母仪》《举恶》。其中的《三才》《四德》《节行》《谏诤》说的是如何处理夫妇关系，表明的是夫妇伦序。《三才》章云："诸女曰：甚哉，夫之大也。大家曰：夫者，天也，可不务乎！古者女子出嫁曰归，移天事夫，其义远矣。天之经也，地之义也，人之行也，天地之性而人是则之。则天之明，因地之利，防闲执礼，可以成家。然后先之以泛爱，君子不忘其孝慈；陈之以德义，君子兴行；先之以敬让，君子不争；道之以礼乐，君子和睦；示之以好恶，君子知禁。《诗》云：'既明且哲，以保其身。'"妻子既要把丈夫看作天，同时还要处处为丈夫作出表率，自己率先做到敬爱、德义、谦让，用礼规范自己，用乐陶冶自己，以细雨润物的方式感化、诱导丈夫，确立自己在丈夫心目中的地位。这就是明哲保身之道。其《四德》章就是曹大家《女诫》的翻版，即妇德、妇容、妇言、妇工，只是说得更加明白，所谓"妇德者，不必才明绝异,妇容者不必颜色美丽,妇言者不必辩口利词,妇工者不必技巧过人也。其妇德者清贞廉节,守分整齐,行己有耻,动静有法,此为妇德也。妇言者,择辞而说,时然后言,此为妇言也。妇容者,洗浣尘垢,衣服鲜洁,沐浴及时,一身无秽,此为妇容也。妇工者,专勤纺织,不务口腹,供其甘旨,以奉宾客,此为妇工也"。《节行》章谓妇女守节的重要性,云:"女子之所重者身也。身也者,百行之源也,善修身者,正其意、慎其虑。常德故持,一丝不累;立心正静,丝毫不差。不以存亡易心,不以盛衰改节。"这儿的修身,就是要坚定一女不事二夫的信念,无论是生死存亡,还是家道的盛衰荣辱,都不改变自己信念。《谏诤》章的内容可以看作是《三才》章的深化,即妻子要主动担负起劝谏丈夫的责任,当然,这里劝谏并不是直接批评,而是要注意方式方法,既要引经据典、言之有据,又要卑词低声,既使丈夫接受,又不至于引起丈夫不快,从而避免丈夫陷于"非道"。

如果说《女孝经》是从孝的角度论述夫妇之义、夫天妇地还不是全书的主旨、对妇女言行的规定限于体例还比较原则的话,那么,和郑氏《女孝经》基本同时的宋若莘、宋若昭姐妹的《女论语》对妻事夫则作了重点叙述。宋氏姐妹五人,均以才华闻名,若莘、若昭居长,文才尤其突出,而品性高洁,不乐靓妆,不欲嫁人,欲以学术名世,著《女论语》十二篇,分别为《立身》《学作》《学礼》《早起》《事父母》《事舅姑》《事夫》《训男女》《营家》《待客》《和柔》《守节》。书前有自序一篇,表述著述旨趣,是遵照曹大家的遗教,教训妇女如何做一个贤妇,全书均用四字韵文,通俗易懂,以便诵读。其《事夫》章云:

> 女子出嫁,夫主为亲。前生缘分,今世婚姻。将夫比天,其义匪轻。夫刚妻柔,恩爱相因。居家相待,敬重如宾。夫有言语,侧耳详听。夫有恶事,劝谏谆谆。莫学愚妇,惹祸临身。夫若出外,须记途程。黄昏未返,瞻望思寻。停灯温饭,等候敲门。莫学懒妇,先自安身。夫如有病,终日劳心。多方问药,遍处求神。百般治疗,愿得长生。莫学蠢妇,全不忧心。夫若发怒,不可生嗔。退身相让,忍气低声。莫学泼妇,斗闹频频。粗丝细葛,熨帖缝纫。莫教寒冷,冻损夫身。家常茶饭,供待殷勤。莫叫饥渴,瘦瘠苦辛。同甘同苦,同富同贫。死同棺椁,生共衣衾。能依此语,和乐瑟琴。如此之女,贤德声闻。

这段话没有像以往的著作那样充满着说教,而显得生活化,充满着人情味,教导妇女珍惜"缘分",居家生活的方方面面都以对比的方式予以解说,使日常生活中的事夫如事天具有明确的可操作性。在这里,妇女已完全没有了自我。

宋代以后,传统的男尊女卑的思想被发挥到了极致,理学家们反复强调的"存天理,灭人欲""饿死事小,失节事大"被统治者奉为圭臬。"存天理,灭人欲"的所谓"天理"就是经过理学家们改造过的三纲五常,所灭之"人欲"就是人们不利于三纲五常的追求个人利益的任何想法;而"饿死事小,失节事大"表现在社会行为上主要是针对妇女而言的,所失之"节"就是对丈夫的贞节。妇女是丈夫的专有物品,无论在什么情况下,都不许有任何的改变,即使在万不得已的情况下,被动地被别的异性碰了一下,也被认为是对丈夫的失节,因此而有众多的贞洁烈女的故事广为宣扬:虽然生病,也不能让男性医生诊治,实在需要诊治,就用丝线切脉;无意间手碰到了陌生男子,认为是自己的奇耻大辱,是对丈夫的极大不敬,遂断腕明志,等等。所有这一切在今天匪夷所思的事情,在古代理学家的心目中都是贞洁烈妇的义举,而大加褒奖。

在家训、家范、治家格言中,对妇女的规范也更加严密,凡是家道兴盛都是丈夫、男人努力的结果,是列祖列宗福佑的结果。若家道中衰或者有什么不幸则被看作是妇女招来的祸害,比如著名的宋代《袁氏世范》对人情世故、家族兴衰、人伦道德都有通俗而又深刻的解说,对家庭各种矛盾产生的原因有着详细的分析,有些分析是客观合理的,对后世有着启发意义,但有些分析就纯粹是理学家对妇女的偏见甚至是无知的表现。如:

> 人家不和,多因妇女以言激怒其夫及同气。盖妇女所见,不广不远,不公不平,又其舅姑伯叔妯娌皆假合强为之称呼,非自然天属,故轻于割恩,易于修怨,非丈夫有远识,则为其役而不自觉,一家之中,乖变生矣。于是有亲兄弟子侄隔屋连墙至死不相往来者;有无子而不肯以犹子为后、有多子而不以与其兄弟者;有不恤兄弟之贫、养亲必欲如一、宁弃亲而不顾者;有兄弟之贫,葬亲必欲均费,宁留亲而不葬者,其事多端,不可概述。亦尝见有远识之人知妇女之不可谏诲而外与兄弟相爱,常不失欢,私救其所急,私赒其所乏,不使妇女知之。彼兄弟之贫者虽深怨其妇女而重爱其兄弟,至于当分析之际不敢以贫故而贪爱其兄弟之财产者。盖由见识高远之人,不听妇女之言而先施之厚,因以得兄弟之心也。(《古今图书集成·明伦汇编·家范典》卷三《家范总部》)

家庭矛盾,所在多有,其表现各种各样,《袁氏世范》所举仅是其部分表现而已,赡养老人也好,丧葬费分摊也好,家产分割也好,相互救助也好,都不过是兄弟间矛盾的部分表现而已。古往今来，都屡见不鲜。其原因是各种各样的，有的确实与妻子有关系，所谓枕边风当然有其作用。但在男权社会里，家中大权都掌握在丈夫手里，女子言语如何能挑起如此大的家庭矛盾？无论是无子者过继兄弟之子（"不肯以犹子为后"之"犹子"就是指兄弟之子），还是不肯把自己的儿子过继给兄弟，决定权更是掌握在丈夫手里，在"不孝有三，无后为大"的观念束缚之下的妇女面对丈夫的子嗣大事，只有噤若寒蝉，哪里有插话的资格！更不要说左右丈夫的主张了。显然，把家庭矛盾都归结为妇女之不贤，是对事实的歪曲。但这从一个方面反映了妻子在家庭中的地位下降的历史趋势。

4. 兄弟之礼

前文已多次说过，孝的本意是"事亲"，就是对以父母为中心的长辈的赡养和尊敬，和同辈没有直接的关系。如果作为一个小家庭来说，人口简单，兄弟人数有限，关系并不复杂，兄弟数人，同母生养，并不要特别的关注。但是，由于古代家庭形态的变化和复杂，家庭结构多样化，兄弟数量多寡不一，处理起来就不那么简单。比如，无论是累世同居共财的大家族，还是一般形态的八口之家、十口之家，兄弟间的血缘关系就会有多种情况发生：

同父同母、同父异母、同母异父；若是一个大家族，情况就更加复杂。若生活在一起，父在，以父为中心；母在，以母为中心。若父母双亡，以谁为中心？这就是以"嫡长子"为中心。长子是指同父母兄弟中年龄最大者。但是，中国古代实行的是一夫一妻多妾制，分室别序，有几个妻子，就可能有几个长子，究竟以哪一个长子为中心？这时就存在嫡庶之别了，即以正妻长子为中心，无论正妻之子在同辈兄弟中年龄是否居长，正妻的长子都是家庭的中心，家长的地位由其继承，是为宗子。宗子享有家族所有政治经济特权的世袭权利，这就是嫡长子继承制。父亲在世时，嫡长子就受到父亲及其同辈的提携并被委以一定的特权。父亲去世后，嫡长子继承父权管理家业，作为宗族延续的代表，是亡父的代表，全体家族成员都要像对待亡父那样对待他，同辈兄弟也是如此，也就是说诸兄弟对待兄长要像对待亡父那样恭敬和顺从，对兄长的恭敬和顺从就是对亡父和先祖孝敬的体现。如果违背兄长的意志就等于违抗父亲的遗志，自然是违背孝道。俗话说的"长兄为父，长嫂为母"就是基于这个基础。

前已指出，儿子对父亲孝的表现是养、顺、敬，光宗耀祖，而父亲对子女则要充分体现"慈"，这就是"父慈子孝"。父不"慈"就是父亲的过错，子女则要婉言相劝。

兄弟之间的关系,尽管在长兄与众兄弟之间有着主从关系,但兄弟之间毕竟是同辈人,兄弟之间的双向性特点更加明显。古人对此是明白的,在设计兄弟关系时已经充分考虑到了这一点,提出了一个"悌"字。所谓"孝悌"之道,"孝"是专指父子,"悌"则专指兄弟,其完整表述是"兄友弟恭"。"友"的本意有亲爱、帮助、志同道合诸意,用在兄弟之间就是亲爱的意思;"恭"的本意是顺从、尊敬。所谓"兄友弟恭",就是说为兄长的对待弟弟要关心爱护,弟弟对待兄长则要顺从恭敬,这二者本无主从之分,是对等关系。但在父权社会里,这种双向对等关系则被片面地单向化,强调的是弟弟对兄长的服从。《孝经·广要道章》云:

  子曰:教民亲爱,莫善于孝。教民礼顺,莫善于悌。移风易俗,莫善于乐。安上治民,莫善于礼。礼者,敬而已矣。故敬其父则子悦,敬其兄则弟悦,敬其君则臣悦,敬一人而千万人悦。所敬者寡而悦者众,此之谓要道也。

同书《广至德章》又云:

  子曰:君子之教以孝也,非家至而日见之也。教以孝,所以敬天下之为人父者也;教以悌,所以敬天下之为人兄者也;教以臣,所以敬天下之为人君者也。

《诗》云:"恺悌君子,民之父母。"非至德,其孰能顺民如此其大者乎?

用孝道教育民众的目的是使民众相亲相爱;用悌道教育民众则是为了使民众顺从,"顺"是悌道的核心,能使民众在家遵守悌道,自然就会遵守君君臣臣之道。孝也好,悌也好,都是礼的组成部分,礼的本质是敬。"礼者,敬而已矣",这种敬是指下对上而言,是单向的,发自内心的,要以此为快乐和幸福,"故敬其父则子悦,敬其兄则弟悦,敬其君则臣悦,敬一人而千万人悦"。"教以孝,所以敬天下之为人父者也;教以悌,所以敬天下之为人兄者也;教以臣,所以敬天下之为人君者也。"做弟弟的能敬兄长,将敬兄之道移于国家,则做臣子的自然就能敬君王。反之,君臣之间的尊卑之道是不可变动的,则兄弟之间的尊卑也是不可移易的,所谓的"兄友弟恭"就成为弟弟单方面的"恭"了。

正因为"悌"道强调的是弟对兄的恭敬,所以历代统治者对恭敬兄长的事迹大书特书,予以表彰。如北魏杨播、杨椿、杨津兄弟三人俱为高官:

> 家世纯厚,并敦义让,昆季相事,有如父子。播刚毅。椿、津恭谦,与人言,自称名字。兄弟旦则聚于厅堂,终日相对,未曾入内。有一美味,不集不食。

厅堂间，往往帏幔隔幛，为寝息之所，时就休偃，还共谈笑。椿年老，曾他处醉归，津扶侍还室，仍假寐阁前，承候安否。椿、津年过六十，并登台鼎，而津尝旦暮参问，子侄罗列阶下，椿不命坐，津不敢坐。椿每近出，或日斜不至，津不先饭，椿还然后共食。食则津亲授匙箸，味皆先尝，椿命食，然后食。津为司空，于时府主皆引僚佐，人就津求官，津曰："此事须家兄裁之，何为见问？"（《魏书》卷五十八《杨播传》）

"家世纯厚，并敦义让"的含义就是"昆季相事，有如父子"。兄弟三人相聚厅堂，长兄不入内室休息，弟弟也不能休息。在厅堂里"往往帏幔隔幛，为寝息之所，时就休偃，还共谈笑"表现的是长兄的权威、弟弟的恭敬。饮食起居，弟弟对待兄长就像儿子对待父亲。有意思的是僚属向杨津求官，这本来是国家大事，因为杨津官居司空，故由杨津负责，而杨津居然要请示对这件事没有权利关系的杨椿而后定，可谓恭敬到家了。国家家事一体化，国事变成了家事，怕是眼里只有家而没有国，更有意思的事是这成为时人效法的榜样，这是北魏政治特点之一。这样的例子在历史上是不胜枚举的，时间愈后，这种"昆季相事，有如父子"的观念愈突出，自唐代以后历朝正史的"孝友传""孝义传"记述的大都是类似的事例。在家训、家范、家诫中无不将"悌道"作为训诫子孙的重要内容,如金华《郑氏家范》有云:"子孙须恂恂孝友,见兄长,坐必起,行必以序。"上引《涑水家仪》《袁氏世范》所规定的长幼之礼,都包括了"悌道"的内容在内。其突出者,有弟弟代替兄弟服刑受死的事例。如明代卢宗济,父兄犯法,皆当死罪,官府前来逮捕的时候,宗济对其兄说:"父老矣,兄冢祠(嫡长子,要祭祀列祖列宗,称'冢祠'),且未有后,我幸产儿,可代死。"于是代替父兄认罪,说父兄与犯法事情无干,都是自己所为。这既体现了"悌道"的实质,也反映了嫡长子的地位。

四 《孝经》与传统的丧葬、祭祀之礼

孝就是"事亲"即侍奉双亲,"事亲"分为双亲在世之时和去世之后的两个阶段。《孝经·纪孝行章》谓:

> 孝子之事亲也,居则致其敬,养则致其乐,病则致其忧,丧则致其哀,祭则致其严。五者备矣,然后能事亲。

这"敬""乐""忧"都是指父母在世时而言的,这固然是孝子事亲的标志,而"丧则致其哀,祭则致其严"同样是孝行的体现,这五项内容,善始善终,才是完整意义上的"事亲"之道。怎样才算是五者兼备?这除了双亲在世时侍奉父母诚心敬意、全力以赴地在物质和精神两个层面满足父母的需求之外,在父母去世之后就是通过一系列的礼仪表达孝子对父母的追思怀念。《孝经·丧亲章》对

此有特别的说明，云：

> 子曰：孝子之丧亲也，哭不偯，礼无容，言不文，服美不安，闻乐不乐，食旨不甘，此哀戚之情也。三日而食，教民无以死伤生。毁不灭性，此圣人之政也。丧不过三年，示民有终也。为之棺、椁、衣、衾而举之；陈其簠、簋而哀戚之；擗踊哭泣，哀以送之；卜其宅兆，而安措之；为之宗庙，以鬼享之；春秋祭祀，以时思之。生事爱敬，死事哀戚，生民之本尽矣，死生之义备矣，孝子之事亲终矣。

这一段话，规定了从父母去世到安葬以及一年四季孝子遵守的礼仪程序及其表达的孝子的哀痛、追思心情。所谓"哭不偯，礼无容，言不文，服美不安，闻乐不乐，食旨不甘"，就是听到父母去世要痛哭失声，就像要断气一样，而不能拖腔拖调，"偯"是指哭的尾声迤逦委曲；行动举止，不再讲究仪态容貌是否符合礼仪的要求；言辞谈吐不再考虑辞藻文采；没有心情穿着打扮，要是穿着新鲜漂亮的衣服内心也不安，听到再美妙的音乐也不会感到欢娱，即使有美味佳肴也是食而无味，所有这些都是哀戚之情的自然流露。所谓"三日而食，教民无以死伤生。毁不灭性，此圣人之政也。丧不过三年，示民有终也"，是要求孝子的悲痛要有所节制，行孝要符合礼制：父母死后第三天就要适当地吃东西，不能因为哀伤过度影响生者的健康，更不能危及生命；为父母服丧三年为止，表示事情有个结束，这些都是圣人之道。"为之棺、椁、衣、衾而举之；陈其簠、簋而哀戚之；擗踊哭泣，哀以送之；卜兆其宅，而安措之；为之宗庙，以鬼享之；春秋祭祀，以时思之"，则是指父母去世之后要做的事情，首先是准备好棺、椁、衣、衾，将父母的遗体安置好，放好祭祀用的簠、簋等用具，供奉好祭品，寄托哀思；通过占卜选择墓地，然后是捶胸顿足，号啕大哭，悲痛万分地送葬；而后设立宗庙，供奉食物，让父母亡灵享用，一年四季，按时祭祀，以表达对父母的追念和哀思。这就是父母活着的时候，以爱敬之心奉养父母；父母去世之后以哀痛之情料理后事，能够做到这些，就算尽到了孝道，孝子侍奉父母的所有任务就完成了。

和通过一系列的礼仪表达对父母的"生事爱敬"一样，孝子对父母去世后的"死事哀戚"也是通过一系列的礼仪来表达的，后者更加严格和重要。《礼记》《仪礼》等书有专篇讲述"死事哀戚"的具体礼节仪式，构成我国传统礼仪的重要组成部分。《孝经·丧亲章》专门强调丧葬和祭祀的重要性，就是要人们通过一系列礼仪制度的实践，强化孝道。

按《丧亲章》所述的内容，包括两个方面：一是丧葬之礼，就是从父母死亡到下葬、服丧这一阶段；二是祭祀之礼,就是平时的祭祀祖先之礼。中国以礼义之国著名,"礼"是为了社会的等级有序,把不同的人明确在不同的社会等级之中,"义"就是每一个社会成员根据自己的社会地位所应该遵守的行为规范,同时要了解自己所遵守的"仪"的含义。换句话说,为了便于区别不同的社会等级,就规定不同等级的人用不同的行为方式表示其地位,就构成了"仪"。"仪"是"义"的外在表现,"义"是"仪"的伦理基础,因而"礼义"和"礼仪"相通,中国又称为礼仪之国,即做事极为重视仪式。其实,中国的仪式绝不仅仅是表面程序的不同,而是有着深刻的思想内涵的。其中以丧葬和祭祀之礼的内涵最为重要,表达的是中国人伦思想的基石:这就是孝道。这是《孝经》的目的之一。

1."丧则致其哀":葬礼中的孝观念

葬礼是指从死亡到下葬这一段时间内生者为表示自己的哀痛之情所举行的各种仪式,又可以分为葬前和下葬两个阶段。从停止呼吸到将死者安葬之前这一阶段中,关于如何告丧、奔丧,如何安置死者遗体的一系列行为,都属于葬前礼仪。

先看告丧。当死者呼吸停止,确认死亡之后,立即派专人向亲属、族人、邻里报讯。子女获悉父母丧讯,立即以痛哭回答报讯人,然后详问父母死因和具体去世时间,问完之后再哭,尽哀之后即上路奔丧。路上起早贪黑,"见星而行,见星而舍"(《礼记·奔丧》),以最快的速度往回赶。如果是因病、残等原因不能立即回家奔丧者,也要极尽哀痛之情,"闻丧不得奔丧,哭尽哀,问故,又哭尽哀。乃为位,括发,袒成踊……"(《礼记·奔丧》)。这里说的"乃为位,括发,袒成踊"云云,是说孝子因客观原因虽然不能立即回家奔丧,但也要像在家一样披头散发,捶胸顿足,痛哭欲绝,待成服之后再回家奔丧。

对死者遗体的安置,程序较为复杂。发现死者停止呼吸,首先是用新的蚕丝之类的轻软之物,放在死者的鼻孔下面试气,确认是否有气息。确认呼吸停止之后,把死者放在正房中间,立即进行招魂礼,古称"复礼"。即派人手持死者的衣服,从正房的东南角登上房顶,左手拿着死者的衣服,面向北方行招魂动作,口中呼唤死者的名字,连呼三遍,然后从房屋的西北角下来。按古人观念,东南方向主生,北方则是幽冥之处,死者灵魂到了幽冥之地就回不来了,所以要趁死者刚停止呼吸,魂灵还没走远之际将其喊回来。招魂之后则着手制作铭旌,设奠。然后为死者沐浴更衣、饭含,叫作袭尸。按照《礼记》的记载,浴尸用的是淘米水,有一定的程序,并因为死者的身份等级不同而有不同的细节差别。但在后世的实践中不过用一般的水象征性地给死者擦擦身体而已。饭含最早是把米、贝等物放在死者嘴里，后来又放珠、玉等贵重物品，同时，给死者穿上特制的衣服，相当于后世习称的寿衣，只是在古代，人分为不同的等级，死后所穿的寿衣有贵贱之别。到了第三天，则举行入殓礼，就是将死者遗体放进棺材。入殓时，棺材中要有一系列的陈设，按规定放入死者所用的物品；成殓之后，把棺材放在一定位置，摆好祭奠用具和祭品。成殓以后到埋葬，还有一个过程，时间长短因死者身份的不同而有差别，这个停灵待葬的时间叫作"殡"。按照传统的礼制规定，天子是七日而殡，七月而葬；诸侯是五日而殡，五月而葬；其余人等都是三日而殡，三月而葬。实际上殡的长短没有绝对统一的时间。

在停灵待葬期间，要举行一系列的祭奠，主要有朝夕奠、朔月奠、荐新奠等。

朝夕奠是每天的早晨和晚上的哭灵仪式，届时众兄弟以及来宾按照尊卑长幼顺序、在固定的位置哭祭死者，设置供品，供品的多少、祭器的陈列都有一定的制度。朔月奠是逢每月朔日即初一日举行的大奠，陈设供品，主人依次哭灵，拜见来宾。如果在停灵期间，逢新鲜果蔬或者谷物收获，或者是逢收获季节，要专门设祭，请死者享用新收获的果实，其仪式和朔月奠一样是谓荐新奠。

殡期将满，进入下一个程序，就是下葬阶段。其主要礼仪有选择下葬日期和墓地，由专人负责。一般说来，早期确定葬日通过占卜，后世则查皇历；墓地一般都是聚族而葬，死后进祖林就行了，所选择者是具体的墓穴位置。确定日期之后，即将具体日期通告亲友，然后是既夕哭和朝祖庙。既夕是下葬前两天的晚上，孝子等人所进行的哭祭礼。朝祖庙是既夕礼的次日也就是下葬前一天，举行棺柩朝祖庙的仪式，意思是死者要和祖先会合了，先朝拜祭祀祖先，其仪式甚为繁杂。至此，下葬的准备工作全部完成了。下葬之日，首先举行安魂祭，叫作虞祭。古人认为，人死之后，灵魂在四处游荡，虽然把遗体埋在地下，其灵魂很可能在四野漂游，虞祭的目的就是让死者的灵魂回归地下，并且随着死者的牌位一起到祖庙，接受日后子孙的供奉。虞祭之后，将死者棺材埋入墓穴。至此，葬礼就算结束了。

上述礼仪，大部分是在长期的社会发展过程中，出于原始的宗教习俗观念逐步地形成的。但是，后人在完善、规范这些礼仪的时候则赋予了完全不同于其原始含义的内涵，全部用孝观念解释其意义，也就是说，是否按照既定的礼仪行事是是否遵守孝道的体现。如"复礼"的目的是希望死者魂兮归来，表现的是生者对死者的不舍之情。"复，尽爱之道也。有祷祠之心焉，望反诸幽，求诸鬼神之道也。北面，求诸幽之义也。"（《礼记·檀弓下》）行复礼表达的是孝子对父母的敬和爱。在历史和现实生活中，人生病时确实有休克的事情发生，停止呼吸一段时间之后又苏醒过来，本是正常的生理现象。古人不了解休克现象，以为是死后还魂，遂形成复礼，并看作是孝的体现。关于三日而敛的问题，古人则解释说："孝子亲死，悲哀志懑，故匍匐而哭之，若将复生然，安可得夺而敛之也？故曰三日而后敛者，以俟其生也。三日而不生，亦不生矣，孝子之心亦益衰矣。家室之计，衣服之具，亦可以成矣；亲戚之远者亦可以至矣。是故圣人为之断决，以三日为之礼制也。"（《礼记·问丧》）三天以后才入殓，是生者盼望死者还能够复活。三天没有复活，就没有复活的希望了，孝子的信心也丧失了。而且在这三天时间里，可以准备好成殓所需的物品，远方的亲戚可以赶回来。关于制铭旌，《礼记·檀弓下》说："铭，明旌也。以死者为不可别已，故以其旗识之。爱之，斯录之矣；敬之，斯尽其道焉耳。"制作铭旌是为了表示孝子不愿和死者分开，但事实上，阴阳有别，生人和死人处于两个世界，生人无法和死人共同生活，为示不忘死者、不愿和死者分开，于是制作铭旌，表示敬爱之心。

下葬之礼所体现的孝道意识更加浓厚。这在两点上表现得最为集中：一是葬前的朝庙礼，二是厚葬。《礼记·檀弓下》说："丧之朝也，顺死者之孝心也。其哀离其室也，故至于祖考之庙而后行。"《礼记集说》注说："子之事亲，出必告，反必面。今将葬而奉柩以朝祖，因为顺死者之孝心。

然求之死者之心，亦必自哀其远离寝处之居，而永弃泉壤之下，亦欲至祖考之庙而诀别也。"可知葬前之告庙完全是出于尽孝。死者生前对于列祖列宗按时祭祀，相当于对父母的"出必告，反必面"，死亡之后不能像以往那样供奉列祖列宗了，难以像以往那样"事亲"了，其内心也是哀痛的，孝子体谅亡父亡母的尽孝之心，所以在下葬之前要行告庙之礼。所谓厚葬，就是以大量的物品作为死者的陪葬，甚至不惜毁家以治丧。根本原因就是出于孝道的考虑。《论语·为政》载孔子对孝的解释是"无违"。什么是"无违"？就是"生，事之以礼；死，葬之以礼，祭之以礼"。为人子者行孝，生时之养和死后之葬、祭是同样重要的。《礼记·中庸》云："事死如事生，事亡如事存，孝之至也。"对待生者是"养"和"敬"，对待死者不能像对待生者那样"养"，但可以像对待生者那样"敬"，这是孝的最高表现。《荀子·礼论》说："事生，饰始也；送死，饰终也。始终具而孝子之事毕，圣人之道备矣。"可见，以礼葬亲是实践孝道的必需，如果对父母仅仅限于生前的养和敬，死后没有按照礼的要求埋葬，那就是有始无终，不是孝子之行。正因为葬礼有如此丰富的文化内涵，是否行孝、行孝程度如何，可以通过对父母的葬礼体现出来，所以历朝历代不仅奉行先秦葬礼，而且根据客观条件和鬼神观念的变化而作出更能表达孝子孝心的调整和变通，历代政府都有相应的规定，并成为古代民俗的重要组成部分。近现代的一般葬仪，父母去世之后，孝子是披发哭踊，而后是讣告亲友，设灵床，称为小殓，入棺称大殓，下葬之前，亲友都要到灵棚跪拜吊唁，祭土地神，告诉土地神某某即将到阴间报到，请求土地神给予照顾；下葬之日，有一系列的祭祀，如灵柩启行时有出门奠，途中有路奠；下葬之后，孝子抱神主（即写有死者名字的牌位）回家途中有回灵奠。魏晋以后，又受佛教习俗的影响，自死者死亡之日起，每七天要设祭一次，称为过七，直到七七而止，等等。具体细节，因时因地而异，都是孝子怀念之情的表达，其基本内容都是因循古礼。

在古人心目中，死者到阴间之后，也需要生活用品，故此陪葬就显得非常重要。本来在等级社会里，不同身份的人，死后有不同的葬仪，陪葬品也有不同的规定，但孝子为表示孝心，往往是倾其所有，将最好、最珍贵的财宝物品陪葬，使厚葬成为中国是否行孝的标志，成为中国丧葬文化的重要特点。

将父母埋葬之后，孝子要继续着孝服，为父母守孝三年。所谓丧服是指丧礼期间与死者有血缘和亲缘关系的人所穿的特定的服饰。根据其与死者亲疏远近，分别着不同的服装，守孝时间也不同，以示区别，在历史上有专门的名称，叫作"丧服制"。按规定，丧服分五等，称五服，即斩衰、齐衰、大功、小功、缌麻。斩衰是孝子之服，与死者亲最近，于礼最重；其余依次递轻，逐渐疏远。斩衰之服的基本装束是用最粗的麻布做衣服，不缝边，毛边外露；以麻束发、缠腰；穿茅草编成的鞋子。在父母停止呼吸不久，孝子就要着孝服，直到三年守孝期满才能脱掉，过正常人的生活。在服丧期间，孝子也是通过一系列的祭祀表达对死者的哀思和怀念。

葬礼结束，服丧正式开始。下葬之后，孝子回到家中，是最悲哀的时期，"求而无所得之也，入门而弗见也，上堂又弗见也，入室又弗见也，亡矣，丧矣，不可复见矣"。亲人被埋在土中，从此以后是永远看不到了，睹物思人，物是人非，无尽往事，养育之恩，无不涌现眼前，哀痛于心，形动于外，故此时的孝子"哭泣辟踊，尽哀而止矣"（《礼记·问丧》），即尽情地痛哭，捶胸顿足，充分发泄悲哀之后而停止。孝子从林地回到家中，"不敢入处室，居于倚庐，哀亲之在外也；寝苦枕块，哀亲之在土也。故哭泣无时，服勤三年，思慕之心，孝子之志也"（《礼记·问丧》）。回到家中，不敢住在房子里，住在门外专门搭成的茅草棚里，因为哀伤亲人被葬在野外，无人陪伴；晚上睡觉时，铺的是草垫，盖的是破旧的被子，枕的是土块，因为哀伤亲人埋在潮湿的地下。在服丧的第一年里，平时只能吃粗粮，喝稀粥，早晚都要哭泣。一年以后，可以吃少量的蔬果，由茅草棚迁出，住在普通的房子里。在这期间，不能有任何娱乐活动，不参加任何聚会，不大声说话，不和人聊天，不得嫁娶，夫妇不得同居。三年期满脱去孝服，才恢复正常人的生活。

按照古人的看法，亲人被埋葬之后，其灵魂在田野中游荡，成为鬼，所以要立刻把亲人的灵魂迎回来，附在寝庙中，接受子孙的献享。所以要在下葬的当天举行祭祀仪式，叫作虞祭，虞是安的意思，虞祭即安神祭，使亲人的灵魂在寝庙中安顿下来。满一周年，举行小祥祭，再过一年举行大祥祭，大祥祭之后一个月还要举行一次祭祀，叫作禫祭。至此，丧礼全部结束。小祥祭、大祥祭、禫祭的祭仪一次轻于一次，孝子的生活要求也逐步放宽，逐步接近于正常人的生活，表示哀痛之情的逐步减轻。

服丧为什么以三年为期？也是为了报答父母的养育之恩，是人道的最完美的表现。《礼记·三年问》曾引用孔子的话对此作出解释，说"子生三年，然后免于父母之怀，夫三年之丧，天下之达丧也"。人出生三年之后才能脱离父母的怀抱，所以在父母死后要服丧三年以报答，无论什么人，上至天子，下至平民，都要守三年丧礼。《礼记》书中多有孔子之语，但《礼记》之书后出，所用孔子语是否出自孔子、是否孔子原话，是否孔子后人托名孔子，值得考虑。但是其思想和孔子的是一致的。

三年之丧，始于西周，春秋时代因社会动荡，三年之丧在实践过程中有一定困难，加之思想的多元化，有人对三年之丧的合理性提出怀疑。《论语·阳货》曾记载宰我和孔子关于三年之丧的一段对话：

宰我问："三年之丧，期已久矣。君子三年不为礼，礼必坏；三年不为乐，乐必崩。旧谷既没，新谷既升，钻燧改火，期可已矣。"子曰："食夫稻，衣夫锦，于女安乎？"曰："安。""女安，则为之。夫君子之居丧，食旨不甘，闻乐不乐，居处不安，故不为也。今女安，则为之。"宰我出。子曰："予之不仁也！子生三年，然后免于父母之怀。夫三年之丧，天下之通丧也。予也有三年之爱于其父母乎！"

宰我认为三年之丧时间太久，不利于施行礼乐制度。因为礼也好，乐也好，都要时常练习奉行才不会忘记，人们不忘记礼，熟悉礼，礼才能起到定尊卑的作用；人们都懂得乐，乐才能陶冶人的性情，否则，礼乐是起不到应该起的作用的。一定要守丧三年，三年之中不能正常地行礼作乐，则礼乐荒废。再者，时移则事异，旧谷子吃完，新谷子登场，钻燧取火用的木头随着季节的更换而更换，一切变动都是自然的，服丧也是如此，服丧一年就足够了。孔子问宰我说："在服丧期间，你吃新谷，穿丝缎，内心是否安逸?"宰我回答说:"安逸。"孔子说:"既然你心安,那你就去做吧!一个真正的君子,在服丧期间因为内心的哀痛,就是吃再好的东西也不觉其味美,听任何音乐也不会感到快乐,住在再好的房子里也觉得不舒适,所以才不那样做。现在你能够心安,你就那样做吧!"宰我出去之后,孔子说:"宰予(宰我字予,故又称宰予)真是不仁啊!儿女生下来,三年之后才能脱离父母的怀抱。所以为父母服丧三年是天下通行的丧礼。宰我难道没有从他父母怀抱中得到过三年的爱抚吗?"孔子和宰我的这段对话,说明两点:一是三年之丧源自对父母的报恩,是孝的最高体现。孔子明确说过:"孝弟也者,其为仁之本与!"这里孔子说宰我"不仁"就是指其不孝。二是三年之丧在春秋之世已经有人不遵守了,并在理论上予以质疑,宰我是孔子的学生,他和孔子的讨论是代表了当时的社会思潮的。但是西汉以孝治天下,特别是自从汉武帝立儒学为官学之后,《孝经》成为社会各阶层的必读书,儒家的丧葬礼仪成为行孝与否的标志,服丧三年成为社会行为规范。

当然,服丧期间,孝子不能过正常的生活,对正常的生产活动、社会活动都是有消极影响的,特别是对于那些孜孜以求升官发财的高级官僚来说,服丧三年,意味着三年不能为官,是不愿主动遵守的,自然要找出理由,予以变通。汉代以后对此也曾有过争论。汉律中有"不为亲行三年服，不得选举"的规定。(《汉书》卷八十七《扬雄传》)东汉的邓太后，在未入宫时以孝闻名，她的父亲邓训去世，她三年不食盐菜，憔悴得连她家人都差一点认不出来。安帝即位之后，她以太后的身份临朝执政。在光武帝刘秀时因天下初定，既要恢复生产，又要安定社会秩序、巩固政权，州牧、刺史、郡守等高级官吏公务繁忙，对丧礼方便从事，可以不为亲人服三年之丧，结果导致丧礼荒废，为父母守三年之丧成为民间行为。邓太后临朝，命令群臣"不为亲行服者，不得典城选举"，就是不得出任地方长官，不准升迁，也不准负责选拔官吏。朝中群臣议论纷纷，看法不一。司徒刘凯上书说：刺史是一州楷模，郡守是千里师表，职责就是教化民众，遵守礼制。他们自然应该带头弘扬孝道，端正风俗，以身作则。如果他们不行丧礼，那实际上是"犹浊其源而望流清，曲其形而欲影直，不可得也"(《后汉书》卷三十九《刘凯传》)。这一番议论支持了邓太后的看法，于是邓太后下令，大臣们统统行三年丧礼，服丧期满再回到任上。此后，又有人提出不同看法。在汉代，这种大臣服丧三年的规定有时严格执行，有时变通行事，没有作出硬性规定。但汉朝历代君王对三年之丧的态度是明确的，没有特殊原因都要守三年之丧。特别是汉代以孝治天下，激励孝行，在职官吏因孝行可以升迁，在野士人因孝行可以入仕，汉代专门用来选拔官吏的察举制度的最主要科目就是"孝廉",即孝子、廉吏的合称,为人子行孝、为官吏以廉都可以做官升迁,而行三年之丧是行孝的最主要的表现。所以,汉代尽管存在着对三年之丧是否合理的争议,但对于社会大多数成员来说,特别是对地主阶级知识分子来说,都能够自觉地行三年之丧。

汉代以后的历朝历代,对三年之丧曾经有讨论,但总的趋势是日益严格,超过古礼,并被载入国家的礼典。如先秦礼制规定,孝子为父母服丧,如母亲去世,父亲健在,则服丧一年,理由是家无二尊,父亲是一家之主,母亲是父亲的助手,地位卑于父亲,不能和父亲并列,孝子只能在心中为母亲服丧三年,称为"心丧"。唐高宗李治上元元年(674年)武则天上书,要求母亲去世、父亲在世,儿女也要为母亲服齐衰三年。齐衰是丧礼五服中仅次于斩衰的服制,孝服用最粗的麻布做成,缝边,毛边不外露,是父亲已经不在,儿子、未出嫁的女儿为母亲服丧三年所穿的孝服。上元年间的唐高宗李治体弱多病,已不久于人世,早已不问朝政,武则天已经以天后的身份执掌朝政多年,她提出父在为母亲服齐衰三年的建议实际上有她的政治目的,即运用孝道抬高自己的地位,加强对李氏宗室的控制。但是,武则天是以弘扬孝道的名义提出这一建议的,又具有实际上的皇帝的权威,所以朝中无人反对,遂成制度,颁行天下。到唐玄宗开元五年(717年),右补阙卢履冰上书说:"孝莫大于严父,故父在为母服齐衰一年,心丧三年,情已申而礼杀也。则天皇后改服齐衰三年,请复其旧。"朝中大臣争议不休。开元二十年(732年),中书令萧嵩修订《五礼》,请求恢复高宗上元元年制度,统一为母亲服齐衰三年,争论才停止。因为父在为母亲服齐衰三年的制度重于古礼,在实际执行过程中,不服三年齐衰者有先秦礼制也就是圣人所定制度为依据,按古礼行事也不算违法;行三年齐衰者则符合新礼制,所以在唐开元礼制颁行之后,名义上要为母亲服齐衰三年,但在现实中有的按古礼,有的按新礼,法律并不追究守孝者不守新礼的责任。

到了明代,三年服丧又有新发展。洪武七年(1374年),因为贵妃孙氏病死,朱元璋命令孙氏之子吴王朱肃为孙氏服斩衰三年主持丧事,命翰林学士宋濂等人编撰《孝慈录》以宣扬孝道,并将父在、子为母服斩衰三年立为法典。在现实生活中饱受男权欺压的女性,死后在儿女服丧这一点上,获得了和男子相同的地位,可以称得上死后哀荣了,之所以如此,孝道然也。

之所以规定行孝以三年为期,是因为孝子还肩负着光大门楣、传宗接代的重任,行孝要有个适当的时间限度,不能太长,避免以死伤生。但父母养育之恩远不止三年,所以历史上有的服丧不以三年为限,其悲哀之情也远非礼制上列举的言谈举止所表述的那些内容。如北魏人杨引三岁丧父,随叔父长大,母年九十三去世,杨引服丧三年,"恨不识父,追服斩衰,食粥粗服,誓终身命"。颍川人李显达,父亲去世后,"水浆不入口七日,鬓发堕落,形体枯卒。六年庐于墓侧,哭声不绝,殆于灭性"。洛阳人仓跋丧母,"水浆不入口五日,吐血数升"(《魏书》卷八十六《孝感传》)。此类记载,不绝于史,时间越晚,三年之丧越严格,到了明清时期,已经成为士大夫的定制;事实上,守丧时间越长,获得的社会声誉就越高。所有这些人物,都是官府和当时社会舆论表彰的对象,更是社会效法的楷模。相反,若不遵守三年之丧,则为社会所唾骂。唐昭宗时的宰相韦贻,因贪恋官位,不为母亲守丧,被千古唾骂。

在名利的驱动下,凡事都有弄虚作假。社会崇尚孝行,若以孝闻名,不仅得到乡里的尊重,而且可以得到官府的表彰、减免田税甚至升官发财等实际利益,就有人借此沽名钓誉。如东汉后期的乐安有一个叫作赵宣的人,父母去世后,不让关闭墓道,自己住在墓道里二十多年,名重一方,是远近闻名的大孝子。州郡多次请他出来做官,以表扬他的孝行,他都不出来。后来陈蕃任乐安太守,听说赵宣事迹,就了解情况,准备亲自去见他,结果发现赵宣在所谓的服丧期间完全过着正常的家居生活,生了五个儿子,完全是一场骗局。陈蕃大怒,说:"圣人制礼,贤者俯就,不肖企及,且祭不欲数,以其易黩故也。况乃寝宿冢藏,而孕育其中,诳时惑众,诬污鬼神乎?"于是将赵宣法办。(《后汉书》卷六十六《陈蕃传》)类似事例,历代多有,更有甚者在生前对父母不尽赡养之责,死后则大办丧事,假装服丧,以博取孝的名声。

2. "祭则致其严":行孝与祭祖

《孝经·纪孝行章》说:"孝子之事亲也,居则致其敬,养则致其乐,病则致其忧,丧则致其哀,祭则致其严。五者备矣,然后能事亲。"其中的"祭则致其严"指的是对先祖的祭祀。这是对先秦祭祀礼仪、意义的高度总结,更是对后世遵守祭礼的广泛要求。这先要对先秦祭祀礼节做一个简单的回顾。

(1)周代祭礼的一般含义

祭祀是一种宗教行为,在世界各国的早期历史中都占有十分重要的地位。在中国古代尤其重要。《左传》成公十三年有"国之大事,在祀与戎"之语,"戎"是保卫国家,指军事而言,"祀"就是指祭祀,"祀"与"戎"是西周时代国家政治生活中最主要的两件事。周人的祭祀和世界其他各民族一样,内容都比较宽泛,大体上可以分为两大系统:天地神灵和祖先崇拜。若从宗教发生学的角度看,这起码从进入文明时代就开始了，只是不同的历史时期、不同的民族其具体内容有所不同。在西周的宗法社会里，为维护宗族等级秩序的永恒性，极其重视祖先祭祀，祭祖之礼成为当时礼仪体系的重要组成部分，后来专门记载周代祭祖礼仪的文献有《仪礼》中的《特牲馈食礼》《少牢馈食礼》，《礼记》中有专写祭义的《祭义》《祭法》《祭统》《郊特牲》四篇，在其他各篇中也屡屡言及祭祀。据不完全统计，在《礼记》一书中，除了这四篇专讲祭祀的意义和程序以外，其他各篇讲到"祭"字的有二百五十余次。其祭祀的对象主要是列祖列宗。

周人有严格的宗庙制度，其宗庙因人的身份等级而有数量的不同，所谓天子七庙，中间为太祖之庙、旁列三昭三穆；诸侯五庙，太祖之庙和二昭二穆构成；大夫三庙，太祖庙和一昭一穆；士一庙；庶人无庙，在家中祭祀。凡是建造房屋，首先要从宗庙着手，祭祀用具更是制造家具时首先考虑的内容，一年四季，春华秋实，各种产品收获之后，首先要供奉给列祖列宗品尝之后，其他人才能正常享用。若从政治的层面看，宗庙更是国家的象征，军国大事要在宗庙中集体讨论；在战争中，即使在军事上吃了败仗，国都被人攻占，只要宗庙还在、祖宗的牌位还在，国家就没有消亡。否则，宗庙一旦被毁，国家就灭亡了，连复国的可能也不存在了。周人之所以如此重视祭祀先祖，就是使用"孝道"这面旗帜，为政治服务。用后来儒家学者的解释，祭祀列祖列宗的原因是为了"反本修古，不忘其初"(《礼记·礼器》)。什么叫作"本"？荀子曾有过解释。《荀子·礼论》说："礼有三本：天地者生之本也，先祖者类之本也，君师者治之本也。无天地恶生？无先祖恶出？无君师恶治？三者偏亡焉，无安人！故礼上事天，下事地，尊先祖而隆君师，是礼之三本也。"三本之中，祭祀祖先反映的是家族血缘关系，是为了对先祖的报本。"修宗庙，敬祀事，教民追孝也。"(《礼记·坊记》)"慎终追远，民德归厚矣。"(《论语·学而》)说的都是这个意思。《礼记·礼运》说："礼行于祖庙，而孝慈服焉。"同书《王制》谓："宗庙有不顺者为不孝。"《礼记集解》谓："宗庙不顺，如紊昭穆之次，失祭祀之时，皆不孝也。"《祭统》谓："祭者所以追养继孝也。孝者，畜也，顺于道，不逆于伦，是之谓畜。是故孝子之事亲也，有三道焉。生则养，没则丧，丧毕则祭。养则观其顺也，丧则观其哀也，祭则观其敬而时也。"对祖先和父母的祭祀是孝子必备的功课。《礼记·祭义》篇详细地解释了孝子在祭祀典礼中应有的虔诚敬重之心，现引几段如下：

孝子将祭，虑事不可以不豫；比时具物，不可以不备；虚中以治之……孝子之祭也，尽其悫而悫焉，尽其信而信焉，尽其敬而敬焉，尽其礼而不过失焉。进退必敬，如亲听命，则或使之也。孝子之祭可知也：其立之也，敬以诎；其进之也，敬以愉；其荐之也，敬以欲。退而立，如将受命；已彻而退，敬齐之色不绝于面。

孝子将祭祀，必有齐庄之心以虑事，以具服物，以修宫室，以治百事。及祭之日，颜色必温，行必恐，如惧不及爱然。其奠之也，容貌必温，如语焉而未之然。宿者皆出，其立卑静以正，如将弗见然。及祭之后，陶陶遂遂，如将复入然。是故悫善不违身，耳目不违心，思虑不违亲。结诸心，行诸色，而术省之，孝子之志也。

以上讲的都是祭祖时孝子的情感和态度，在祭祀之前，要把祭祀时所需要的各种物品、程序全部想好。祭祀之时，要把已经逝去的父母、祖父母等当作在世一样，自己祭祀父母既是给父母进献食品，也是在享受父母的爱抚，因而在祭祀的全部过程中，无论是进献每一件供品，还是呈上每一杯佳酿，孝子处处要表现出虔诚、敬畏、温和、幸福的神态。"虔诚"表明自己的真心实意，"敬畏"表明自己唯恐对父母以及列祖列宗侍奉不周，引起父母和列祖列宗亡灵的不满；"温和"表明无论父母或者祖先们有何不满以及因此而有什么责罚，以孝子为代表的儿孙们都要和顺地接受和改进；"幸福"表明儿孙们因为祭祀再次享受父母、先祖们的爱抚而满足。一句话，祭祀过程中的每一个举动，都是孝子尽孝的表现。这些都是战国和西汉时期儒家学者的总结和阐释，但反映的是当时的社会观念。

周代礼制，共有吉、凶、军、嘉、宾五种，称为五礼。上述丧葬礼属于凶礼，而祭祖礼则属于吉礼。丧葬礼的祭祀对象是刚刚去世的亲人，祭祖礼的对象则是所有已经去世的列祖列宗。根据《礼记》《仪礼》等典籍的记载，西周祭祀祖先之礼极为复杂，其宗庙制度因为身份的不同而有不同之外，其具体的祭祖仪式也因不同的等级而不同，但所表现的思想意识则是一致的，都为了表明子孙的孝心。大体说来，有天子的祭祖之礼、大夫的祭祖之礼、士的祭祖之礼。士是统治阶级的最基层，其祭祖礼有着广泛的代表性。现就士的祭祖礼略作介绍，以明后世祭祖礼仪及其意义的由来。

士祭祖礼仪的基本程序，首先是以占卜的方式确定祭祖的具体日期，这一天，主人要穿上黑色的衣服和帽子，面向西站在宗庙门外，其余子孙家人穿上黑色的服冠依次站在主人身南，其他人员则穿黑色冠服面向东站在家人的对面，有专职占筮人员占出黄道吉日。随后是"立尸"，即在祭祀前三天，通过占筮的方式在死者的孙子辈中选择一人当作死者的替身，准备代替死者接受人们的供享，称之为"尸"。因为活着的人无法看见死者的灵魂，祖宗神灵是否享用子孙们的供奉，也无法确定；但是，祖宗的灵魂可以附着在活着的人身上表达其意愿，于是就通过立"尸"的方式，请列祖列宗的灵魂接受子孙们的供奉。之所以选择死者孙子辈的人当任"尸"，是因为祖和孙同属于宗庙的昭系或者是穆系。《礼记·曲礼上》说："《礼》曰：'君子抱孙不抱子。'此言孙可以为王父（祖父）尸，子不可以为父尸。"同书《曾子问》说："祭成丧者（祭祀成年后而死亡的人）必有尸，尸必以孙。孙幼则使人抱之，无孙则取于同姓可也。"说的都是指昭穆顺序而言。但是，以孙为"尸"还有另一层含义，这就是提倡孝道。当主祭者祭祀先祖时，那高高在上充当尸的人其实是他的子辈，父辈的人要向那代表祖先的子辈的人行礼，好让子辈的人知道怎样敬事父辈，"所以明子事父之道也"（《礼记·祭统》）。当然若从继承的角度看问题，以孙为尸制度，也是为了实现嫡长子继承制，让参与祭祀的人都知道，嫡长子死了，宗主的位子必须由嫡长孙继承，嫡子嫡孙名正言顺地传下去，可以减少同族内部的矛盾纷争，使家族兴旺。

当日期和"尸"都确定之后，即着手祭祀物品的准备：立几案、陈供具如鼎、豆等餐饮用具，按规定准备鱼、肉及五谷、果蔬等。所用的猪肉要按不同部位切割陈放在不同的器皿中，鱼和其他物品也按不同数量陈放，以供祖先享用。祭日清晨，主人待专门负责祭祀程序的神职人员也就是"祝"将一切祭品陈设完毕，要迎"尸"于庙门之外。代表祖先神灵的"尸"就位之后，主人率全体家族成员向"尸"行九献之礼，就是分三起向"尸"献食九次，称为初献、亚献、三献，初献、亚献之后，"尸"都要"告饱"，"祝"则劝说，主人拜请，"尸"则继续享用，直到三献结束。

三献结束，有酬旅之礼，即参与祭祀的人互相敬酒。先由主妇敬主人，后主人回敬主妇，然后主人敬众兄弟、来宾，众兄弟、来宾之间互敬，最后将"尸"送庙外，全体人员分享祭品，表示祖宗赐福，人人有份。

以上是士阶层的祭祖之礼的基本程序，其详细内容见《仪礼·郊特馈食礼》。大夫、国君的祭祖礼更加复杂，其非宗教因素也更多。《礼记·祭统》总结说："夫祭有十伦焉：见事鬼神之道焉，见君臣之义焉，见父子之伦焉，见贵贱之等焉，见亲疏之杀焉，见爵赏之施焉，见夫妇之别焉，见政事之均焉，见长幼之序焉，见上下之际焉。"这君臣之义、爵赏之施、政事之均、上下之际云云都是指国君和大夫之祭的功用而言，一般士人不掌握国家权力是谈不上这些的。不过，《祭统》所说的"十伦"则概括了人伦关系的全部内容，表明了祭祀祖宗对人伦建设的重要。

无论是以上祭祖的具体礼仪，还是对这些礼仪含义的伦理或者政治的解释，都不是西周时代的历史写照，而是战国至西汉儒生根据部分历史的设计和发挥，西周时代所行的祭祖礼仪是否如《礼记》《仪礼》所记载的那样系统、严密，是无法印证的，我们决不能把《礼记》《仪礼》的内容当作西周的写真。但是，这一套礼仪制度及其理论内涵则是汉代以后历朝历代的模本。

（2）汉代以后祭礼的社会基础与功能

上述祭祖礼仪是为了维护宗法制度的，它以血缘关系的亲疏远近决定人们的高低贵贱，并由其子孙世代传承下去。这在西周时代，宗统和君统合一，宗主就是君主，国君拥有全国土地的支配权，可以通过分封的方式，按照血缘关系的远近，在宗族成员之间进行经济政治利益分配。但是，降至春秋以后，这种条件已经消失了。在王纲解纽、社会动荡剧烈的过程中，大国兼并，小国图存，各国内部的宗族之间为了权力更是你死我活地拼杀不已，数量众多的小国或者被邻国兼并而亡，或者因自己内部矛盾的不可救药，鱼烂而亡。共同的结果是大量的宗族成员或者沦为奴隶，或者降为平民；各国为扩大赋役来源而推行小家庭政策，原来聚族而居的大宗族分化为独立个体小家庭。上述宗法制度的基础消失了。但是，观念的消失总是滞后于存在的。在儒家学者的心目中，春秋战国时代的社会动乱，远不如西周时代的上下有等、尊卑有序的礼制社会好，于是根据历史遗留下来的礼制资料，根据时代特点，对西周时代的各项礼仪进行新的设计，并予以人文化的和伦理化的政治解说，以服务于大一统的需要。就其礼仪制度的内容来说，战国时代的新型国家是不需要的，但从长远的角度看，其礼仪所包含的政治、伦理的教化作用则是加强君主集权、巩固社会秩序不可或缺的，特别是孝道。这在战争的时代，固然无助于斩将搴旗、攻城略地，但天下统一之后，国家的任务转化为安定社会，恢复生产，巩固胜利果实的时候，孝道就有着不可替代的独特作用，人人都能亲其亲、子其子，孝事父母，爱己及人，社会自然安定。因此之故，西汉从文帝开始宣布以孝治天下，《孝经》成为社会的启蒙读物，更是士人必读之书，最能反映孝道内涵丰富性的祭祖之礼自然在倡导实行之列。只是在西汉时期，尚不能按照《孝经》所说的"祭则致其严"去做，或者说还做不到这一点。因为在西汉时代，特别是西汉前期，一方面五口之家、百亩之地是当时家庭形态的主体，不具备通过实行儒家所提倡的祭祖之礼以收到正人伦、明尊卑的宗族基础，另一方面其时之儒学的影响还有一定的局限。

在西汉前期，官方的意识形态是黄老之学，儒学仅在民间流布，《孝经》虽然得到官方的提倡，但其对社会行为的影响还要有一个过程。贾谊在给汉文帝的上书中曾说汉初风俗败坏，全无孝悌之心：借一把锄头给父亲，儿子就洋洋得意，以为父亲欠他一份人情；母亲用了儿子家的扫帚，儿媳竟大吵大闹。如此风俗，一切以实际利益为转移，当然谈不上什么道德秩序的建立。因此，贾谊呼吁："移风易俗，使天下回心而乡道"，"父子六亲各得其宜"（《汉书》卷四十八《贾谊传》）。贾谊所说的"移风易俗，使天下回心而乡道""父子六亲各得其宜"，就是要使人们回归家庭亲情，家庭成员之间、宗族成员之间以亲情为重，而不是以利益为先，更不能为了蝇头小利而六亲不认。也正是在这一背景之下，文帝才号令以孝治天下的。汉武帝以后，儒学占据了统治地位，儒家的各项主张逐步渗透到社会各阶层，宗法思想逐步地演变为实际行动，宗族体系在一家一户的小家庭的聚族而居和地主大家庭的累世同居的两个层面上建立起来。也就是说，西周的宗族体系在新的基础之上复活了。当然，复活的是经过儒生设计、阐释的宗法礼仪和宗法观念，而不是西周的历史。

汉代随着地主经济的发展和儒学的社会化，一般平民的聚族而居和地主官僚的同居共财日趋普遍。统治者更是有意地提倡、运用宗族、宗法力量强化社会控制。东汉章帝时曾举行过一次经学讨论会，目的是解决儒学内部派别的理论纷争问题，以统一统治思想。这就是著名的白虎观会议，章帝亲自主持，遇到争论不决的问题，由章帝裁决，最后由史学家班固根据讨论结果撰成《白虎通义》一书，其卷八《宗族》篇说：

> 宗者，何谓也？宗者，尊也。为先祖主者，宗人之所尊也。《礼》曰："宗人将有事，族人皆侍。"古者所以必有宗，何也？所以长和睦也。大宗能率小宗，小宗能率群弟，通其有无，所以纪理族人者也。……
>
> 族者，何也？族者，凑也聚也。谓恩爱相流凑也。上凑高祖，下至玄孙，一家有吉，百家聚之，合而为亲，生相亲爱，死相哀痛，有会聚之道，故谓之族。

"宗"是什么？是主持祭祀先祖的人，即宗子，也就是族长，全宗族的人都要尊敬他。族长有事，全宗族的人都要主动陪侍。一个宗族之所以要有族长，就是为了使宗族和睦，大宗给小宗作出榜样，小宗为同辈兄弟作出榜样。什么是族？族就是为了使有血缘关系的人举行聚会的组织，上自高祖，下至玄孙，一家有事，大家上前，相亲相爱，互相帮助。这里对"宗"和"族"的解释，是从宗族的社会功能和政治功能层面立训的，若从训诂学的层面看当然是不能成立的，但这正说明了汉代统治者提倡宗族的目的，即通过尊尊亲亲，提倡敬宗收族，缓和社会矛盾，安定社会秩序。

所谓"宗人将有事，族人皆侍"的"事"主要是指祭祀列祖列宗,族长就是通过祭祖活动聚会族人。汉代不存在西周时代的天子、诸侯、卿、大夫、士的等级序列,宗庙的设立也就不存在什么天子七庙、诸侯五庙、大夫三庙、士一庙的等级规定。在君主专制的时代,平民和一般官僚是没有资格建宗庙的,平民只能在陵墓旁和家里进行祭祖。

汉代皇帝极为重视祭祖活动,立宗庙、设陵寝、置陵县,有专门的祭祀机构负责日常的祭祀,按照事死如事生的原则,每天四次上食供奉,并定期举行声势浩大的祭祖活动。其礼仪制度大都由《仪礼》《礼记》演变而来。至于民间祭祖活动,较之先秦有所发展。先秦祭祖,如上举《仪礼·郊特馈食礼》所记载的,是祭祀无定时,具体的日期是通过占筮确定的。而到了汉代,一年四季的岁时节令,定期举行,不限于春秋两季,内容也更加丰富。从祭祖时间来看,正月初一祭祖于祠堂,二月初二在陵墓旁祭祀,夏至日则荐麦、鱼于祖灵之前,其后的六月初六、七月初七、八月、冬至、腊月,都有祭祖的则例,其中最隆重的是正月初一的祭祀活动。东汉人崔寔的《四民月令》反映了这一情况。根据《四民月令》的记载,祭祀前三天,家长和各主要执掌礼仪的人要准备好祭品,"及祀日,进酒降神毕,乃室家尊卑,无大无小,以次列于先祖之前,子、妇、曾、孙,各上椒柏酒于家长,称觞举寿,欣欣如也"。祭祀程序完毕,"祀冢事毕,乃请招宗族、婚姻、宾旅,讲好和礼,以笃恩纪"。祭祖是为了慎终追远、报本反始,是对死者尽孝道,给家长敬酒则是对活人尽孝道,对活人行孝的意义要大于死者,祭祀死者是为生者服务的。而每一次祭祀都是一次族人、亲戚、宾朋的大聚会,宗族亲情因此得以进一步地巩固和加强。当然,这里的"讲好和礼,以笃恩纪"重要内容之一就是赈济贫弱,就是要恤抚孤寡老弱和贫病不能自存的宗族成员,叫作"收族"。

《四民月令》对东汉收族活动有较为详细的记载。每年三月,"冬谷或尽,椹麦未熟,乃顺阳布德,振赡穷乏,务施九族,自亲者始"。春季青黄不接,穷人无以为生,容易引发社会矛盾,所以应当赈济穷乏,原则是"自亲者始",即从血缘关系最近的族人开始。九月"存问九族孤寡老病不能自存者,分厚彻重,以救其寒"。即秋天到达的时候,严冬将至,要赈济衣食无着、无法过冬的族人。所谓的"九族",按照《白虎通义》的解释包括"父族四,母族三,妻族二"。"四者,谓父之姓为一族也,父女昆弟适人有子为二族也,身女昆弟适人有子为三族也,身女子适人有子为四族也。母族三者,母之父母为一族也,母之昆弟为二族也,母之女昆弟为三族也。母昆弟者男女皆在外亲,故合言之也。妻族二者,妻之父为一族,妻之母为二族。"这九族范围甚广,用现代称谓来看,包括自己的伯、叔、兄弟、姑姑、姐妹、外公、外婆、舅、姨、岳父、岳母在内，这些人和自己或者有血缘关系，或者有亲戚关系，所以都是救助对象。按照《白虎通义》的解释，"族所以有九何？九之为言究也，亲疏恩爱究竟，谓之九族也"（《白虎通义》卷八《宗族》）。除这九族之外，其余人等和自己没有关系，故不在救助之列。九月是救助生者，十月则要安葬死者。《四民月令》有云，十月"同宗有贫窭久丧不堪葬者，则纠合宗人，共与举之，以亲疏贫富为差"，族长要"先自竭以率不随"。族人去世，因贫穷不能安葬，族长要组织族人按照亲疏远近，有钱出钱，无钱出力，亲等近的多出，亲等远的少出，但族长自己要带头出钱出力，以带动其他人。对于族内的孤儿，族人有收养的义务，"养孤长幼"是宗族的责任。汉代，敬宗收族，疏财族众，备受社会赞誉，如杨恽将财产两千余万分给宗族，郇越将祖先遗产一千余万分给九族，朱邑将所得俸禄分给九族乡党。（分别见《汉书》之《杨敞传》《鲍宣传》《朱邑传》）东汉宗族力量强大，敬宗收族是普遍的行为。特别是东汉后期，社会不稳，聚族自保是图存的主要方式，通过祭祖、弘扬孝道，维护宗族的团结和稳定显得更加重要，族长的作用尤其突出。

魏晋南北朝时代因为社会结构的嬗变，是我国历史上又一个思想多元化的时代，体现在伦理观念上，就是佛教的宗教信仰对传统孝道的冲击。早期佛教的基本教义认为，现实世界是个大苦海，人们在现实世界中的一切活动的最后结果都是一个"苦"字，即使得到所谓的幸福也只是短暂的过眼烟云，继之而来的则是更大的痛苦。而这些"苦"的形成在于不明佛理，也就是"无明"。"无明"而有生，有生而有老、死，"无明"是"生"之"因"，"生"是"无明"之果，生是老、死之因，老、死是生之果，这就是"因缘和合"，处于不断循环之中，生老病死都是苦。要脱离苦海，就要明白佛理，摆脱因缘和合的往复循环。在这理论体系之内，每一个人都是独立的个体，生老病死决定于自我，现实的道德伦理都是"苦"的组成部分，什么孝敬父母、祭祀祖宗等等，主观上虽然是为了祈求幸福，实际上只能是导致人们在苦海之中不断轮回，难以得到永恒的幸福。只有出家修行，皈依佛教，才能得到永恒的幸福。而人们一旦出家，做了和尚，就成了化外之人，不受世俗伦理道德的约束和教化，不必敬君长，不再孝父母。

就在佛教流行的同时，源自先秦道家思想的玄学也影响广泛。魏晋都是以禅让的方式立国，实际上是寻找借口逼迫原来的皇帝让出皇位，否则性命不保。然而，这又是违背儒家君臣之道的。当时的官僚和知识分子，大都出身儒生，了解儒学伦理，又是既得利益者，如果继续像东汉学者那样研究儒家经典，高唱儒家君臣父子之理，势必是在间接批评现实皇权。于是，达官显宦知识分子就回避现实,不去讨论儒家的经典,转而研究《老子》《庄子》《周易》。《老子》在哲学上讨论宇宙万物起源于"道",虚无缥缈;《庄子》在人生上主张做一个"真人",即按照人的自然本性去生活;《周易》在占卜名义下说些社会人生哲理,都是些不着现实社会问题的不着边际的玄而又玄的话,历史上就把这种学术活动称为"玄学"。在这种风气之下,那些对曹氏代汉、司马氏代魏不满的人就主张"越名教而任自然",即个人行为不必受到传统儒家伦理道德的限制,而应该率性而为。那些贪图物质享受、不顾百姓死活的官僚士人更是恣意而为,放纵自己。儒家伦理对社会生活和政治的影响远远不能和汉代相比。孝道是传统儒学伦理的核心,对于主张"越名教而任自然"的玄学家而言,他们虽然有其特定的政治目的和行为内涵,但这种观念在社会上的流行,必然引起人们对传统孝道的重新认识。而《孝经》是集中宣传孝道的,并且把孝作为一切伦理的核心,上述佛教和玄学观念的传播,对传统的孝意识自然带来较大的冲击。

但是,孝道是植根于中华沃土的价值观念,玄学家的否定虚伪的名教也好,佛教的出家修行以求幸福也好,只能是给传统的孝道注入新的内涵。相反,佛教作为外来宗教,只有吸收本土的价值观、伦理观,才能融入本土,为本土居民所接受。佛教的传播者们是深知这个道理的,他们在面对士大夫们关于不行孝道、不敬君长的责难时,不是从教义来辩难，而是强调出家修行虽然不行世俗的孝道，但却是在行更大的孝道，因为出家修行是在修大功德，这个功德可以使父母及列祖列宗得到永恒的极乐，表面上不孝，本质上大孝。由孝及忠，不敬君长的背后是对君长真正的尊敬，从而使传统的孝道增加了新的内容。

在战乱年代，聚族而居是自保的重要方式，推行孝道、祭祀祖先是维系族人团结最有效的方式。西晋灭亡之后，无论是随晋室南渡的中原大姓，还是留居原籍的世家大族，大都以《诗》《礼》传家自居，通过祭祖维系族人的团结，只是在祭祖的内容上有所增加而已，外在形式上稍作修改。北朝颜之推的《颜氏家训》对此有集中的反映。《颜氏家训·终制》篇是颜之推对自己后事的安排，可以说是遗嘱吧，一部分是对丧葬事宜的安排，要求一切从俭，在战乱时期不必拘于礼仪，另一部分是对于祭祀的嘱托。关于祭祀的嘱托，其文云：

朔望祥禫，惟下白粥、清水、干枣，不得有酒肉饼果之祭。亲友来啜酹者，一皆拒之。汝曹若违吾心，有加先妣，则陷父不孝，在汝安乎？其内典功德，随力所至，勿刳竭生资，使冻馁也。四时祭祀，周孔所教，欲人勿死其亲，不忘孝道也。求诸内典则无益焉，杀生为之，翻增罪累。若报罔极之德，霜露之悲，有时斋供,及七月半盂兰盆,望于汝也。

其时颜之推生当战乱之世,旅居在外,生计非易,故其家训处处以勤俭为宗,对自己死后葬礼、祭祀的安排也是如此。所谓"朔望祥禫"是指服丧期间的各种祭祀,朔望为每月的初一和十五,祥是指死后一年的小祥和死后两年的大祥祭祀,禫是三年服丧期间的最后一次祭祀,一般在大祥祭的后一个月举行,标志服丧结束。对于"朔望祥禫"之祭,一切从简,有白粥、清水和果蔬就够了,不要任何酒肉等物,也不要亲友吊祭,如果违背就是不孝。所谓"内典功德"是指佛教的超度亡灵等法事而言。当时北朝求神拜佛流行,人死之后都要请和尚为死者大办法事,浪费大量资财,所以颜之推特别要求做法事时要节俭,不要倾家荡产,免受冻馁之苦。按照周公、孔子的规定,一年四季的岁时节气,都要按照一定的礼仪祭祀列祖列宗;若按照佛家的说法,这些祭祀都是无益的。但是,周公、孔子制定祭祀列祖列宗礼仪的目的是不忘孝道,所以应该按礼而行。如果出于孝心,每当季节转换,想起父母在阴间无人照料而悲哀,就在每年七月十五举行盂兰盆会。这里有两点吸收了佛教的内容:一是无论是在葬礼期间还是在服丧期满之后的历年祭祖典礼过程中,都采用佛教方式;二是吸取佛教的生活习俗,即不杀生、不饮酒,视杀生为罪业。

无论是在葬礼期间还是七月十五的盂兰盆会，都是按照佛家说法举行的超度死者亡灵的法事活动，葬礼期间举行的是超度刚刚去世的亡灵的，盂兰盆会超度的则是历代尊亲的亡灵，目的是让亡灵早日摆脱轮回之苦，永享极乐。

颜之推是以《诗》《礼》传家自居的，对传统道德十分重视，但在其家训中没有从道德的层面即用传统的孝道观歧视佛教，相反在家训中将佛教的超度法事作为必行之内容予以强调，视其为行孝的重要举动，对传统的孝的生养死祭从理论内涵到外在形式都有所发展。当然，这不是颜之推个人独然，而是当时时代特点的反映。在这里中国传统的孝道观念和佛教的宗教价值观已经取得了统一，在传统孝道观念和方式中吸收了佛教的思想和方式，佛教则以新的理论解说回应了道教以"不敬父母"为由对佛教的抨击，从而使传统儒学、道教、佛教首先在孝的伦理层面上获得认同。从此以后，中国祭祖形式和内容又有了新的变化，隋唐时期基本上沿用魏晋南北朝的观念和礼仪。

宋代以后，随着个体小家庭的聚族而居和累世同居共财大家庭的普遍化，特别是理学的兴盛，无论是社会上的习惯思维，还是官府的表彰和提倡，都特别重视宗族制度建设。北宋中期的理学家张载，他在考察了古代宗法制度和魏晋南北朝以来世家大族组织的演变以后，认为唐末以来社会之所以不稳，地主阶级分化严重，统治政权更迭频繁，重要原因是宗族制度被破坏，社会上不立宗子，不重视谱牒，结果同一祖先的子孙们星流云散，天各一方，彼此之间互不认识，或者分属于不同的政权而争斗不已；有的尽管认识，因为缺乏宗法观念的维系和交流，彼此之间缺乏亲情的认同而相互倾轧。他说："宗法不立，则人不知统系来处，古人亦鲜有不知来处者。宗子法废，后世尚谱牒，犹有遗风。谱牒又废，人家不知来处，无百年之家，骨肉无统，虽至亲，恩亦薄。"（张载：《经学理窟·宗法》）张载在这里说的"宗子法"就是先秦时代的宗法制，"谱牒"是指魏晋以来的世家大族式的家族制度。为了消除地主阶级内部斗争激烈、至亲相残、统治不稳的局面，他主张恢复或者重建古代宗法制。他说："今日大臣之家，且可方宗子法。""宗法若立，则人知来处，朝廷大有所益。"（《经学理窟·宗法》）差不多和张载同时，另一个著名理学家程颐也在宣传重建宗法制度。程颐除了宣扬宗法主张以外，极力强调治理家庭、家族对于治理国家的重要性，提出要像制定国家法典那样制定严厉的族规、家法，认为应当把治家当作治国的实践，这是他常说的"家者，国之则也"的理论前提，要在家庭里培养出善于统治的官吏和心甘情愿接受统治的奴才。他认为，治家的秘诀在于一个"严"字，"虽一家之小，无尊严则孝敬衰，无君长则法度废，有严君而后家道正"（程颐：《周易程氏传》卷三《家人》)。治家"与其失于放肆,宁过于严也"。所以治家必须有一套严厉的法度、规矩。他说:"治家者,治乎众人也,苟不闲之以法度则人情流放,必至于有悔,失长幼之序,乱男女之别,伤恩义,害伦理,无所不至。"(《周易程氏传》卷三《家人》)这些在以后的历史上都演变成了历史实际。只是这时的宗族制度、宗法实践较之先秦的性质已完全不同了,成为君主专制政体之下社会控制的构成部分。

南宋初期,理学家朱熹把程颐、张载重立宗法的主张在理论和实践上都发展到了新的阶段,除了对传统宗法制度的意义和功能进行理论说明之外,朱熹着重从礼仪的层面对宗法制度进行具体的设计,辑撰了《古今家祭礼》《家礼》等书,通过礼仪专门规划宗族等组织管理,用礼仪昌明忠孝,通过家庭内部的尊尊亲亲实现对国家等级秩序的自觉遵守,维护国家统治。他说:"呜呼!礼废久矣。士大夫幼而未尝习于身,是以长而未尝行于家。长而无以行于家,是以进而无以议于朝廷、施于郡县,退而无以教于闾里,传之子孙,而莫或知其职之不修也。"(朱熹:《跋三家礼范》)意思也是把家族及其礼仪活动当成治理国家、郡县的实习场所,在家族内部培养出将来忠于国家朝廷的忠臣和顺民。

按照朱熹的设计,每一个聚族而居的家族都要建立祠堂,祠堂建于正寝之东,作为全族祭祀祖先的活动场所,里面陈放高祖、曾祖、祖父、祢(父亲)四世先祖的神龛,其位置是自东向西依次陈列。按《礼记》的规定，不同等级的人祭祀先祖的数量是不同的，公卿大夫等贵族建立家庙，在家庙中祭祀祖先，按昭穆制度排列先祖的顺序，根据爵位高低确定先祖数量，天子七庙，其余人等或者五庙，或者三庙，庶人没有资格建立家庙，只能在陵寝旁祭祀父祖。朱熹的祠堂设计则糅合了公卿士大夫建立家庙和庶人祭祀先祖于陵寝旁的制度，庶人不需要再像过去那样只能在陵寝边祭祀祖先了，可以将祖先集中安放在祠堂里祭祀。

祭祀要有一定的经济开支。为了保证祭祀的正常进行，同时也是为了开展族内其他公共活动的开支，如收养孤寡、救助贫弱等，朱熹又提出将现有宗族的土地的 1/20 作为祭田。献了土地，但亲缘日渐疏远，最后服尽，土地也不再归还个人，而是作为宗族墓地的一部分。每一宗族，有宗子一人，宗子主持祭祀，也负责族田的管理。

朱熹对家族组织的设计是很简略的，他贡献最大的是对祭祖礼仪的设计。按朱熹的设计，当时祭祖的对象因一年四季时节的不同而有异，大体上分为冬至祭祀始祖，立春祭先祖，秋末祭祢。其过程大体是每季仲月上旬用占筮的方式选择日期，择定日期后，于祭祀的前三天，男主人率领全家男子于外室，女主人率领女子于内室，实行斋戒。祭祀的前一日，依照被祭祀者身份准备祭品、陈列祭器。一般说来，基本的祭品是每一个被祭祀者包括果六品，蔬菜及脯醢各三品,肉、鱼、馒头、糕各一盘,羹饭各一碗,肝各一,肉串各二。祭祀当日,首先由男主人奉神主就位,然后参神、降神、进馔,再经初献、亚献、终献,祭祖之礼完成。在全部过程中,每一个程序都有具体的规定,极为细密烦琐,不得有任何的疏忽,因为每一个细节都体现着对祖先的孝与敬。如祭祀前一天摆设祭品,要"务令精洁,未祭之前,勿令人先食,及为猫犬虫鼠所污"。朱熹认为,如果这些祭品受到任何污染,都是对先人的不孝,朱熹告诫其子孙说:"吾不孝,为先公弃捐,不及供养。事先妣四十年,然心无识。知所以承顺颜色甚有乖戾。至今思之,尝以为终天之痛,无以自赎。惟有岁时享祀,致其谨洁,犹是可着力处。汝辈及新妇等,切宜谨戒:凡祭肉胬割之余及皮毛之属,皆当存之,勿令残秽亵慢,以重吾不孝。"(《朱文公家礼》,载《古今图书集成·经济汇编·礼仪典》卷二百五十四《家庙祀典部》)其余各项礼仪都是表示对祖先的孝敬,也就是《孝经》所说的"祭则致其严"的具体体现。

朱熹的这一套礼仪成为后世的范本,不仅在社会上广泛流行,而且得到官方的认可与推行。明太祖朱元璋洪武六年颁行的士庶家庙礼仪就是完全照搬朱熹的家礼。所不同的是,为了区别官僚士大夫和普通庶人的不同,规定按品级建立家庙以及供品的多寡。一品至三品为家庙五间,四品以下家庙三间,不同品级者的家庙间数虽然有的相同,但广狭则有别。普通庶人没有资格建立家庙,只能在家中设立神龛作为安放祖先牌位的地方。祭品方面,一品至三品是一只羊一头猪;四品至八品为一只特定大小的小猪,八品以下则是猪腿一个。普通读书人只能用米饭两盘,肉食果蔬四样;若是毫无功名的农民、商人,只能用新鲜的水果蔬菜供奉,不得超过四样。其具体祭祀程序和朱熹设计的基本相同,而更突出等级性。当然,官方规定与民间的执行总是有一定距离的。有品级的官僚对家庙的建立要遵守礼制,否则有丢官之虞,至于平民的祭祖则并不一定按照标准行事。家贫衣食无着,谈不上一年四时按礼祭祖;家境富裕者,自然不会只给祖宗们吃四样青菜水果;为了行孝,在礼制上有所不当,官府也不会追究。所以在明清时期的祭祖礼仪中,并不一定都能按照官方的祭典行事,无论是聚族而居的普通农民之家,还是累世同居的世家大族,其祭祖供品都是丰盛的。

　　明朝的浦江郑氏是历经南宋、元、明三朝数百年均以"义门"称誉天下的累世同居的世家大族,从元朝末年郑文融开始撰写,到明朝初年陆续增订的《郑氏规范》中所记载的祭祖礼仪及其相关活动,典型地说明祭祖的意义。《郑氏规范》规定家众立有祠堂,供奉先祖神主,家长出门和返回都要先到祠堂向列祖列宗禀告,每月朔望、一年四季的节气时令的祭祀都要严格遵守《朱文公家礼》行事，每次祭祀完毕都要"行会拜之礼"。所谓"行会拜之礼"就是全族大聚会，集体温习纲常伦理，宣扬孝道。《郑氏规范》云：

> 朔望，家长率众参谒祠堂毕，出坐堂上，男女分立堂下，击鼓二十四声，令子弟一人唱云："听听听，凡为子者必孝其亲，为妻者必敬其夫，为兄者必爱其弟，为弟者必恭其兄。听听听，毋徇私以妨大义，毋怠惰以荒厥事，毋纵奢以干天刑，毋用妇言以间和气，毋为横非以扰门庭，毋耽曲蘗以乱厥性。有一于次，既殒尔德，复覆尔允。眷兹祖训，实系废兴！言之再三，尔宜深戒！听听听。"众皆一揖，分东西行坐，复令子弟敬诵孝弟一过，会揖而退。

在所有的道德规范中，孝敬是第一位的，所以在族众坐下之后，还要"复令子弟敬诵孝弟一过"，也就是再重复一遍孝与敬！不仅在每月朔望祭祀的时候如此，每天早饭之前，也要强调一遍，只是侧重点不同而已。前面介绍过，郑氏家族上下数百口，同灶共食，男女分开，男子聚集于同心堂，女子聚集于安贞堂。每天早上击钟24响，全族上下全部起床；再击钟4下，共同梳洗；敲钟8响，族众进入大堂，家长坐在中间，男女分坐左右，令未成年的子弟朗诵男女训诫之词,男训词是:"人家盛衰,皆系乎积善与积恶而已。何谓积善?居家则孝弟,处事则仁恕,凡所以济人者皆是也。……"女训词是:"家之和不和,皆系妇人之贤否。何谓贤?事舅姑以孝顺,奉丈夫以恭敬,待娣姒以温和,接子孙以慈爱,如此之类是已。……"孝敬、恭顺,在这里确确实实是天天讲、月月讲、时时讲的。

　　前已指出,祭祖是为了"慎终追远",表达对祖先的怀念与感恩。按礼制规定,若子孙地位低下,祖先也只能跟着吃到一点素菜,连冷猪肉都吃不上,既使祖先受辱于地下,也使子孙受辱于阳间。这就激励子孙们想方设法地改变自身的社会地位,提高社会等级,这既可改变自己的现实地位,也可使祖先们扬眉于地下。这就是《孝经》说的"立身行道,扬名于后世,以显父母,孝之终也"。

五 《孝经》与中国古代法律

在第一章曾经分析过,《孝经》有《五刑章》,假托孔子之口,告诫世人说自古以来,不孝都是人世间最大的罪过。其文云:"子曰:'五刑之属三千,而罪莫大于不孝。要君者无上,非圣者无法,非孝者无亲。此大乱之道也。'"这"五刑之属三千"泛指所有的犯罪行为及相应的惩处规定,即在所有的犯罪行为中,不孝罪是最严重的,所受的惩罚也是最为严厉的。关于五刑,来源于《尚书·吕刑》。按传统说法,《尚书》内容是夏、商、西周三代圣主贤臣治理国家的论文总集,供后世效法。事实上,其中有许多后世掺入的东西,其标榜的时代愈早,后世掺入的可能性越大。《吕刑》是《尚书》的一篇,传说作于西周穆王时期,是我国最早的法律史著作。墨、劓、剕、宫、大辟是其中的五种刑罚。墨是在犯人脸上刺字;劓是割去犯人鼻子；剕刑又称刖刑，是剔去犯人的膝盖骨或者砍去犯人的脚，或者是砍一只脚，或者是砍两只脚；宫刑是破坏犯人的生殖器官；大辟即死刑。《吕刑》谓当时有三千种犯罪行为，分别处以这五种刑罚。这五刑成为我国古代刑罚制度的蓝本。但是，这"五刑之属三千"的详细内容不得而知，"不孝"罪是否属于这三千条罪名之一，三千罪名中有无不孝罪，都无法确定。我们这里不予论证。我们要明白的是《孝经》这段话的含义和影响。

按照《孝经·五刑章》的行文，所说的"不孝"实际上包含了三方面的内容，即"要君者无上，非圣人者无法，非孝者无亲"，也就是包括"要君""非圣人""非孝"三层含义。意思是说，以暴力要挟君王的人，叫作目无君王；非难、反对圣人的人，叫作目无法纪；非难、反对孝行的人，叫作目无父母。君王、圣人、父母，从高到低，依次排列，忠于君王是第一位的，崇拜、恭敬圣人是第二位的，孝敬父母是第三位的，这实际上是忠孝合一，以孝述忠。它的目的是要告诫人们，这五种刑罚轻则残伤肢体，重则杀头丧命，无论是哪一种结果的出现都是违背孝道的。因为只要犯罪，遭到这五刑中的任何一种刑罚，若是轻罪，被处以墨刑或者是剕刑，也都导致肌肤的伤害，违背了"身体发肤，受之父母，不敢毁伤"的孝的基本原则；若被处以大辟之刑，则导致家族绝祠，更是不孝。更主要的是，行孝要光宗耀祖，一旦受刑，则前途尽弃，再也不能光宗耀祖了，更是不孝。而光宗耀祖，就要入仕为官，就要忠于君王，就要时时牢记、遵守圣人的教诲。这本来是儒家学派政治伦理观的一部分，被写入《孝经》以后更加明白和容易掌握，以扩大其影响。但是自从儒家思想成为统治思想，《孝经》成为全社会的经典之后，它的主张被逐渐地纳入帝国的法典之中，对我国古代法律的制定和执行都产生着深远的影响。

1. 对"不孝"罪的惩处原则

以历史的眼光看，所谓"五刑之属三千"只是后人的虚构，是《孝经》的作者假借圣人之名宣传不孝罪的严重性的托词，目的是借《尚书》的名义说明不孝罪的严重性。事实上，在西周时代是没有后世人们所见到的成文法的，无论当时是否有"罪莫大于不孝"的内容，普通平民是无从知道的，也就无法主动地规避。因为那时的刑罚制度是统治者手中的密器，是不对外公布的。我国历史上第一次将刑罚制度公布于众的是春秋时代郑国于公元前536年的"铸刑鼎"，就是把刑法条文铸造在铜鼎上，让平民知道禁避。只是因年代久远，郑国"铸刑鼎"的具体内容不得而知了，但我们可以肯定，铜鼎的文字容量是有限的，无论用多少只铜鼎，绝对不会是所谓的《尚书·五刑》的三千条内容。

到战国时期，魏国的李悝在当时各国制度基础之上，撰定《法经》六篇，首次用"法"代替"刑"。按照东汉学者许慎《说文解字》的解释，"法"是"平之如水""公平正直"，用"法"代替"刑"就是表示法律公开，人人都知道，执行起来公平无私。这是我国法律的划时代的进步。从此以后，法律真正地向全社会成员有效公开，不再是统治者手中的秘密武器，人人可以知道法律，行为有所规避。李悝的《法经》在当时影响甚大，实行于魏国，魏国因此而富强，同时有许多学生跟随李悝学习法律，李悝本人也成为当时法家学派的代表人物。后来在秦国主持变法的商鞅，就是李悝的传人，商鞅主持制定的秦律，其立法思想和内容都受到李悝的影响。1975年，在湖北云梦睡虎地秦墓中出土了1 155支竹简，其中大部分是秦律，既有各种法律律文，也有对法律条文的解释，还有具体案件的文书格式，使我们对商鞅变法以后的秦律有所了解。从内容上判断，这些法律文书施行的时间有一个比较长的过程，是从商鞅变法到秦统一前夕陆陆续续颁布的。统一之后，更制定一系列法律条文，龙岗秦律、岳麓书院藏秦律，主要是统一后新颁布的法律。但无论颁布的时间早晚，新法颁布再多，原来的法律仍然在施行。当然，出土的律文不是秦律的全部，但是我们足以了解秦律的实况了。这些

秦律中对于不孝罪都有着明确的规定。下文以众所周知的云梦睡虎地秦律的相关律文为例,说明秦不孝罪的规定。《法律答问》云:

> 免老告人以为不孝,谒杀,当三环之不?不当环,亟执勿失。

"免老"指年龄达到国家规定的免除服役义务的老人。不孝罪的量刑就是死刑,而对不孝罪的认定,不像其他刑事犯罪那样要经过调查取证、讯问查实,凡是达到"免老"年龄以上的老人告发子孙不孝,请求官府判处不孝子死刑,官府就立即受理和执行。律文的"谒杀"就是主动要求官府处死。"三环之"就是要进行三次查证,对于一般死刑案件,为了表示慎重,要进行三次审核,而对于老子告儿子不孝的案件,不存在反复查证的问题,立即受理执行就是了。

秦律还规定,父亲把儿子杀伤、致残,官府也不予追究。《法律答问》云:

> 公室告,可(何)殹(也)?非公室告,可(何)殹(也)?贼杀伤、盗它人为公室告;子盗父母,父母擅杀、刑、髡子及奴妾,不为公室告。
>
> 子告父母,臣妾告主,非公室告,勿听。可(何)谓非公室告?主擅杀、刑、髡其子、臣妾,是谓非公

室告,勿听。而行告,告[者]罪。告者罪已行,它人有(又)袭其告之,亦不当听。

所谓"公室告"是指伤害他人身体、盗窃他人财物的犯罪行为;但是,儿子盗窃父母财物,父母私自将子女、奴隶杀死,或者将子女、奴隶处以髡刑和其他刑罚,不是公室告。按照诉讼原则,官府只受理公室告的案件,不受理非公室告的案件。子女告父母、奴隶告主人都是非公室告。官府已经明确告诉当事人不受理,而继续控告的,控告者有罪。控告者已经处罪,又有别人接替控告的,也不受理。秦律这样规定的原因就是为了维护父家长制度中家长的特权,体现的是父家长权威的无上性。

云梦秦简的《封诊式》也就是各类案件的审讯、调查、检验的文书程式,统称为爰书。其中有告子不孝的爰书一份,反映了上举父母控告儿子不孝罪的实行状况,其具体程式是:

某里士伍甲告曰:"甲亲子同里士伍丙不孝,谒杀,敢告。"即令令史己往执。令史己爰书:"与牢隶臣某执丙,得某室。"丞某讯丙,辞曰:"甲亲子,诚不孝甲所,毋它坐罪。"

士伍是没有爵位的平民的统称,甲控告儿子丙不孝,要求官府将丙处死。官府令具体负责办案的官吏令史带领人将丙缉捕归案。令史将丙缉捕归案后，以书面报告的形式报告说：自己和狱卒一起在某某住所内将丙抓来了。而后由丞负责审讯，审讯记录是：甲的亲生儿子丙，确实对甲不孝，没有别的犯罪。爰书中还有一则"迁子"案例，即父亲甲要求官府将儿子丙断足之后流放到蜀地，并且终生不得离开蜀地的案例，官府就以此为由，将丙断足之后流放蜀地，并在给流放沿途各地政府的文书中说明丙被断足的原因，要求他们按律做好相应的安排。秦简中的爰书有23则案例，无论是民事案件还是刑事案件，都有较为详细的侦查、讯问程序，唯独告子爰书最为简单，只要把人抓来，验明正身，立即执行就行了。这说明《孝经》所说的"五刑之属三千，而罪莫大于不孝"确实是有现实依据的，法律对不孝敬父母的惩罚原则是从重从快。

云梦出土的秦律由商鞅开始制定，其后的增订都是在商鞅的基础上进行的。商鞅是法家的代表人物，对重伦理、轻事功、好是古非今的儒家学派持排斥态度；而在理论上，先秦儒家极力推崇孝道。从上举对不孝罪的惩处原则和过程来看，恰恰是商鞅及其后继者将孝道以法律的形式贯穿于国家机器的运作之中，并成为以后两千多年封建社会的立法原则之一。不同的是，儒家比较注重以教育的方式让平民百姓自觉遵守孝道，而以商鞅为代表的法家则直接以法律强制，迫使人们服从孝道。个中原因，就是因为儒家宣扬的孝道和法家的以法治国的目的相同,都是为巩固国家的统治秩序。

汉代重孝,就是在法律从重从快惩治不孝罪的基础之上,加强教化,以孝道教化万民,将《孝经》列为学子的必读书,使百姓从小受到孝道的熏染,而自觉遵守;随着儒学的官方化,在法律上不孝罪的内涵和外延也有所扩大。这种扩大的突出体现就是孝道伦理越来越广泛地影响到司法制度和司法活动过程之中,凡是犯有不孝罪的都要从重从快惩处。严惩"不孝"是汉代刑事法规的主要任务之一。

秦朝法律虽然有不孝罪从重从快惩处的规定,但是,其主观目的是加强国家对社会的权力控制,通过维护父权来加强国家权力,还没有系统地把儒家主张的孝道伦理引入司法实践之中,孝道的司法使用范围还很有限。从现有资料看,汉代在沿用了秦朝的不孝罪名的同时,大大地扩大了"不孝罪"的内涵和外延,人的各种行为一旦被视为不孝,就会受到法律的严惩。如汉武帝时,有兄弟二人按月轮流赡养其父,在交替之时,一方攻击另一方赡养不周,致父体瘦,告于官府。董仲舒认为,兄弟赡养其父,互相攻击赡养不周,实属不孝,处以弃市。传世的董仲舒《春秋决狱》中有子女殴打父母者,无论情节轻重,一律斩首。汉武帝时,衡山王阴谋不轨,衡山王太子向朝廷揭发其父亲的不轨行为,结果是"坐告王父不孝,皆弃市"。这种儿子控告父亲，而父亲也确实违背国家法律，甚至是犯有谋反大罪而被以不孝罪名处死的案件，在汉代不止一例，说明子女告父母，尽管所告属实，子女也犯了不孝罪，这是当时的一般原则。

汉代的不孝罪，除了子女控告父母之外，其余如违反礼制的行为，也都是不孝罪，只是因为具体情节和执法人的品质区别而有量刑的差异。如《后汉书·李燮传》载，颍川人甄邵卖友求荣，投靠外戚梁冀，任官邺令，就在母亲刚刚去世时，得到了要升任郡守的消息，为不影响升迁，甄邵将母亲尸体埋进马棚，升迁后才为母亲置办丧事。李燮当时任河南尹，在途中遇到来洛阳的甄邵，李燮命士卒把甄邵的车子扔到沟中，将甄邵一顿暴打，在甄邵背上写"谄贵卖友，贪官埋母"八个大字示众，而后上奏朝廷，将甄邵罢官回家，终身禁锢。甄邵之被禁锢终身不是因为他的"谄贵卖友"，而是因为"贪官埋母"的不孝行为。其丑行早已存在，同僚也知道，一直无人挺身而出就是因为自身的政治品质不同。前文曾引过《后汉书·陈蕃传》记载的赵宣沽名钓誉的事例，也是如此。赵宣为了获得大孝的美名，母亲去世之后，为表明孝子之志，故意不关闭墓道，自己就住在墓地，以便能够陪伴和随时进入墓室看到母亲的灵柩，前后有二十年之久，得到地方舆论一致称赞。大小官员多次请赵宣出来当官，但赵宣都以行孝为名，拒绝接受。后来陈蕃接任郡守，听说赵宣如此大孝，就专门到赵宣家中看望，结果发现赵宣在所谓的服丧期间生有五子，过的完全是正常人的生活，而没有任何守孝的哀痛，完全是弄虚作假，遂将赵宣处斩。即使是在言论中对孝的理论有批评，也有可能被定为不孝罪而杀头。如东汉末年的著名学者孔融，因为和曹操有分歧，对曹操的专权不满，时常借批评纲常名教发泄内心的不满，和他人议论说："父之于子，当有何亲？论其本意，实为情欲发耳。子之于母，亦复奚为？譬如寄物缶中，出则离矣。"（《后汉书》卷七十《孔融传》）这段议论确实是太离经叛道了，完全是自然主义的言论，但也仅仅是说说而已，目的是发泄对曹操专权的不满；孔融自己是孔子之后，名满天下，自身行为无不是以孝义为先。这一段话是曹操指使他人上奏的，最后孔融被定为大逆不道，下狱弃市。孔融之死，自是冤案，是政治权力之争的结果，但从中我们可以看出"孝"的功能。

汉代对不孝罪的定性和惩处，因为时代的局限性，还没有系统化和完善化，到隋唐时代，正式将不孝罪列入十恶大罪之中，凡是犯十恶大罪者，不在赦免之列，后来的"十恶不赦"的成语就是由此而来的。

十恶大罪的提出，始于北齐，首次被列入北齐的律典之中，到唐朝予以完整的定义。这十恶分别是：谋反、谋大逆、谋叛、恶逆、不道、大不敬、不孝、不睦、不义、内乱。这里的谋反就是反对君王的行为，无论是反对君王的言论还是某种行动，都是谋反之罪。谋大逆是指毁坏皇帝宗庙陵墓的预谋和行为。谋叛就是投降别的国家。恶逆是殴打并密谋杀害祖父母、父母及祖辈、父辈和兄弟姐妹的行为。不道是罪不至死而故意杀犯人一家三口，或者将人杀死后又把尸体分解，以及蛊毒杀人等行为。大不敬是指侵犯皇帝权威的所有行为，如因为行为不谨慎对皇帝的人身安全造成危险，违反等级规定而使用了皇帝专用物品，言语奏折冒犯皇帝威严，等等。不孝，按照《唐律疏义》的解释，"善事父母曰孝，既有违犯，是名不孝"，即违背"善事父母"之道就是不孝。不睦是亲属间的侵犯行为。不义是属吏、学生谋杀上司和老师的行为。内乱是指乱伦。

根据《唐律》律文和《唐律疏义》的规定与解释，这十恶大罪的内容，就是对不忠、不孝两类犯罪行为的惩处。直接命名不孝罪的虽然只有一条，即第七项"不孝"，但像"不睦"实际上是不孝的延伸；"恶逆"则是不孝的极端行为，普通人之间，杀人偿命，是天经地义之理，谋杀尊亲当然是罪不容诛。至于"不孝"，则是针对不能以礼养、敬、顺尊亲的种种行为的惩处。

《唐律》规定不孝的具体行为是："谓告言诅詈祖父母、父母；及祖父母、父母在，别籍异财；若供养有缺；居父

母丧,身自嫁娶,若作乐释服从吉;闻祖父母、父母丧,匿不举哀;诈称祖父母、父母死。"这包括五种犯罪行为:

一是"告言诅詈祖父母、父母"。告言就是到官府控告,诅是诅咒,詈是辱骂,控告、辱骂、诅咒祖父母、父母都以谋杀祖父母、父母论处,都是不孝大罪。

二是"祖父母、父母在,别籍异财"。《唐律疏义》云:"祖父母、父母在,子孙就养无方,出告反面,无自专之道。而有异财、别籍,情无至孝之心,名义以之俱沦,情节于兹并弃,稽之典礼,罪恶难容。"《疏义》的理论依据是《礼记》,按礼制,祖父母、父母在世,子孙只能和祖父母、父母共同生活,并承当孝养的义务,一切都要听命于祖父母、父母,自己不得有任何个人私财;平日外出要先请示,回来要立即说明情况,免得老人牵挂,不得我行我素,自行其是。这才是为人子的道理。若祖父母、父母健在,私蓄财产,分财异居,则完全抛弃了行孝之心,抛弃了人伦之道,违背圣人礼制,罪在不赦。

三是"若供养有缺"。《唐律疏义》云:"礼云:'孝子之养亲也,乐其心,不违其志,以其饮食而忠养之。'其有堪供而缺者,祖父母、父母告乃坐。"为人子之道,首先是赡养父母,并以能够赡养老人为幸福;其次是顺从老人,并以顺从为快乐。自己有能力供养老人衣食而不按时供养,或者不能满足老人生活需要,致使老人缺衣少食,当然是不孝。只是对老人供养状况，外人平时是无从了解或者了解有困难的，所以规定，老人控告则受理，不控告就不受理，所谓民不告，官不理，是针对赡养案件特殊性而言的。

四是"居父母丧，身自嫁娶，若作乐释服从吉"。按礼制，父母之丧，行服三年，实际上是27个月，也就是在进行大祥祭之后一个月再举行一次禫祭就结束了，在此期间孝子不能过正常人的生活，不能结婚，不能生子，不能参加娱乐活动。若是自行娶妻、出嫁，则以十恶论处。这里特别强调"自嫁娶"，是因为在司法实践过程中，会有这样的情况：就是当事人本人并不愿意娶妻或者出嫁，但家中长辈或族人出于子祠或者财产的考虑，强迫当事人娶妻或者出嫁，即当事人的婚姻行为是在别人的主持之下发生的。如果是后者，当事人不入不孝罪。根据《唐律疏义》的解释，"若作乐释服从吉"也有特定的内涵，"若作乐"是指自己或者派人制作、演奏钟、鼓、丝竹等乐器。"释服从吉"是指丧事还没结束，在服丧的27个月之内，脱去孝服，穿上常服的行为。

五是"闻祖父母、父母丧，匿不举哀；诈称祖父母、父母死"。按礼制规定，父母丧亡，如天崩地陷，当听到父母死亡的消息后首先是情不自禁地号啕大哭，然后问明原委，不顾一切地奔丧。现在将父母死亡的消息隐瞒，或者是为了特殊的目的,不是立即发丧,而是寻找一个合适的时间再公布,都是不孝。祖父母、父母健在而假称死亡,实际上等同于诅咒,也入不孝罪。

再看"不睦"。"不睦"的含义是"谓谋杀及卖缌麻以上亲,殴告夫及大功以上尊长、小功尊属"。大功、小功、缌麻是五服制度中的第三、第四、第五等服制,是指为九族之中比较疏远的宗亲所穿的丧服而言,后成为宗族血缘关系远近的代称,所谓的缌麻之亲是指本族的曾祖父母、族祖父母、族内兄弟以及中表兄弟等,这些人如果去世,要服三个月丧服。小功包括本宗的曾祖父母、叔伯祖父母、堂叔伯父母、未嫁之姑祖及堂姑、出嫁的堂姐妹、兄弟之妻、从堂兄弟、未嫁的从堂姐妹等,如有丧事,要服五个月丧服。大功的亲族范围又稍近一些,主要是堂兄弟、堂姐妹、世父母、叔父母等亲属。按照《唐律疏义》的解释,这里的"谋杀"包括斗杀即斗殴致死在内。谋杀是指有预谋而未杀的行为,后者必须是被害人已经被杀死。卖缌麻以上亲指买卖行为已经完成而言。

"不睦"罪中的"殴告夫及大功以上尊长、小功尊属"含义分两种情况:一是指妻子殴打、控告丈夫,无论有理与否,都是不睦,即"殴告夫及大功"。《唐律疏义》指出,按照礼制,丈夫没有服大功之服的亲属,只有妻子对丈夫的祖父母、丈夫的叔伯父母服大功之服,所以这"殴告夫及大功"是对妇女的专门规定,因为按照儒家伦理,"夫者,妇之天",妻子永远不能对丈夫及其亲属有所不满和违抗。二是指"殴告"大功"以上"的亲属和"小功尊属",这里的"以上"包括伯叔父母兄弟姐妹之类,"小功尊属"指小功服制中的长辈而言,如从祖父母姑,从祖伯叔父母姑,外祖父母、舅、姨等。一句话,如果妻子对丈夫、卑幼对尊长有殴击或者控告行为,就以不睦罪论处。《唐律疏义》明确指出其立法依据是《孝经》,云:"《礼》云:'讲信修睦。'《孝经》云:'民用和睦。'睦者,亲也。此条之内,皆是亲族相犯,为九族不相协睦,故曰不睦。"其目的非常明确,就是为了维护以家族为中心的孝道伦理,维护统治秩序。

《孝经》的宗旨是以孝劝忠,帝王以孝治天下的目的是使万民尽忠于君王,君王具有君与父的双重身份,所以十恶大罪首先重视的是不忠的罪行。十恶中的谋反、谋大逆、谋叛、大不敬都是危害皇权罪。从名义上看,谋叛好像是背叛国家罪,实际上,在朕即国家的时代,背叛国家就是背叛君王,实质上也是不忠罪。在这里,《孝经》所提倡的忠孝之道完全地法典化了。以后历朝历代的法律都沿用不殆。

2. "亲亲相隐"的合法化

从法理的角度看，任何人有违法行为，国家都应该鼓励人们主动告发。商鞅在秦国变法时，采用的就是这一原则，"令民为什伍而相牧司连坐，不告奸者腰斩，告奸者与斩敌首同赏。匿奸者与降敌同罚"（《史记》卷六十八《商君列传》）。意思是说把居民按照五家一伍、十家一什的单位编制起来，集中居住在一起，使他们互相监督，互相检举，一人犯法，同伍、同什的人共同受罚，如果检举则免除处罚，并可以得到奖赏；知情故意隐瞒不报的腰斩，主动控告的按照所检举的罪行的轻重参照杀敌有功的奖励条例予以奖励；如果窝藏罪犯按降敌论处。根据上举秦律，除了儿子不得告父母、奴隶不得告主人，也就是说"非公室告"以外，其余都必须主动检举揭发他人的违法行为。显然，这和孝道存在着矛盾。子女不告父母是合法的，父母要不要主动揭发子女的违法行为？如果主动揭发，儿女被判刑或者被处死，则导致自己无人奉养，家庭破裂；如果不揭发，则自己犯了知情不举之罪。看来商鞅没有考虑这么多，而是一切都按法办事，法律规定，"非公室告"官府不受理，除此之外，官府都受理；凡是官府受理的内容，都应该主动揭发。这就是法家的依法治国。

按照儒家的观点看，亲属之间特别是父子之间，是不应该检举揭发的,而应该相互隐瞒。《论语·子路》记载的孔子和叶公的一段对话,说明了这两种观点的对立:"叶公问孔子曰:'吾党有直躬者,其父攘羊,而子证之。'孔子曰:'吾党之直者异于是:父为子隐,子为父隐,直在其中矣。'"这是一段关于什么是"直"的争论。叶公认为,"直"就是实事求是,对任何人都一样,就是老子偷人家羊,儿子也应该揭发做证,因为偷羊毕竟是犯法行为,是不道德的。孔子则说:"我们认为直的含义和你不同,父亲为儿子隐瞒,儿子为父亲隐瞒,才是直的表现。"这就是著名的"亲亲相隐"的由来。孔子并非不知道偷羊行为的违法和不道德,更不是要鼓励偷窃,而是认为人伦亲情莫大于父子,儿子发现父亲偷羊,应该以其他的方式予以劝谏、阻止和补救,而不能向官府揭发。因为一旦揭发于众,即使是父亲不被官府绳之以法,也会使父亲在大庭广众之下颜面扫地,都导致亲情的消解,违背孝道。

那么,当道德和法律出现矛盾时,究竟怎样做才算不违背孝道又可以使法律无从追究?孟子曾举例说明。桃应问孟子:"舜为天子,皋陶为士,瞽瞍杀人,则如之何?"孟子回答说:"舜视弃天下犹弃敝屣也。窃负而逃,遵海滨而处,终身欣然,乐而忘天下。"(《孟子·尽心上》)孟子是以寓言的方式表达自己的主张的,舜是当时士人心目中的上古圣君,当舜知道父亲杀人之后,如果按国法办事,则有违孝道，如果不依法办事，则为职责所不允许，陷入了两难的选择，舜的做法是丢掉天子之位，带着父亲逃到海边去隐居。当伦理和法律发生矛盾时，舜没有任何的犹豫，立即选择了尽孝，丢掉帝位就像抛弃一双旧鞋子那样的轻松，一辈子过着隐居的生活，幸福无比。

西汉武帝时期，董仲舒为了补充自秦以来法律对儒家道德伦理的忽视，把春秋公羊学的微言大义引入司法审判的程序之中，著有《春秋决狱》一书，根据公羊春秋的政治伦理思想，举案说法，列举案例232例，将儒家的伦理道德观念作为审判的法理基础，提出"原心定罪"的司法原则，即审判不是以法律规定为准绳，而是根据犯罪嫌疑人的主观动机来定罪和量刑，只要动机符合儒家的道德伦理，犯罪情节再重，量刑也可从轻，甚至必须从轻，或者可以免罪。"父为子隐，子为父隐"、替父入狱、代兄受刑，都是儒家所极力提倡的最高的道德行为，当然在鼓励之列，有此行为者自然可以获得减免。到了汉宣帝地节四年（前66年），正式将"亲亲相隐"合法化。《汉书·宣帝纪》地节四年五月诏："父子之亲，夫妇之道，天性也。虽有患祸，犹蒙死而存之。诚爱结于心，仁厚之至也，岂能违之哉！自今子首匿父母，妻匿夫、孙匿大父母，皆勿坐。其父母匿子，夫匿妻，大父母匿孙，罪殊死，皆上请廷尉以闻。"因为晚辈对长辈、卑者对尊者的孝与敬是第一位的，长辈对晚辈、尊者对卑者的慈爱是第二位的，父权、夫权大于一切，所以诏书在"亲亲相隐"的具体处理上还是有所分别：子孙为祖父母、父母隐匿，妻子为丈夫隐匿，无论情节轻重，一律免责；而祖父母、父母隐匿子孙，丈夫隐匿妻子，则要上报廷尉，经廷尉审理后再认定责任大小。

　　汉代以后，"亲亲相隐"一直为历代法律所采用。到了唐代，"亲亲相隐"的范围有所扩大，不但直系亲属和配偶之间可以相隐，只要是同居共财的亲属，无论是否在五服之内，互相隐瞒都可以免于法律追究；就是不同居的同姓大功以上亲属以及大功以下的亲戚也包括在内。不但隐瞒无罪，就是事先通风报信、走漏风声，使犯罪嫌疑人实现逃走者也不制裁。《唐律疏义·名例》规定："诸同居，若大功以上亲及外祖父母、外孙，若孙之父、夫之兄弟及妻兄弟，有罪相为隐；部曲、奴婢为主隐：皆勿论，即漏露其事及摘语消息亦不坐。其小功以下相隐,减凡人三等。"就是虽然不同居，但有小功之亲的人"相隐"，在量刑时也较一般人减轻三等处罚。明清时代，在唐律的基础之上，亲属之间虽然疏远到出服的层面，即有丧事，彼此之间不用服孝，用现在的话说就是已经没有任何的血缘亲情关系了，但彼此按血亲或者姻亲序起来还有尊卑长幼的称谓，对"相隐"的量刑时也是比常人减轻一等论处。

　　法律上既然允许"亲亲相隐"，自然就禁止亲属之间的相互告讦，同时不要求亲属在法庭上做证，因为这和"亲亲相隐"的原则在实质上是矛盾的。东晋时，卫展曾上书晋元帝，批评说："今施行诏书，有考子正父死刑，或鞭父母问子所在。……相隐之道离，则君臣之义废；君臣之义废，则犯上之奸生矣。"当时因战乱之余，人口流移，国家户籍多不合实际，元帝下诏严格户口登记核实，如果发现有弄虚作假行为，将家长处斩。卫展说的"或鞭父母问子所在"就是指此而言。卫展认为，家庭有人逃亡，如果逃亡的是家长本人或者是家长指使其他家庭成员逃亡，处死家长虽然量刑重一些，但在道理上还能说得过去；如果在子孙逃亡而家长毫不知情的情况下，处死家长显然是没有道理的，违背了"亲亲相隐"的原则，是在鼓励亲属间的告讦，会使亲情涣散，孝义不存。孝是忠的基础，孝道不存在了，忠义的基础也就没有了。为了君臣大义，要废除"考子正父死刑，或鞭父母问子所在"的做法，也就是禁止亲属间相互做证的行为。为了君臣大义，晋元帝接受了卫展的建议。(《晋书》卷三十《刑法志》)南朝宋文帝时，蔡廓建议审讯时"不宜令子孙下辞明言父祖之罪，亏教伤情，莫此为大。自今但令家人与囚相见，无乞鞫之诉，便足以明伏罪，不须责家人下辞"(《宋书》卷五十七《蔡廓传》)。这得到了朝臣的一致赞成，从此以后，法律不再要求子孙做证。相反，对证明父母有罪的子孙则以不孝的罪名判刑。南朝梁武帝时，一女子被控有罪，其子景慈应审讯官员要求出庭做证，证明其母亲有罪。法官虞僧上奏说："子之事亲，有隐无犯……陷亲极刑，伤和贬俗。凡乞鞫不审，降罪一等，岂得避五岁之刑，忽死母之命？景慈宜加罪辟。"（《隋书》卷二十五《刑法志》）梁武帝下诏将景慈流放交州。景慈按照官府要求出庭做证，证明他的母亲有罪，虽然使案件真相大白，但这就违背了"亲亲相隐"的原则，所以要负法律责任。唐代以后的法律都明文规定，凡是要求和当事人有亲属关系、符合相互容隐条件的人出庭做证的，都是违法行为，违反这一规定的官吏要负法律责任，唐宋的规定是杖责八十，明清规定杖责五十。同时规定，民间诉讼，原告不得提出让被告的子、孙、弟、妻及奴婢为证，否则治罪，因为这种行为将陷被告子孙于不孝的境地，是"不义"的行为，这和现代的亲属回避的原因正相反。

3. 亲属间的刑罚替代

法本乎理，理顺乎情，而亲情是伦理的起点，孝道是为人的基石，正是在这个意义上，伦理高于法律。这是汉代以后的普遍观念，只要合乎孝道，法律不仅作出种种专门规定，而且在实践中总是酌情减免刑罚。除了"亲亲相隐"、禁止子孙做证之外，允许卑幼为尊长代刑并予以减免是从法律的层面推广孝道的又一个措施。

见于史籍记载的也是最著名的代刑的故事是发生在西汉文帝时的缇萦救父的事例。汉文帝十三年（前167年），齐太仓令淳于意犯法，文帝下诏将淳于意押送到长安审讯判刑。淳于意没有儿子，只有五个女儿，淳于意知道自己被押解长安之后是凶多吉少，没有儿子继承家业、支撑门户，认为五个女儿都没有用，临行前感叹说："光生女儿，没有儿子，遇到紧要事情，一点用处都没有。"缇萦排行第五，听了父亲的话以后，内心非常难过，就跟随押解淳于意的囚车来到长安，直接上书文帝为她父亲鸣冤，说："我的父亲当官以来，一贯廉洁，当地百姓有口皆碑，现在犯法了，应当接受惩罚。但是，人若被判处死刑，当然是不能复生，若被判处其他刑罚如砍去双脚或者剔掉膝盖骨等，也都成为终身残疾，虽然想改过自新，也没有了可能。现在我父亲犯法，我只是一个弱女子，别的不能做什么，愿意入官府一辈子为奴隶，赎父亲的罪过，以便父亲能够改过自新。"汉文帝看了缇萦的奏章之后，为缇萦的一片孝心所感动，下令说："人们犯法是因为无知，治理国家首先要教化百姓，自觉守法。现在不施教化，百姓一不小心就触犯刑法，就被课以重刑，想改过自新都没有机会。再者，治国临民，要仁爱为先，现行的各种肉刑不是断人肢体，就是割人皮肤，都使人致残，不符合仁爱之道。"于是，特别下诏废除肉刑，改用笞刑。(《汉书》卷二十三《刑法志》)史书并没有记淳于意案最后是如何结案的，但就缇萦的上书而废除肉刑来看，缇萦代父受刑是得到文帝首肯的。从此以后，也就成为司法原则之一。

汉代以后，卑幼代替尊长受刑可以减免刑罚，成为司法原则之一。刘宋时，彭城人孙萨因为从军违制，依例下狱当斩。其兄孙棘要求以身代替，理由是孙萨犯法，自己身为兄长有不可推卸的责任，"不忍令当一门之苦"。孙萨则坚持自己负责，不能让孙棘代刑，因为自己"三岁失父，一生恃赖，唯在长兄，兄虽可垂悯，有何心处世？"孙棘妻子许氏寄书孙棘要求孙棘代刑说："君当门户，岂可委罪小郎。且大家临亡，以小郎属君，竟未妻娶，家道不立，君已有二儿，死复何恨。""大家"即孙萨和孙棘的父亲。许氏意思是说孙棘身为户主，就要承担起户主的责任，当年父亲去世把年仅三岁的孙萨托给孙棘，现在孙棘尚未娶妻，没有子嗣，如果孙萨受刑，则孙萨无后，是孙氏一门的遗憾；孙棘已有两个儿子，代替孙萨受刑则没有遗憾。世祖下诏免去孙萨罪过，赏赐许氏二十匹帛，表彰其义举。(《宋书》卷九十一《孝义传》)北魏时，长孙虑之母饮酒，被长孙虑之父长孙真误击而亡，按律当斩。当时长孙虑年十五岁，在兄弟五人中排行老大，上书要求代父受刑，说："父母忿争，本无余恶，直以谬误，一朝横祸。今母丧未殡,父命旦夕。虑兄弟五人,并各幼稚。虑身居长,今年十五,有一女弟,始向四岁,更相鞠养,不能保全。父若就刑,交坠沟壑,乞以身代老父命,使婴弱众孤,得蒙存立。"朝臣认为长孙虑"于父为孝子,于弟为仁兄。寻究情状,特可矜感"。孝文帝接受群臣的建议,免去长孙真的死刑。(《魏书》卷八十六《孝感传》)类似事例,历代多有,总的趋势是越到后来越多,数不胜数。明朝后期曾规定年八十以上犯罪或者犯人有病而罪当戍边者,一律由子孙代替。

如果犯人犯了死罪,而家中无子,无人可以代刑,则家祠断绝。这就在情与法之间出现了矛盾:若严格执法,致使人犯绝祠,则有伤孝道;若网开一面,则有罔法之咎。为了实现情与法的统一,官吏乃变通行事,令犯人妻子入狱和犯人同居,待怀孕后再执行判决。《太平御览》卷六百四十三引《东观汉记》载:"鲍昱为泚阳长,县人赵坚杀人系狱。其父母诣昱,自言年七十余,唯有一子,适新娶,今系狱当死,长无种类,涕泣求哀。昱怜其言,令将妻入狱,遂妊身有子。"东汉时的循吏们在治理地方时,大都能兼顾情与法。也正是为了兼顾情与法,东汉从立国伊始就不断地法外施恩,常常以各种理由减免刑罚,或者以赎刑代替实刑,或者减免刑罚,或者大赦天下。

卑幼代刑、减免刑罚的原因是为了保全孝道,弘扬孝道。但司法实践中还有这样的情况,就是子孙犯法服刑,导致双亲无人赡养,传统的"事亲"自然无法进行,孝道无从谈起。为了解决这一矛盾,法律又有"留养"的规定。也就是说,如果人犯是单亲独子,在判决的同时,可以申请批准存留养亲。北魏规定,犯流罪而祖父母、父母年老无人侍养者,鞭笞留养,待双亲去世之后再到流放地服刑。唐宋法律都有相似规定。这里值得注意的是,留养完全是为了行孝、劝孝,而不是姑息人犯本人。如果犯人平时不孝,留在家里只能惹父母生气,依然无人奉养,和孝道背道而驰,就不存在什么留养问题了。此外,若是命案,肇事者虽是独子单丁,符合留养条件;但是,每个人都有父母双亲,都需要奉养,如果被害的人也是独子,被害者之父母已经无人奉养,则肇事者不得留养。

既然孝道就是要人们以尊尊亲亲为立身处世的基本原则,而中国古代的社会结构就是一个在国家控制之下的亲疏有别、尊卑有等、长幼有序的网络体系,国家的法律自然要体现这一原则,从理论上说,是王子犯法与庶民同罪,但在事实上,从来都是尊卑有等的,不同身份的人是同罪不同罚的。皇亲国戚、各级官僚因为其政治身份固然可以减免制裁,地主豪绅则可以其财势勾结官府逃避惩罚。就平民百姓而言,也不存在同罪同罚问题,这集中体现在亲属之间的相互侵犯上。家族之中,因为亲疏远近不同,犯了相同的罪，其刑罚是大不相同的。譬如都是杀伤，动机相同，手段相同，轻重程度相同，父亲伤儿子与儿子伤父亲，兄长伤弟弟与弟弟伤兄长，叔父伤侄子与侄子伤叔父，定罪和量刑有着天壤之别。凡罪犯是尊长则减或者是免于刑罚，是卑幼者则从重论处，加减的等级就根据受害人与肇事者的亲疏等级而定。比如辱骂罪，常人间的辱骂一般不定罪，明清法律才有"骂詈"的罪名，认定常人"骂詈"鞭笞十下，处罚只是象征性的，很轻微。如果亲属相骂就不同了。尊长骂卑幼一概无罪，卑幼骂尊长则一律有罪，罪行大小按照亲疏关系来定，血缘关系越近，处罚越重。唐宋律规定，骂兄弟者，杖一百；骂伯叔姑母则判徒刑一年；骂祖父母、父母则一律为十恶大罪，全部处绞刑。又如亲属间的伤害罪，祖父母、父母伤害子孙包括杀死子孙大都是无罪的，即使是故意杀死，其处罚也很轻微，但若是反过来，则一律是十恶不赦的大罪，甚至要处以千刀万剐的凌迟之刑。这和现代的法律面前人人平等有着本质差别。

4. 血亲复仇的正义性和法律的冲突与统一

在人类文明史上，在国家力量不够发达、政治权力不能维持基本公正的时代，血亲复仇是普遍存在的，被视为天经地义的事情，社会观念承认复仇是受害者的权利，即使他自己无法报仇，他的家人和族人也会为他报仇，这是全族人的义务和职责。中国的历史也不例外。但是随着国家力量发展，政府必然要以法律的方式禁止复仇行为。然而，血亲复仇是以保护血缘亲情为目的的，是孝道的重要组成部分，复仇是孝行的最高体现。为了提倡孝道，就不能禁止复仇。但是，若不禁止复仇，则私人仇杀不断，国权不立，社会陷于无序状态。既要鼓励孝行，又要维护国家权威，以及伦理和法律之间的平衡，就成为我国古代法律的重要特点之一。

(1) 儒家血亲复仇观与孝道

《周礼·地官·司徒》有"调人"之官、《秋官·司寇》有"朝士"之官，都是专门负责处理复仇事务的官吏。"调人"是专门调解人们之间怨仇的，其职责是凡是过失杀伤人或者杀伤他人家畜的，根据各方面的意见进行调解。调解仇怨的原则是：杀死他人父亲的，杀人者要躲到四海之外；兄弟之仇，杀人者须躲到千里之外；叔伯兄弟之仇，杀人者不能和死者的侄儿、兄弟同在一个国家。这就是"杀父之仇不共戴天，杀兄之仇不与同国"的由来。站在国家的立场，君父一体，杀君之仇比照杀父之仇，杀师长之仇比照兄弟之仇。所有臣子和学生都有为君、师复仇的义务。凡是杀人者不照规定躲避，官府则加以逮捕。所有复仇者的复仇行为，只能以一次为限，如果反复寻仇，则天下所有国家的人都可以起而杀之。如果有正当理由而杀人，虽然与被杀者的子弟同处于一个国家，也命令被害人子弟不得寻仇，否则按杀人罪惩处。"朝士"是负责朝廷序位和政法的官吏，凡是要报仇的，先到朝士那里登记。凡是登记过的，报仇就是合法的，杀之无罪。《周礼》成书于战国，是战国时期活跃于齐地的学者根据部分西周、春秋的资料与现实的制度，按照自己的理想所设计的国家制度。战国时代，国家机器已经相当发展，并处于急剧的转型期，原来以宗族血缘关系为基础的城邦发展为中央集权的君主专制国家，所以关于复仇的管理就表现出两重性：一方面，国家不能对复仇传统放任自流，要将复仇纳入国家权力系统之中；另一方面，又不得不承认复仇的合理性，给予存在的政治空间。这说明了战国时代复仇还具有广泛性。孟子说："吾今而后知杀人亲之重也：杀人之父，人亦杀其父；杀人之兄，人亦杀其兄。然则非自杀之也？一间耳。"(《孟子·尽心下》)孟子这番话是对当时复仇风气盛行的感叹，杀了别人的父亲，别人就杀他的父亲；杀了别人的兄弟，别人就杀他的兄弟。这样地杀来杀去，和自己杀害自己的父兄看上去不同，实际上也就是相差那么一点点而已。战国时代，游侠盛行，宾客死士，仗剑周游，其中相当一部分人是以替别人报仇为业的。

复仇的直接结果之一是导致人口的非正常伤亡，社会秩序混乱，人们生活安全没有保障，更为重要的是它削弱了国家对社会的控制力度。而在战国时代，战争是社会运转的轴心，要想不被兼并，国家就要集中全国的人力物力对外争雄。当时各国的变法运动的共同点就是建立君主专制国家，强化对全国人力物力的控制，对民间的复仇行为自然不能坐视，必须把生杀予夺之权收归国家。可以说，哪一个国家能建立一套强有力的新型国家机器，建立稳定的社会秩序，能够有效控制全国的人力物力，哪一个国家就能走向强国之路。这是当时的思想家共同关心的问题，也设计了种种方案，其中以法家思想最为适合当时的需要。各国的变法或多或少地接受了法家学说和方案，而变法成功与否，就在于如何运用法家学说和对法家学说贯彻的力度，能够严格地按照法家学说，建立强有力的国家机器，依法办事，执法公平，国家就能强大，否则，就要落后挨打。在战国各国中，只有秦国的商鞅变法做到了这一点。商鞅在秦国实行严厉的法制，建立一套严密的君主专制的国家制度体系，使秦国迅速地由弱变强，并最后统一全国。商鞅变法的原则之一就是禁止"私斗"。所谓的"私斗"就是私人仇杀，包括复仇行为在内。秦律中对伤害罪有十分详细的侦查、刑讯、处罚规定，即使是个人之间游戏，导致对方的轻微伤害，也要受到法律制裁。如汉高祖刘邦在没有起兵反秦之前，曾做泗上亭长，负责该地区的基层治安。一次刘邦和好朋友夏侯婴嬉戏，不慎误伤夏侯婴。按照秦朝律令，刘邦属于执法犯法，应该下狱判刑。夏侯婴明白，如果承认是刘邦所伤，刘邦就从执法者变成了囚徒，于是称自伤。主办官吏从伤情分析不可能是自伤，采用各种手段刑讯夏侯婴。夏侯婴受尽苦楚，坚称自伤，终于使刘邦免于牢狱之灾，可见秦法之严密。在这样的法律体系之下，没有血亲复仇的存在空间，或者说，血亲复仇的空间非常狭小。

西汉建立之后，在秦朝被禁止的先秦诸子学说又可以自由传布了。而在所有学派中，只有儒家是积极主张血亲复仇的，认为血亲复仇是孝道的体现和基础，父母是自己养和敬的对象，人活在世上首先是赡养和尊敬父母，当自己的父母遭到伤害而自己不能报仇，哪里还有孝道可言！兄弟之体是父母之体的一部分，兄弟之体当然也不能受到伤害，兄弟之仇也是必须报的；朋友关系是兄弟关系的延伸，报朋友之仇也是义不容辞的责任。当然，亲情是分远近的，复仇以亲情为基础，血缘亲疏不同，复仇的程度也不同，这就像不同的血缘关系，行孝的方式和程度不同一样。如果说上述《周礼》所反映的复仇事实是历史的遗迹的话，同时体现了国家力量正在将复仇行为纳入国家力量的控制体系之内。那么，以董仲舒为代表的儒家春秋公羊学派则从理论上对复仇大义进行了新的阐发，认为复仇是忠孝之举，应该加以提倡，而不应该按照现行的法律条文禁止所谓的"私斗"。这就为复仇行为的合法化提供了道德伦理的基础。

先秦时代，诸子争鸣，法家严厉禁止私自仇杀，而儒家则主张复仇的正义性。《礼记·檀弓上》曾记载了孔子与其学生子夏的一段对话，表明了儒家的复仇观：

> 子夏问于孔子曰："居父母之仇，如之何？"夫子曰："寝苫、枕干、不仕，弗与共天下也。遇诸市朝，不反兵而斗。"曰："请问居昆弟之仇，如之何？"曰："仕，弗与共国，衔君命而使，虽遇之不斗。"曰："请问居从父、昆弟之仇，如之何？"曰："不为魁，主人能则执兵而陪其后。"

意思是说，为父母报仇，是天下第一大事，除了复仇之外，行走坐卧，没有别的事情，顾不上什么生活享受，身睡草垫，头枕兵刃，不当官，不谋财，和仇人不共戴天，无论在什么地方遇到仇人，不论是在大路边，还是在市场上，或者是在官府里以至于朝堂上，都要立即复仇。亲兄弟之仇和父母相比，其激烈程度要弱一些，可以出仕为官，但不能在同一个国家里同朝为官；在一般情况下，见到杀兄仇人，要立即报仇，但在有君命在身时，要先完成国君使命之后再报仇，即使在途中遇见仇人也不能报仇。如果不是自己的父母兄弟而是叔父、伯父和堂兄弟被杀，自己虽然有复仇义务，但不是复仇的主体，只起一个辅助作用，因为自有其嫡子嫡兄为他们报仇，自己跟在事主的身后就行了。《礼记·曲礼上》对复仇的提倡又有所提高，认为"父之仇，弗与共戴天；兄弟之仇不反兵；交游之仇不同国"。把复仇对象扩大到了朋友这一个范围，所谓"交游之仇"就是指朋友被杀之仇，同时主张兄弟之仇也在国君政事之上，任何时候遇到仇人，都要不计条件和后果地复仇，所谓的"不反兵"就是不考虑身边武器和人力是否能满足复仇的需要，即使不能满足复仇需要也舍身成仁。

从历史的眼光看，《檀弓》所记的孔子和子夏的对话，未必是孔子原话，子夏和孔子之间也未必真有这么一段对话，即使真有关于这一方面的对话，也未必就是原话的记录。因为《礼记》成书甚晚，所谓子夏问孔子云云，最多是战国儒者的追记，表述的不一定是孔子的原来主张。但是，在学理上，和孔子的思想体系是有相通之处的，在战国儒者心目中则认为这是孔子的主张，为人在世就应该把父母兄弟朋友之仇作为头等大事，并且这是一切伦理实践的基础。没有父母，就没有自己，自己是父母的一部分，自己的生命就是父母生命的延续；兄弟的生命也是父母给的，也是父母身体的一部分，父母兄弟是自己生存的前提，自己活在世上就是要回报父母的给予生命和养育之恩，如果一个人连父母兄弟之仇都不能报，贪生怕死，他还能做什么？所以复仇是孝的体现，而孝是忠的前提，孝在忠之前。所以，战国时期的儒家们的开山祖师孔子还要主张复仇的正义性。《礼记》的作者只是其中的一部分，其余各家也都有类似主张，而以专门发掘《春秋》微言大义的公羊高及其传人为代表。

《春秋》是孔子编纂的鲁国史书名称，文字十分简略，后世儒家学者曾从不同角度予以补充，称之为传。公羊高就是为《春秋》作传的人物之一。公羊高是战国时代的齐国人，以他为代表的一派儒生认为，孔子编纂《春秋》的目的不是为了保存历史事实，而是为了表达他的政治观念和道德思想，对错综复杂、波谲云诡的社会变迁过程及历史人物的作用，用最简单的语言、最洗练的笔法，表达自己的爱憎和取舍，同样是杀人和被杀，情节和动机、后果完全相同，发生在不同的人身上，由不同的人来实施，有的就是正义之举，应当提倡和表彰；而有的就应当遭谴责和讨伐，要被钉在历史的耻辱柱上，让人唾骂。因为人有等级，不同等级的人身份不同，权利不同，义务也不同；身份低的人行使了身份高的人的权利就是篡上和僭越，自己该做的事情而没做好就是没尽到自己的义务，就是不忠不孝，是对尊长的背叛。公羊高这一派认为这就是孔子作《春秋》的目的，就是用一个字、一句话对历史事件的记述表达他的主观思想。可是，因为孔子太吝惜他的笔墨了，使用的文字实在太少，他的深刻思想隐藏得太深，后人无法了解，于是专门发掘《春秋》中间孔子的微言大义。经过公羊高这么一发掘，原来孔子是十分主张血亲复仇的，对《春秋》的许多战争和宗室内部的战乱都从复仇与否的角度进行解释，只要能和复仇沾上边，都是正义之举，甚至为了说明复仇的永恒性，将传统血亲复仇的亲疏远近的差别都可以忽略。公羊高就认为，仇恨不分新旧，新仇固然要报，旧仇也要报，就是过了一百代，也还要报。这样就把血亲复仇绝对化和极端化了。在先秦儒家学派中，公羊学派是血亲复仇的积极鼓吹者。

当然，公羊学派的主张只是各家各派的一家，在先秦的政治实践中并没有多大影响，各国变法都不约而同地加强国家力量对社会的控制，对血亲复仇的控制越来越严。但是到了西汉，情况发生了变化，这就是以《春秋》公羊学为代表的儒家学说被立为官学。因为，西汉建立之后，国家制度特别是法律制度完全继承秦朝的，对百姓统治只有强制性的硬的一手，缺乏仁义德治的教化。要实现天下大治，长治久安，除了硬的一手之外，还要有软的一手；既要让百姓被动服从，更要让百姓主动遵守和维护现存的社会秩序，并且从内心认为现存统治秩序是神圣不可侵犯的，即使在内心有什么不满，也是一种罪过。正是为了这一目的,董仲舒、公孙弘等人才提出"罢黜百家,独尊儒术",对于《春秋》公羊学派所宣扬的血亲复仇自然也在提倡之列了。人生在世,总是先有父母,后有君王,国君也不例外,总是先尽孝后尽忠;孝是忠的前提,只有行孝在前,才能尽忠于后。《孝经·感应章》说:"虽天子,必有尊也,言有父也;必有先也,言有兄也。宗庙致敬,不忘亲也。修身慎行,恐辱先也。宗庙致敬,鬼神著矣。"意思是说,天子和常人一样,也有父母兄长,也要遵守孝悌之道,平时要时时刻刻修身养性,不能因为自己的不孝、不悌给父母带来任何的不利影响,要带头遵守礼制,给天下人作出榜样,表示自己对先人的感恩和怀念。总之,天子要统治天下,必须先做好一个孝子,才能以孝治天下。

曾有人问孔子为什么不从政,孔子说:"《书》云:'孝乎惟孝,友于兄弟。'施于有政,是亦为政,奚其为为政?"(《论语·为政》)意思是说,《尚书》曾有明言,只要行孝道和悌道,就是为政的全部内容,为政的全部内容就是孝于父母、悌于兄弟;把这个孝悌之道推行于全国就是执政,除此之外,还有什么是执政的内容呢?孟子说:"人人亲其亲,长其长,而天下平。"(《孟子·梁惠王下》)孔子和孟子所说,抽象地说,是指所有人而言,若就孔子和孟子的主观指向来说,主要是指天子、诸侯、大夫而言,也就是对所有统治者的教导。《大学》继承和发展了这种思想,"所谓治国必先齐其家者,其家不可教而能教人者无之,故君子不出家,而成教于国。孝者,所以事君也;弟者,所以事长也;慈者,所以使众也"。这里也主要是针对以国君为首的统治者而言。一个人要治理天下,首先要治理好家庭,处理好家庭内部的伦常秩序,连家庭伦常都处理不好,怎能作为天下人的榜样?自己行孝是要天下人效法自己,从而忠于自己;自己带头尊敬兄长是为了使天下人能自觉地敬从尊长,下级服从上级;慈爱家人,让家人顺从自己,才能使天下人服从自己的统治,并自觉地效力于自己。《礼记》对此有详细的说明:"子曰:'立爱自亲始,教民睦也。立敬自长始,教民顺也。教以慈睦,而民贵有亲;教以敬长,而民贵用命。孝以事亲,顺以听命,错诸天下,无所不行。'"又说:"至孝近乎王,至悌近乎霸。至孝近乎王,虽天子,必有父;至悌近乎霸,虽诸侯,必有兄。先王之教,因而弗改,所以领天下国家也。"(《礼记·祭义》)爱自己的亲人,人民就会和睦相处;自己尊敬长上,人民就会顺从。用慈爱之道教育百姓,百姓就会主动地认识到有双亲的存在是多么的宝贵而珍惜之;用尊敬长上之道教化民众,百姓就会从内心感到按照长上的命令行事是多么的宝贵。对双亲行孝道,对兄长行悌道,以此治理天下,没有行不通的事情。所以说,称王者必然尽孝道,称霸者必然尽悌道。这是先王圣贤的教诲,治

国家的根本。对此,《孝经》以洗练的语言、通俗的表达,进行了理论上的高度总结,说:

> 子曰:君子之事亲孝,故忠可移于君;事兄悌,故顺可移于长;居家理,故治可移于官。(《孝经·广扬名章》)
>
> 圣人因严以教敬,因亲以教爱。圣人之教不肃而成,其政不严而治。(《孝经·圣治章》)

意思是说,只要事亲孝,老百姓自然对君王忠诚;事兄悌,老百姓就会顺从官长;能用孝悌之道治理好家庭,就能治理好官府。所以,圣人教导子女如何对父母尊敬,教导父母如何爱护子女,根本不须用严酷的法律政令,就能收到天下大治的效果。由此推演开去,自己敬顺父兄,当然不允许别人对父兄有任何的不敬,如果别人对父兄有任何的不敬行为,做儿女的自然要为维护父兄的尊严而不遗余力,当父兄被人伤害,报仇自然是应当予以肯定的正义之举。

(2)法律文本的限制与司法实践的认同

但是,在伦理上肯定血亲复仇的正义性和现实的法律实践有着明显的冲突。因为西汉的法律特别是西汉前期的法律完全是继承秦朝而来,秦律是严格禁止"私斗"的,无论出于什么原因,对人造成人身伤害,都要受到刑事处罚。董仲舒对此是十分明白的，为了解决这个矛盾，董仲舒提出了"原心定罪"的司法原则，并撰定232个案例，作为当时断案的参照，称为《春秋决狱》。从此以后，孝悌节义之道渗透到司法程序和法律条文之中，血亲复仇逐步地获得了法律的认可，起码是部分的认可和广泛的社会赞誉。

东汉初年，桓谭上书光武帝刘秀说："今人相杀伤，虽已伏法，而私结怨仇，子孙相报，后忿深前，至于灭户殄业，而俗称豪健，故虽有怯弱，犹勉而行之，此为听人自理而无复法禁者也。今宜申明旧令，若已伏官诛而私相杀伤者，虽一身逃亡，皆徙家属于边，其相伤者，加常二等，不得雇山赎罪。如此，则仇怨自解，盗贼息矣。"(《后汉书》卷二十八上《桓谭传》) 这一段话说明，东汉立国初期，复仇风气盛行，尽管当事人已经被官府判刑伏法，而被害人的子孙仍然要以复仇为快，能够复仇者被认为是"豪健"之举，是有正气、行伦常的表现，受到人们的赞扬；为了获得这种舆论的称誉，即使力量不足以复仇，也要想方设法复仇，其结果难免导致无辜人口死亡。所以桓谭建议，要"申明旧令"，"旧令"指的是西汉律令，凡是当事人已经被官府判刑的，被害人的子孙不得再报仇，如果报仇的人自己逃亡，就将其家小迁徙边地；仇人之间相互斗殴至伤者，较常人加重两个等级量刑。这说明，在西汉时期，曾有禁止复仇的法律，但并没有制止住复仇的行为；至东汉立国，复仇风气盛行于西汉。然而，桓谭的上奏，刘秀虽然看了，但并没有采纳，结局是"书奏，不省"，即没有回复，桓谭的话不了了之。也就是说，刘秀对复仇采取的是默认的态度。

刘秀为什么对复仇采取默认的态度？原因就在于刘秀自立国之初就表彰六经，提倡儒学，特别表彰那些不求名利、一心追求儒家纲常节义的人。孝道是伦常的核心，血亲复仇是行孝的表现，要表彰节义，以孝治天下，对复仇行为就不能严厉禁止，依法办事。法本乎理，理顺乎情，孝是亲情的最高体现，复仇是行孝的体现之一，要以孝治天下，怎能严厉禁止复仇呢？所以，刘秀只好采取默认的态度了。但是，桓谭的上书就法律的意义说，国家是禁止私人复仇的，亲人被伤害，应由官府制裁肇事者，惩处杀人凶手，而不能由个人报复。只有在官府不予过问的情况下，个人复仇才是合理的。

到汉章帝时，曾针对血亲复仇制定了专门的《轻侮法》。章帝建初（76~83年）年间，有人因为父亲受辱而将对方杀死。这和一般的血亲复仇又有不同，仅仅因为自己的父亲受点侮辱就将人杀死，太过残忍，按律当斩；但又因为其杀人是为了保护父亲的尊严，若严格按律问罪，与情理又有些冲突。最后官司打到了汉章帝那里，章帝裁定"贳其死刑而降宥之,自后因以为比,是时遂定其议,以为《轻侮法》"。所谓"比"就是作为法律补充的案例,审判时参照执行。自此以后,复仇行为有了有限合法性,复仇虽然不能免罪,但可以名正言顺地减轻量刑,类似案例迅速增多,有五百多个,涵盖了复仇减刑的各种情况。汉和帝时,鉴于《轻侮法》案例纷繁,执行不统一,准备重新整理,将各种案例正式统一为法律条文。时任尚书张敏提出反对意见,认为《轻侮法》本是章帝法外施恩的临时举措,作为法律的补充是正确的,既能维护"子不报仇,非子也"的"《春秋》之义",又不至于鼓励报仇,开妄杀之路。张敏进一步指出,就以现有的《轻侮法》案例而言,相互矛盾,量刑不一,应加以整顿简化。但是和帝没有接受,"议寝不省"。后来张敏再次上书,认为法律之设和圣人以仁德教化天下的目的相同,都是"禁民为非也"。而《轻侮法》起不到这一作用"必不能使不相轻侮,而更开相杀之路,执宪之吏复容其奸枉……天地之性,唯人为贵,杀人者死,三代通制。今欲趋生,反开杀路。一人不死,天下受敝……王者承天地,顺四时,法圣人,从经律。愿陛下留意下民,考寻利害,广令平议,天下幸甚"(《后汉书》卷四十四《张敏传》)。和帝接受了张敏的建议,命群臣对"轻侮"之"比"仔细研讨,删除繁苛,统一标准,既维护法律的尊严,避免"更开相杀之路",又能不背"子不报仇,非子也"的《春秋》大义,在情与法、经与律之间找到统一点。关于《轻侮法》的具体内容,和帝如何删改,限于记载,无法详细了解。但可以肯定的是,汉代血亲复仇杀人者,量刑从轻,是一般的司法原则。

汉代以后,法律上基本都将复仇列为非法行为。诸多帝王在称帝之初依然都反复申明禁止私人复仇。只有元朝在法律上规定复仇合法。元朝法律规定,父亲被人所杀,儿子杀死仇人,不但无抵罪责任,而且被杀之家要付烧埋银五十两。明清律文在元律的基础上对复仇有所限制,规定祖父母、父母被人所杀,子孙出于孝道和对仇人的激愤,当场将仇人杀死无罪;但是,若时间较久,子孙再私自杀死仇人则要负一定的法律责任,杖责六十。如果凶犯已被官府判决,则私人不准复仇。清律规定,凶犯到官抵罪,若遇大赦减免或者从服刑地逃回,被被害人的子孙杀死,复仇者是杖一百、流放三千里。若凶犯罪不至死,被判流放之后遇赦返乡,被害人子孙内心不平,执意报仇而将原凶犯杀死,则判终身监禁。

尽管法律上禁止或者限制复仇,但因为复仇是孝道的体现,复仇传统并不因为官府的禁止而有所停止,无论是平民百姓还是官僚权贵以至于帝王,也不因为法律的禁止而改变对复仇的同情和认同;相反,对于复仇者来说,因复仇更能体现自己的价值而力行不已,否则,则被认为是贪生怕死而忘仇不孝。汉代豪强地主之家，多建碉楼，家中仆隶部曲都有保护主人的义务，就是因为复仇风气盛行。王褒《僮约》规定家中仆隶"犬吠当起，惊告邻里，枨门柱户，上楼击鼓。荷盾曳矛，还落三周"。后人注释说："汉时不禁报怨，民家皆作高楼，至其上，有急，则击鼓，以告邑里令救助也。"(《太平御览》卷五百九十八）从法律上说，西汉是禁止复仇的，但在社会上复仇是普遍现象，所以地主豪强之家只好加强自我保护了。西汉末年，吕母之子为海曲县吏，被县令冤杀而死，吕母是个妇道人家，而对手是堂堂县令，动辄都有护卫随从，要报杀子之仇实在是困难。吕母乃散尽家财，购置兵器，招募同道，最后杀死县令，追随吕母的达到数万人，轰动朝野。

东汉复仇盛于西汉，地方长吏在孝道的感召之下，往往是徇孝子之情而枉王法。最为著名的是孝女赵娥为父报仇的故事。赵娥是酒泉人，嫁给庞子夏为妻，时人以夫家姓称为庞娥亲，后来父亲赵君安被同县的李寿杀害，三个弟弟幼弱，虽有为父报仇之志，但无为父报仇之力。不久，赵娥的三个弟弟全部死于瘟疫，李寿举族庆贺，认为赵家只有赵娥一个弱女子，已经嫁人，对自己不能构成威胁，从此以后可以高枕无忧了。赵娥听到这个消息之后，发誓说："李寿，不要高兴得过早，不要认为赵家没有男丁就可以逍遥了，弟弟死了，还有我赵娥在，即使是天涯海角，也要取你首级。"于是她放弃家中事务，购买名刀，专心复仇。李寿为人素来凶悍，宗族强大，党羽众多，平时横行乡里，无人敢惹，听到赵娥发誓报仇的消息也加强戒备，平时出行，骑马带刀，又有家人随从，时时防范。邻居徐氏见赵娥和李寿强弱悬殊，害怕赵娥报仇不成反被李寿所害，导致赵家彻底地灭门绝户，劝赵娥放弃报仇，或者寻找其他的报仇方式，不一定非要亲自动手。赵娥回答说："父母之仇，不同天地共日月者也。李寿不死，娥亲视息世间，活复何求！今虽三弟早死，门户泯绝，而娥亲犹在，岂可假手于人哉！若以卿心况我，则李寿不可得杀。论我之心，寿必为我所杀明矣。"拒绝家人和邻居的劝阻，食不知味，寝不暖席，每夜磨刀，扼腕切齿，悲泣长叹。她的家人和邻居都笑她自不量力。赵娥公开宣称：你们笑我，无非认为我是一个弱女子，不可能杀掉李寿，我偏要用李寿的血把这刀染红给你们看。于是弃家别子，自己架着鹿车，寻找一切复仇机会。汉灵帝光和二年（179年）十月上旬的一天，赵娥和李寿不期而遇于都亭之前。亭是汉代地方治安管理机构，和乡平级，都亭指乡政府和县政府所在地的亭，地位高于一般的亭，是基层治安官吏比较集中的地方，一般说来，在这样一个地方是不可能发生伤害事件的，因为一旦发生，亭卒和亭吏不可能坐视不顾，很难实现当事人的目的。但是，对赵娥来说，为父报仇是不分时间和地点的。赵娥见到李寿,一声大喝,从车上一跃而下,抓住李寿马缰绳,挥刀便砍。李寿被赵娥的气势所震慑,惊慌失措,拨马而走,赵娥毕竟是个女子,体力有限,虽然抢先出手,但只是将李寿击伤而没有击中要害,在进行第二次攻击时,李寿已经挣脱,只是把李寿的坐骑刺死。李寿惊魂稍定,即拔出配刀反攻赵娥。在激烈的搏斗中,赵娥的配刀因击中树干被折断。但赵娥早将生死置之度外,奋不顾身,终于将李寿打倒在地,而后夺过李寿佩刀,割下李寿首级,整理好随身物品,泰然自若地来到都亭投案自首。按国法,杀人抵罪,律条明确;按伦理,为父报仇,子女本分,天经地义。依法而论,县官应将赵娥正法,但要受到舆论谴责,和以孝治国的方针不合;若不予追究则为法律所不许。最后,县令舍法徇情,脱下官服,交出官印,将赵娥放走。但是,赵娥拒绝了县令的好意,说:"报仇杀人,以身偿命,是我的本分。依法办事,是县令的职责。我怎能为了自己活命而置法律于不顾?"县里百姓听说赵娥的事迹,倾城而出,将都亭围得水泄不通,人人都为赵娥的孝、义之举所感动,有的大声欢呼,为赵娥的孝行叫好;有的泪流不已。为赵娥的壮举所感叹。县令将案件上报到郡,郡守和郡尉不便公开宣布赵娥无罪,就反复地做工作,让赵娥逃走,后来强行把赵娥送回家。赵娥还是不同意,说:"各位好意,我是明白的。但是,逃亡求生,不是我的本意。既然将仇人杀死，我就应该依法抵罪，以保证国法的尊严，我怎能自己逃走，让你们背一个徇情枉法的恶名？我虽然是一个弱女子，但我明白我的行为是法律所禁止的，我应当受到法律的制裁，逃亡求生是国家大义不能允许的。我没有别的请求，只求将我斩首示众，申明国法。"事情传开之后，地方大小官员、朝中公卿大臣不断上书"称其烈义，刊石立碑，显其门闾"。"海内闻之者，莫不改容赞善，高大其义"。有人专门为赵娥作传，认为赵娥遵行圣人之道，远远胜出男子，评价说："父母之仇，不与共天地。盖男子之所为也。而娥亲以女弱之微，念父辱之酷痛，感仇党之凶言，奋剑仇颈，人马俱摧，塞亡父之怨魂，雪三弟之永恨，近古以来，未之有也。《诗》云'修我戈矛，与子同仇'，娥亲之谓也。"（《三国志》卷十八《魏书·庞淯传》注引《列女传》；《后汉书》卷八十四《列女传》）

"修我戈矛，与子同仇"是《诗经》中对共同复仇行为的记述。在西周时代，血亲复仇是宗族全体成员的头等大事，一人之仇就是全族之仇，同仇敌忾，一致对外，所以说"修我戈矛，与子同仇"，即时刻准备武器，和你同仇敌忾。《诗经》是经过孔子编纂后流传下来的，是儒家学派的主要经典，在儒家传人以及后世知识分子心目中，《诗经》表达的是孔子的思想，《诗经》所赞美的就是孔子所赞美的，《诗经》所批评和讽刺的就是孔子所反对的。当时人用《诗经》

的这两句话赞美赵娥的复仇行为,可见当时社会价值观念对复仇行为的认可和推崇。而存在决定着意识,只有复仇行为普遍存在的情况下才会有如此高的评价,以至于众多官员徇情枉法,最后汉灵帝也只好下诏赦免赵娥的法律责任。

孝道植根于血亲关系,为父母报仇自是行孝的体现。但是孝道一经作为纲常伦理核心,则报仇的范围就不受血缘关系的局限了。汉代人们在赞扬为父母报仇的同时,也同样赞扬为朋友报仇,而且因为朋友之间没有血缘关系,其复仇行为不是基于血缘关系的义务而是出于朋友之"义",更加受到人们的称颂。著名的如郅郓为朋友报仇的故事,就得到官吏的支持。郅郓幼读儒书,在东汉建立过程中曾立有战功,后来辞去军职,回乡任县吏。他的朋友董子张的父亲被同乡害死,后来董子张生病,郅郓前去探视,董子张已经不能说话,只是看着郅郓流泪。郅郓说:"我知道你为什么伤心,你不是因为自己短命而悲伤,而是为父仇未报而不甘。放心吧,以往你健在,父仇应由你来报,不能假手他人,所以我虽然考虑为你报杀父之仇,但不便上前。你不在了,我无须考虑别的,一定替你手刃仇人。"听了这番话,董子张还是不肯闭上眼睛,而是一直看着郅郓。郅郓立即派人将董子张的仇人杀死,取其首级于董子张前,董子张才闭上双目。见朋友气绝,郅郓乃到县庭自首，说明缘由。县令故意迟迟不出来，希望郅郓自己离开。郅郓说："我为县吏，为朋友报仇是个人私事。公平执法是县令的职责。为了活命使县令有辱为官之义，不是臣子应该做的。"而后自己到监狱里服刑。县令见状，急忙追赶，连鞋都没来得及穿，希望把郅郓追回来，但没有追到。县令只好到监狱，手持利刃，横在自己的脖子上，对郅郓说"你不随我出狱，我就死在这里以表明我的真心"。万般无奈，郅郓才离开监狱。郅郓离开监狱之后不仅没有受到任何法律制裁，相反名声更加响亮。（《后汉书》卷二十九《郅郓传》）原因就在于为父母兄弟报仇是出于血缘本分，为朋友报仇而不顾自己生死，方显"义"字的力量。作为郅郓来说，知道杀人犯法，所以要自动投案以使"义""法"两全；而在县令和当时舆论看来，则义在法上，才不顾职责所在，以死相胁，迫使郅郓出狱。尤其值得注意的是，县令的行为也没有受到上级官吏的责罚。可见复仇思想之深入人心。为什么？就在于为朋友复仇是血亲复仇的延伸，都是孝道的体现，为了弘扬孝道，也只好牺牲一些法律的尊严了。

汉代以后，除了元朝以外，尽管历朝历代法律都没有直接规定复仇的合法性，但在司法实践和社会价值观念中，上至帝王将相，下至贩夫走卒，对血亲复仇在道义上都持肯定和默许的态度，甚至是予以鼓励，在司法实践上则法外开恩,以旌孝子之情。南齐钱塘人朱谦之年幼时,母亲去世,临时埋在自家土地边上,被同族的朱幼方放火烧毁。朱谦之从他的两个姐姐那里得到消息之后,就暗下决心,要为母亲报焚墓之仇,长大之后,手刃朱幼方,终于完成夙愿,而后投案领罪。县令认为朱谦之的行为是孝义之举,请示处理意见。朝中大臣、地方长吏纷纷上书,请求赦免朱谦之:"礼开报仇之典,以申孝义之情;法断相杀之条,以表权时之制。谦之挥刃斩冤,既申私礼;系颈就死,又明公法。今仍杀之,则成当世罪人。宥而活之,则为盛朝孝子。杀一罪人,未足宏宪;活一孝子,实广风德。"群臣的意思是,礼和法各有各的功能,按照礼的含义,复仇是行孝的正义之举;按照法律规定,私自杀人是违法行为,必须禁止,才能保证社会秩序。这二者本身存在着难以调和的矛盾性。而朱谦之复仇杀人之后,主动投案,申请伏法,既明私义又明公法,这应当表扬。如果按律将朱谦之处斩,等于宣布他的孝行违法,是当世罪人。予以赦免,由官方出面予以调解,则成全了朱谦之的拳拳孝心,表明朝廷教民有方。杀了一个罪人,并不表明执法严明、不一定能使吏民守法;赦免了一个孝子,则能够给百姓作出行孝的榜样,使人人行孝。齐武帝接受群臣建议,赦免朱谦之;又担心朱幼方儿子兄弟报仇,导致仇杀不断,按照古代迁移避仇之义,命人陪同朱谦之迁到别处。就在准备出发时,朱幼方之子朱郓将朱谦之杀死在津阳门内，朱谦之的哥哥朱选之又杀死朱郓。大臣请示处理意见，齐武帝回答说"此皆是义事，不可问"(《南齐书》卷五十五《孝义传》)。按照礼制，仇人迁走以后，复仇就属于逾礼；皇帝已经赦免朱谦之并将其迁走，朱郓就不能再私自报仇。如果说朱郓为父报仇而杀朱谦之还情有可原的话，那么，朱选之再刺杀朱郓显然有些过分了。但武帝以"此皆是义事，不可问"作答，显然认为礼高于法。这是当时特殊时代的价值观念，具有普遍性，而非某一部分人的看法。

北魏有妇女孙男玉，丈夫被人杀死。孙男玉为夫报仇，四处追寻仇人下落。她的弟弟劝她说报仇不一定非要亲自动手，她回答说："女人出适，以夫为天，当亲自复雪，云何假人之手！"最后将仇人杖杀，有关官吏按照杀人偿命的规定判孙男玉死刑，上报朝廷，最后御批说："男玉重节轻身，以义犯法，缘情定罪，理在可原，其特恕之。"(《魏书》卷九十二《列女传》)杜叔毗的哥哥杜君锡和刘晓、曹策同在南梁萧循帐下为将，杜君锡后来以谋反的罪名被刘晓、曹策诬陷而死，萧循杀刘晓而免曹策。后来萧循、曹策一起投降北周。杜叔毗要求追究曹策诬陷罪为杜君锡伸冤。大约是为了拉拢人心，朝廷讨论的结果是曹策诬陷杜君锡的事发生在归附北周之前，因而不予追究。杜叔毗见通过官方为兄报仇行不通，私自报仇又怕违背法令会连累年迈的母亲而进退维谷。母亲知道杜叔毗心事,说:"汝兄横罹祸酷,痛切骨髓。若曹策朝死,吾以夕殁,亦所甘心,汝何疑焉。"杜叔毗放下心事,全心全意复仇,最终于光天化日之下将曹策杀死在京城,割下头颅,挖开胸膛,砍断四肢,才解心头之恨,最后把自己绑起来,到朝堂请罪。周武帝很欣赏他的志气,赦免其罪。(《周书》卷四十六《孝义传》)隋朝王子春被从兄王长沂夫妇杀死,留下三女,七岁的王舜、五岁的王灿和两岁的王蹯。姐妹三人,孤苦伶仃,寄居亲戚家里,相依为命。长大之后,亲戚想把王舜嫁人,王舜不同意。王舜对两个妹妹说:"我们没有兄弟,致使杀父之仇至今未报。我们虽然是女子,但若不报父仇,我们活在世上有什么意义?所以我现在想和你们一起报仇,你们意见如何?"两个妹妹自然答应。当天夜里,姐妹三人翻墙进入王长沂家里,趁王长沂夫妇不备,将他们杀死,割下首级,到父亲坟上祭奠之后,投案自首。当时司法原则是,主谋从重,从犯论轻,结果姐妹三人争为主谋,县令无法判断,最后,隋文帝下诏,免去三人罪行。(《隋书》卷八十《列女传》)唐朝初年,有女贾氏,父亲被人害死。贾氏的弟弟强仁年幼,贾氏含辛茹苦,孤身持家,拒不嫁人,把强仁养大。强仁杀死仇家,取出仇人的心肝祭祀父亲亡灵。事后,贾氏命强仁自首,被判死刑。贾氏来到长安,向朝廷申明案情,请求代替强仁受刑。唐高祖李渊一方面为贾氏的意志和孝心所感动,一方面鉴于报杀父之仇的合理性,免去二人罪责。唐宪宗时,有一个叫作梁悦的人为父亲复仇之后,到官府投案请罪。唐宪宗说:"复仇杀人,固有彝典。以其申冤请罪,视死如归,自诣公门,发于天性。志在徇节,本无求生之心,宁失不经,特从减死之法。"判梁悦杖责一百,流放外地,免其死罪。(《旧唐书》卷五十《刑法志》)

通观中国历史,无论是正史记载,还是私家见闻,在汗牛充栋的文献中,赞扬、推崇血亲复仇的人和事,可谓数不胜数,无法一一列举。尽管在法律上,除了父母杀死儿女之外,其余凡是杀人者都是死罪,复仇致人死命者也是如此;但在事实上,无论是社会舆论,还是执法官吏,或者是皇帝,对复仇杀人总是网开一面,甚至是予以表彰。尽管也有将复仇者按律定罪的事例,但那仅仅是少数。其原因就在于血亲复仇是孝的行为,而孝是忠的基础,孝于父母才能忠于君王。禁止复仇、严惩复仇者,和以孝劝忠的目的是违背的。然而,就法律规定的条文而言,始终没有明确规定血亲复仇一律免责,只是在实际执行过程中予以宽贷而已。这一方面是因为国家权力发展本身决定了将生杀大权收归国家,个人没有剥夺他人生命的权力;另一方面也是帝王统治术的需要,便于统治人民,既可以使人民遵守法律,又能激励百姓力行孝道，对皇帝感恩戴德，忠心耿耿。

（3）义法并立的理论探讨

在古人心目中，"复仇固人之至情，以立臣子之大义也。仇而不复则人道灭绝，天理沦亡，故曰父之仇不与共戴天，君之仇视父"（《文献通考》卷一百六十六，《刑考》五"刑制"）。但杀人抵罪又是法律明文，最好的办法是在情与法之间找到一个平衡点，既保全孝子之志，又维护法律的尊严。这个过程从东汉时代就开始了，东汉人荀悦对此曾有过探讨。荀悦云：

> 或问复仇古义也，曰纵复仇可乎？曰不可。曰然则如之何？曰有纵有禁，有生有杀，制之以义，断之以法，是谓义法并立。曰何谓也？依古复仇之科，使父仇避诸异州千里，兄弟之仇避诸异郡五百里，从父、从兄弟之仇避诸异县百里。弗避而报者无罪，避而报之杀。（《申鉴·时事》）

复仇是圣贤留下来的人伦大义，能否据此认为为父复仇不受限制？答案是否定的。那怎么办？荀悦的回答是"有纵有禁，有生有杀，制之以义，断之以法，是谓义法并立"。即根据情况，有的允许，有的禁止，有的无罪，有的则要处死，既要看复仇行为是否符合大义，还要看是否符合法律规定，从而做到义法平衡，既不以义坏法，也不因法伤情。具体办法就是采用古人曾经提出来的迁移避仇，父母之仇避于一千里之外，兄弟之仇避于五百里之外，从父、从兄弟之仇避于一百里之外。把这些明确地写入法律条文。追到迁移地复仇杀人者，按律问罪。不按规定迁移避仇而被复仇杀死者，则复仇者无罪。当然，议论归议论，在司法实践上如何将二者相结合并不那么容易，后代学者一直在探讨这个问题。唐代的韩愈对此曾有过专门讨论，云：

> 子复父仇，见于《春秋》，见于《礼记》，又见于《周官》，又见于诸子史，不可胜数，未有非而罪之者也。最宜详于律，而律无其条，非阙文也。盖以为不许复仇，则伤孝子之心，而乖先王之训；许复仇，则依法专杀，无以禁止其端矣。夫律虽本于圣人，然执而行之者，有司也。经之所明者，制有司也。丁宁其义于经，而深没其文于律者，其意将使法吏一断于法，而经术之士，得引经而议也。《周官》曰："凡杀人而义者，令勿仇，仇之则死。"义，宜也，明杀人而不得其宜者，子得复仇也。此百姓之相仇者也。《公羊传》曰："父不受诛，子复仇可也。"不受诛者，罪不当诛也。又《周官》曰："凡报仇雠者，书于士，杀之无罪。"言将复仇，必先言于官，则无罪也。……臣愚以为复仇之名

虽同，而其事各异……杀之与赦，不可一例。宜定其制曰："凡有复父仇者，事发，具其事由，下尚书省集议奏闻。酌其宜而处之。"则经律无失其指矣。(《旧唐书》卷五十《刑法志》)

唐朝复仇盛行，罪与非罪，没有什么标准。同一件事，有的官吏定为有罪，有的官吏则加以表彰，朝中大臣也常常为此而发生争执。为了寻找一个解决的办法，朝廷命群臣就经义和法律的关系、复仇的罪与非罪问题进行讨论。这就是韩愈奏折中的一段话，中心思想是论述复仇的合理性以及在司法实践过程中出现矛盾时的解决办法。韩愈认为，在儒家经典中，都肯定复仇的正义性与合理性，复仇合理是圣王的遗训，是人之所以为人的体现，自然不能否定。从理论上说，国家立法，若禁止复仇或者复仇无罪，都应该有明确规定诏告天下，使百姓有所规避。但是，法律上恰恰没有这些明文。这不是法律的疏忽，而是有着不得已的原因。如果明确规定禁止复仇，则伤害了天下孝子之心，违背了先王圣哲的教训；如果允许复仇，百姓就会以法律为依据放手杀人，官府就无法控制。订立法律当然要根据圣人的教训，但执行法律的则是专门的官吏，经义所说的伦理就是供这些专门的执法官吏在运用法律、裁量责任时参考的。也就是说，官吏在裁量责任时一方面要依据法律条文，另一方面更要依据经义。当法条和经义相违背时，则要由经术之士按照经义讨论而后定。制定法律条文时，之所以要深入领会经义，又不在法条中明确规定，将经义的意旨隐埋于法条之后，就是要使执法之吏严格执法，而经术之士又可以按照经义的要求对法条作出新的解释和运用。《周官》说："凡杀人而义者，令勿仇，仇之则死。""义"就是宜，就是应当的意思；被杀的人该死，就不允许复仇；若复仇就是错误的，就应该抵命。《公羊传》说的"父不受诛，子复仇可也"，"不受诛"就是罪不至死，不该死罪而被判了死刑，其子复仇当然无罪。《周官》说"凡报仇雠者，书于士，杀之无罪"，意思为凡是要报仇的人，先到官府登记，登记之后再报仇就是合法的，没登记的就是非法的，就有罪。但是究竟什么样的复仇行为才是"义"与"不义"？什么样的行为是"受诛"（应该处死）与"不受诛"？这在执行过程中不是那么容易辨别的。社会复杂，事情多样，复仇是否有罪，是杀还是赦，不能一刀切、用同一个标准，而应具体问题，具体讨论。现在应该定一个这样的制度：即凡是发生为父报仇的事情，一律写明事件的来龙去脉，个中缘由，由尚书省召集有关人等集体讨论，然后再上奏皇帝陛下裁决。这样，就能兼顾法律和经义的各个方面了，不会发生伦常和法律相抵触的事情。

韩愈的这一段话,是古人对伦常和法律的关系的最典型的说明。从伦常的层面看,杀父之仇不共戴天,杀兄之仇不反兵,必须以手刃仇人为快。父母兄长之仇不报,在道德上是最严重的堕落,是最大的不孝。而国家按照圣人之意制定法律,所以"子复父仇""最宜详于律",如果不予明确的规定,则有违孝道,伤害孝子之心。而从国家和君王的权力层面看,专杀之权只能由君王和国家有司掌握,任何人都不能有随便杀人的权力。不这样做,不仅君权和政权的权威受到蔑视和亵渎,而且将直接导致社会秩序的紊乱,所以法律不能规定复仇无罪。为了解决以伦常为基础的血亲复仇和权力为基础的杀人偿命的法律之间的冲突,使法律与"经义"相统一,采用依法审判、按经义减免、"酌其宜而处之"的方法,既不伤孝子之情、鼓励百姓孝行,又不失法律的严肃性,同时又能使百姓感到皇恩浩荡而感激涕零,对君王更加忠诚,达到以孝劝忠的目的。

六 《孝经》与传统君臣关系

孝的本意是善事父母，体现的是子女对父母的爱与敬，是子女对父母的亲情。若循名责实地从《孝经》的名称上看，其内容应该是专门论述事亲之道的著作。但《孝经》作者的本意是以孝说忠，事亲是为了事君，所以有《事君》专章，指明事君的标准是"进思尽忠，退思补过，将顺其美，匡救其恶"，也就是全心全意忠于国君。这成为两千余年以来君臣关系的基点，对传统政治的影响广泛而深远。

1. 君父一体，事君如事父，事君重于事父

前已指出，忠的本意是全心全意地为他人做事，或尽心尽力地完成职守，其对象包括为朋友、为亲戚、为上司、为国君，等等，并不限于某一个人或者某一类人，更不限

于国君。《说文解字》云:"忠,敬也,尽心曰忠。"(《说文解字》段玉裁注据《孝经》补"尽心曰忠"四字)从文字的层面说,忠是自我修养的规范之一,即诚心诚意对待他人、尽心尽力对待工作;就待人而言,对朋友如此,对国君也是如此。孔子就是在这一层面上使用忠的。如《论语·学而》云:"吾一日三省吾身:为人谋而不忠乎?与朋友交而不信乎?传不习乎?"每天都要再三反省自己,看替人办事是否全心全意、尽心尽力,与朋友交往是否有失信的地方,老师教过的东西是否复习。对待国君,当然也是如此。但是,孔子所主张的全心全意对待国君,不是要求唯国君之命是从,而是以道事君。在孔子看来,君有君道,臣有臣道,君使臣以礼,臣事君以忠。礼是仁的外在体现,仁是礼的内在本质。仁的本质内涵就是德政,以德治国,以德化民。只有君主以德治国、以礼使臣,臣才会全心全意对君主尽忠。否则,臣下完全可以按照"道"的要求去做,从道不从君。在孔子眼里,道高于君。先秦的许多思想家都有着和孔子相同或者相似的主张。因此说来,忠和孝,无论是内涵和外延,都有着很大的不同。但是,由于中国古代的国家以宗族为基础,家长和君主一身二任,诸侯国国君就是诸侯国的家长,周天子就是天下的大家长,所以孝和忠在政治上又有着相通之处。在家行孝,在国就会忠,所以《论语·学而》云:"其为人也孝弟,而好犯上者，鲜矣；不好犯上，而好作乱者，未之有也。"在家中对父母孝、对兄长恭顺、对弟弟友爱，在官府自然就不会冒犯长上，不冒犯长上自然不会作乱。当然，孔子这是就一般意义而言的，若长上不道，就不存在一味地服从了。也正是因为孝与忠有着内在的相通性，使移孝作忠成为可能。《孝经》就是移孝作忠的集大成者。

在古代中国，忠臣总是和孝子连称的，求忠臣必于孝子之门。这是源于先秦宗法社会的宗统和君统合一的社会结构，家国一体，君父自然也就一体，所以在逻辑上，孝是包含着忠的含义在内的。但是对孝与忠的关系作出系统理论探讨的则是春秋战国时期。春秋战国的知识分子，思想学说尽管不同，形成百家争鸣的局面，但各家各派对孝都持肯定态度，都注意到了孝与忠的关系问题，其中以儒家论述得最为深刻。概括说来，先秦诸子对孝道的论述，其内容可以分为四个方面，即养、敬、谏、顺。孝的最高准则就是敬顺，对父亲的绝对服从。到了战国以后，国家已经突破了血缘关系，新型的君主专制国家建立起来了。孝偏重于规范家庭内部关系，忠则偏重于规范政治关系。但是，传统的家国一体、君父一体的观念不仅继续影响着人们的行为，而且有着新的发展：一方面继续论证孝的内涵和外延；另一方面将忠和孝紧密地结合在一起，以孝论忠，移孝为忠。《孝经》则以有限的文字集合了先秦儒家忠孝理论的大成。

百善孝为先，是先秦儒家的共识。从生物学的角度看，人来到世间，首先生活于家庭中，靠父母的抚育成人，对父母的感恩和回报，是其他一切人伦的基础。这是没有什么分歧的。但先秦诸子在谈孝道时从来都不是孤立地就孝论孝，而是把孝和国家政治连在一起的。不同的是，儒家主张顺乎"人情"、利用"人情"治理国家。要顺乎"人情"自然就有如何看待孝和如何利用孝的问题。所谓的仁政就是以此为基础的。

在前文已经说到，孔子主张仁政，仁论是其政治、伦理学说的基础，而在孔子的理论体系中，孝则居于本原地位。《论语·学而》云："其为人也孝弟，而好犯上者，鲜矣；不好犯上，而好作乱者，未之有也。君子务本，本立而道生。孝弟也者，其为仁之本与！"意思是说，为人孝顺父母，敬爱兄长，就不会去触犯上级；不触犯上级的人，就不会犯上作乱。君子应致力于根本，根本树立了，治国做人的原则就会形成，而孝弟就是"仁"的根本。在孔子这里，作为其"仁论"本原的"孝悌"之道，是为事君服务的，其"孝弟也者，其为仁之本与"是就"其为人也孝弟，而好犯上者，鲜矣；不好犯上，而好作乱者，未之有也"立论的。孔子多次、反复谈到这个问题，《论语·子罕》云："出则事公卿，入则事父兄。"事公卿是国事，是尽忠；事父兄是家事，是尽孝。《阳货》云："迩之事父，远之事君。"即事父和事君相同。《为政》云："《书》云：'孝乎惟孝，友于兄弟，施于有政。'是亦为政……"意思是说，只要对父母孝、对兄弟悌，以孝悌之心办理国家政事，就是为政了。孔子类似的话还有很多，这里就不再多举了。在先秦大儒那里，古代的圣贤明君，都是以孝赢得天下万民的拥戴的，也都是以孝治理天下的。

明确表述孝道是人伦轴心、道德本原的则是《孝经》。《孝经·开宗明义章》云："夫孝，德之本也，教之所由生也。"唐玄宗注释说："人之行莫大于孝，故为德本。"《三才章》云："夫孝，天之经也，地之义也，民之行也。"唐玄宗注释说："孝为百行之首，人之常德，若三辰运天而有常，五土分地而为义也。"《孝经·圣治章》云："天地之性人为贵。人之行莫大于孝。""圣人之德又何以加于孝乎？"唐玄宗注释说："孝者，德之至，道之要也。"经过《孝经》的提炼，历代帝王、士大夫的宣传教化，"百善孝为先"已完全演化为全民族式的道德共识和行为规范了。"百善孝为先，原心不原迹，原迹家贫无孝子；万恶淫为首，论迹不论心，论心世上少完人。"这是一副流传千百年的对联，通俗而富有哲理性地反映了孝在传统伦理体系中的核心和基础地位。在所有的道德伦理中，善是第一位的，行孝如何，看的是是否尽心，而不是比较物质上做得如何，因为不同家庭、不同出身,彼此之间是没有可比性的,可比的是人心;物质上如何,只是"养"而已,除了"养"之外,还有一个"敬"字,即是否敬心敬意、全心全意地尊敬父母、不违父母;做到了"养"和"敬"还不够,还有一个"乐"字,即是否把赡养、尊敬父母看作是人生的最大快乐和幸福。只有把这三者统一起来,才算是真正的尽孝,而前者的"养"是决定于客观上财富的多寡,不是孝子主观所能决定的,所以不能相互比较。对于达官显贵之家,家财万贯,奴仆成群,虽然每天给父母吃的都是山珍海味,喝的是琼浆玉液,但都由仆人侍奉,儿子自己根本不到父母身边伺候,只顾自己花天酒地,什么冬温夏凉、昏定晨省,只是说说而已,父母虽有丰盛的物质保证,却得不到儿孙之乐,这不是什么孝。贫穷之家,恭敬父母,全心全意,虽然粗茶淡饭,同样是大孝。所以,要比较,就比较后者即对父母是否"敬"与"乐",比较"养""敬""乐"三者的统一,这就是"原心不原迹"的含义。

然而,《孝经》的百善孝为先的目的并不仅仅是为了教育万民孝敬父母,而是通过对孝道的论述实现忠君的目的,即通过孝道的阐述,要天下臣民全心全意地侍奉国君,在心理上、行为上真正地做到君父一体,事君如事父、事父如事君。

前已指出,《孝经》的主旨是以孝说忠,目的是游说君主以孝治天下，反复强调的就是孝治的功能，以孝治天下非其他治国方法可比。《开宗明义章》已经点明了这一主题："子曰：先王有至德要道，以顺天下，民用和睦，上下无怨。"这"至德要道"就是孝道，其目的是"顺天下"，使万民和睦，上下无怨。"夫孝，始于事亲，中于事君，终于立身。""事亲"只是孝的初级要求，"事君"才是核心，因为"事君"是"立身"的前提，不能"事君"就谈不上"立身"。把"事亲"之行移之于"事君"，臣子像对待父亲那样对待君主，人君自然可以像父亲对待儿子那样对待臣下，从而真正地做到"君父一体""家国一体"。所以提倡孝道的目的并不仅仅在于和睦家庭，而是为了治国的需要，事亲是为了事君，教化民众如何事亲只是手段，如何事君才是目的。对此，我们只要看看《孝经》五等之孝的论述就明白了。

《孝经》五等之孝的内容，在第一章中已有分析，其目的就是以孝说忠。为了结构的完整和行文的需要，现再予简单说明。五等之孝中，天子之孝是"爱敬尽于事亲，而德教加于百姓，刑（型）于四海"。天子能够敬爱自己的父母，天下万民自然起而效法，人人都能敬爱自己的父母，自然就会敬爱长上，从而收到以德治国的效果。"爱敬尽于事亲"的目的是使天下万民效法自己，使"德教加于百姓"。这和孝道的一般意义有所关联，但诸侯之孝的内容则和孝道没有任何关系，起码在字面上是如此。《诸侯章》云："在上不骄，高而不危；制节谨度，满而不溢。高而不危，所以长守贵也；满而不溢，所以长守富也。富贵不离其身，然后能保其社稷，而和其民人。"通篇没有一个养亲、敬亲、爱亲的字样，而是反复说明如何保住自己的爵位：做到不骄傲、不奢侈、守礼法，就不会因为爵位过高、权力过大而倾覆，能够长期保持尊贵的地位和财富；有了财富和尊贵，才能保住自己的国家，使百姓和睦。当然，在《孝经》作者的心目中，保住爵禄，"扬名于后世，以显父母"，才是真正的大孝。

卿大夫之孝和诸侯一样，也是如何保住自己的地位和财富。《卿大夫章》云："非先王之法服不敢服，非先王之法言不敢道，非先王之德行不敢行。是故非法不言，非道不行；口无择言，身无择行。言满天下无口过，行满天下无怨恶。三者备矣，然后能守其宗庙。盖卿大夫之孝也。"本来，"三年无改于父之道"，不违背父母意志，是孔子主张的孝行的主要内容。但不改变也好，不违背也好，都还是父母意志和行为。而《孝经》所说的则全是"先王"的"法服""法言"了，完全没有了父母的踪影。

对于士的行孝要求比较明确，就是要以孝事父母的态度忠顺长上，保全禄位，《士章》云："资于事父以事母，而爱同；资于事父以事君，而敬同。故母取其爱，而君取其敬,兼之者父也。故以孝事君则忠,以敬事长则顺。忠顺不失,以事其上,然后能保其禄位,而守其祭祀。盖士之孝也。"在这里,总算给父母留出了一席之地,但是,这里的"事父""事母"仅仅是"事君"的需要,对父母的爱和敬仅仅是为了对君长的忠和顺。

庶人无禄位可保、无财富可守,他们终日面朝黄土背朝天地土里刨食,只有他们的孝才是真正意义上的赡养侍奉父母。《庶人章》云:"用天之道,分地之利,谨身节用,以养父母。此庶人之孝也。"这"用天之道"有两层含义:一是服从天命,安居穷困,遵守现实的一切法律秩序,服从官府的统治;二是指按照春、夏、秋、冬的节气变化安排农事。"分地之利"即辨别土地质量、种植庄稼,因地制宜,得到最好的收成。"谨身节用"即日常行为谨慎小心,避免触犯王禁,遭到刑辱;同时勤俭持家,保证粮食衣物,以正常地侍奉父母。

诸侯、卿大夫、士都是西周时代的贵族,也是国君的官僚,他们依靠其出身世袭爵位,世世代代食君之禄,世世代代执掌着国家的各级权力,所以在这里又是各级官僚、统治阶级的代称。他们行孝的体现就是小心翼翼地保住爵位和俸禄。只有如此,才能够"扬名于后世,以显父母"。要"扬名于后世,以显父母",就必须保住自己的爵位和俸禄。按照君臣之道规范自己的一言一行,关键在于一个

"顺"字,"在上不骄,高而不危;制节谨度,满而不溢。高而不危,所以长守贵也;满而不溢,所以长守富也。富贵不离其身,然后能保其社稷,而和其民人"。所谓"非先王之法服不敢服,非先王之法言不敢道,非先王之德行不敢行。是故非法不言,非道不行;口无择言,身无择行。言满天下无口过,行满天下无怨恶。三者备矣,然后能守其宗庙。盖卿大夫之孝也"等等,本质上都是要求各级臣僚敬顺长上和君王。至于庶人则没有任何的权利,对现实的一切政治、伦理等等,连思考的必要都没有,全心全意种地、纳税就行了,说的是"用天之道,分地之利,谨身节用,以养父母",实际上这"谨身节用"的目的首先是满足君王和官僚的需要,然后才是"以养父母"。在这里通过具体的行为规定,表明了孝与忠的关系。《大戴礼记·曾子立孝》一方面说"君子立孝,其忠之用",另一方面又说"忠者,其孝之本",直接说明了孝为忠之本,忠为孝之本,忠孝互为宗本的关系。而孝为忠之本、忠为孝之本体现在行为方式,在本质上则是一个"顺"字。《礼记·祭统》说:"备者,百顺之名也。无所不顺者之谓备。言内尽于己,而外顺于道也。忠臣以事其君,孝子以事其亲,其本一也。上则顺于鬼神,外则顺于君长,内则以孝于亲,如此之谓备。"忠与孝在行为上的本质特征在这里说得最直白不过了,《孝经》则是按照不同等级身份的人予以具体论说而已。

忠孝一体，并不等于二者是相等的，而是有主次之分，这就是体与用的问题。《孝经》的创作，目的是以孝说忠，孝是手段，忠是目的，孝是忠的起点，忠是孝的完成。《广扬名章》云："君子之事亲孝，故忠可移于君；事兄悌，故顺可移于长；居家理，故治可移于官。"反之，以孝教导民众的目的就是为了使臣民忠于国君、敬顺长上。《圣治章》云："父子之道，天性也，君臣之义也。父母生之，续莫大焉。君亲临之，厚莫重焉。"父子之间的父慈子孝式的亲情关系是先天生成的，体现了人类天生的本性，同时也体现了君臣关系的义理。父母生下儿子，使儿子能够上继祖宗、下续子孙，这是父母对儿子的最大厚恩。父亲对于儿子，具有国君和父亲的双重身份，既有为父的亲情，又有为君的尊严；既有天生之恩，又有君臣之义，在人伦关系中，厚重莫过于此了。"君亲临之"的"君"指的是国君、"亲"指的是父亲。这后面的"父母生之，续莫大焉。君亲临之，厚莫重焉"，是对前面的"父子之道，天性也，君臣之义也"的解释。既然是君父一体，臣民当然就要像对待父亲那样对待君王了，《士章》云："资于事父以事母，而爱同；资于事父以事君，而敬同。故母取其爱，而君取其敬，兼之者父也。故以孝事君则忠，以敬事长则顺。"在家庭里面，父亲也具有君长的身份，儿子对父亲是既爱又敬。在国家而言，对于臣民来说，应以事父之心来事君。只有事亲和事君合一，通过事亲完成事君，才是忠孝两全，立身成人，因为只有忠君而获得赏赐，才能够光宗耀祖。所谓"始于事亲，中于事君，终于立身"，说的就是孝以事亲开始，通过事君获赏而扬名天下、光宗耀祖的全过程。

对于忠的含义，董仲舒曾从字形结构上论证事君不二，说："古之人物而书文，心止于一中者，谓之忠；持二中者，谓之患。患，人之中不一者也。"（《春秋繁露·天道无二》）董仲舒对忠的解释是否符合文字学的方法和理论，我们姑且不论，但他的"心止于一中者，谓之忠"是汉代儒家对忠字的形象解释。《孝经·事君章》云："君子之事上也，进思尽忠，退思补过，将顺其美，匡救其恶，故上下能相亲也。《诗》云：'心乎爱矣，遐不谓矣。中心藏之，何日忘之？'"这里的"君子"就是能自觉遵守礼法的人。对待君王的正确做法是什么？就是在朝堂之上，是竭尽心力，谋划国事；回到家里，仍然是全心全意地思考如何减少君王的过失，如何把国家治理得更好。君王的命令正确的，坚决服从；君王有了过错，要设法制止，加以纠正。这样，君臣同心同德，上下相亲相爱。《诗经》里有诗句说："心中洋溢着热爱之情，相距太远不能倾诉。心间珍藏，心底深藏，无论如何，永不相忘！"这一段话的内涵是十分丰富的，所引的诗句有着极为深刻的启示意义。这"心乎爱矣，遐不谓矣。中心藏之，何日忘之"是《诗经·小雅·隰桑》中的诗句，相传是人们怀念德行高昭的君子的作品，本意是说尽管心中很爱他，但因为相隔太远无法倾诉，只好把热爱之情藏在心底，无论何时何地都不会忘记。但是，《孝经》引用之后所表达的已不是这个意思了，他昭示着臣子无论在朝还是在野，无论是执掌国家权柄、为帝王股肱，还是在家赋闲、为村野匹夫，都要时刻想着君王之事，如何为国君尽忠。后世注释家把诗句的"中心藏之，何日忘之"都不约而同地解释为"忠心藏之，何日忘之"。因为在古代汉语中，"中"和"忠"可以同音通假，两个字是相通的。东汉儒学大师郑玄解释"忠心藏之,何日忘之"说："忠心常藏善道，何能一日忘君。"所以后人常把"进思尽忠，退思补过"作为自己的座右铭，当官的要尽心竭力尽忠，不当官了，则时时刻刻反省自己，检查自己有哪些过错，不合忠孝之道的地方。所思的内容不再是什么君主的过错，而是自己的过错，君主永远都是正确的，无论君王怎样对待自己，自己对待君王始终是感激涕零，一片热爱，至死不渝。

在古代中国，君臣是一个有别于一般统治阶级成员的特殊的政治利益集团，二者是互为依存的统一体。君主垄断国家政治经济利益的分配权，臣子的前途完全掌握在君主的手中。古人对此有着充分的认识，所以有"主者，人之所仰而生也"(《管子·形势解》)、"为人臣者，仰生于上者也"(《管子·君臣上》)一类的说法，离开了君，臣是无法生存的，所以孟子说"孔子三月无君，则皇皇如也"。公明仪说"古之人三月无君则吊"(《孟子·滕文公上》)。孔子的时代，正是礼崩乐坏的时代，无君的事是经常发生的，人们面对无君的生活是否会"皇皇如也"不得而知，但至少在孟子的心目中，孔子是不能无君的。因为没有了君主，自己的俸禄也就无从领起了。但这只是问题的一个方面。另一方面，君主也离不开臣子。因为国君的统治权是要经过臣下来实现的，臣是君权统治的延伸，没有臣或者臣不尽心尽力为君，国君是无法实现对国家的统治的。尽管君主一再被神化，有多么伟大和圣明，但其能力实在是有限得很，正像荀子所说的那样"墙之外，目不见也；里之前，耳不闻也"。即君主和常人一样，眼睛也看不见墙外面的东西，耳朵也听不见一里远以外的声音。而国家辽阔，事务繁杂，君主必须依靠和利用臣下。

但是，在现实中常常有另一种情况发生，这就是臣下掌握了权力之后，固然可以为君分忧，巩固君主的统治，但也可以为自己谋福利。所以先秦的法家代表人物韩非等人就认为，君臣之间是一种特殊的利益的结合，君主求君主之利，人臣求人臣之利，在君臣关系中，君臣双方永远都把自己的利益放在第一位。与君有利、与臣不利的事，臣子不做；与臣有利，与君不利，君主也不干。君臣之间就是利益买卖关系的平衡。所以，要在制度设计上防止臣下的利己害君的事情发生。以孔子、孟子为代表的儒家学派则认为，君臣之间的利益买卖关系是一种不正常的关系，应加以改变和纠正，使之正常化。这种正常的君臣关系是以道义为基础的，道义的根本就是"仁"，君臣之间，以仁义为核心，君以仁义使其臣，臣以仁义事其君，就能天下大治。正常的君臣关系的运作，是君守君道，臣守臣道，君臣各守其道，这就是"君使臣以礼，臣事君以忠"。而"忠"则是臣事君的普遍的也是最高的要求，因为做到了忠，就能够使臣下自觉地恪守本职，为君效力，而不会背公向私、谋取私利。然而，对权力的摄取和对利益的追求是人的本能所决定的，人的自然本能决定了人对物质利益的追求的永恒性。尽管孟子反复强调论证人的本性是善，但现实仍然要靠教育、学习、修身，时时刻刻地控制对不合仁义要求的物质追求的各种欲望，才能实现仁政。《孝经》就是为了实现仁政这一目的，利用人的自然亲情，以孝道劝化臣民，再移孝作忠，论证君父一体、忠孝一体，从而确立忠为孝本的君臣关系。

明白了忠孝关系，对以孝治天下的政治目的就更加明确了。所谓"孝治"就是要臣下尽忠，要臣下做帝王尽善尽美的统治工具。后世帝王、学者觉得《孝经》说得还不够明确，又不断地有臣道的论述，数量之多，不胜枚举。著名的有武则天的《臣轨》和宋代问世而托名东汉马融的《忠经》。武则天以皇后干政，后来干脆自己称帝，以武家的大周取代李家的大唐，从政治伦理的角度看，是地道的不忠不义之举。但胜者为王，成功的就是神圣的。为了巩固自己的地位，武则天一方面诛杀异己，另一方面要求臣下无条件忠于自己，作《臣轨》颁行天下，作为臣子的行为规范。

《臣轨》将为臣之道概括为同体、至忠、守道、公正、匡谏、诚信、慎密、廉洁、良将、利人，共十个条目，每个条目再分为应该做什么和不该做什么等细目。其《同体章》直接说君臣关系就是人的大脑和四肢的关系，二者不可分离，大脑指挥四肢，君王指挥臣下；大脑的命令要四肢来完成，四肢只有在大脑的命令之下才可能有所作为，二者的主从关系是无法改变的，这是先天决定的，君臣之间也是如此，所以，说"臣之事君，犹子之事父，父子虽至亲，犹未若君臣之同体也"。因为"古有无子之父，无父之家，未有无臣之君，无君之国"。父亲没有儿子可以生存，家庭没有父亲也可以生存；但是，任何一个君王没有臣下则不成其为君，一个国家没有国君更不成其为国，没有了国家、君王，臣子自然不存在了，所以"君臣同体"比"父子同体"还要天经地义。既然君父一体，君大于父、重于父,而人先有父后有君。所以忠臣自然出于孝子之门,为人在世,做孝子并不是目的,做忠臣才是目的。《臣轨·至忠章》有一段精彩的论述:

《礼记》曰:"善则称君,过则称己,则人作忠。善则称亲,过则称己,则人作孝。"《昌言》曰:"人之事亲也,不去乎父母之侧,不倦乎劳辱之事。见父母体之不安,则不能寝;见父母食之不饱,则不能食;见父母之有善,则欣喜而戴之;见父母之有过,则泣涕而谏之。"孜孜为此以事其亲,焉有为人父母而憎之者也。人之事君也,使无难易,无所惮也;事无劳逸,无所避也。其见委任也,则不恃恩宠而加敬;其见遗忘也,则不敢怨恨而加勤。险易不革其心,安危不变其志。见君之一善,则竭力以显誉,惟恐四海之不闻。见君之微过,则尽心而潜谏,惟虑一德之有失。孜孜为此以事其君,焉有为人君主而憎之者也?故事亲而不为亲所知,是孝未至也;事君而不为君所知,是忠未至也。

古语云:"欲求忠臣,出于孝子之门。"非夫纯孝者,则不能立大忠。夫纯孝者,则能以大义修身,知立行之本。欲尊其亲,必先尊于君;欲安其家,必先安于国。故古之忠臣,先其君而后其亲,先其国而后其家。何

则？君者，亲之本也，亲非君而不存。国者，家之基也，家非国而不立。(《丛书集成初编》第八百九十三册)

《礼记》和《昌言》是武则天的立论依据。《礼记》的忠臣孝子之道是功劳善事都归于君主、父母，错误缺点由自己承担。《昌言》的事亲之道是不离开父母左右，从来也不为脏活、累活感到疲倦。父母身体欠安，休息不好，自己不能睡；父母没吃好，自己不能吃。即使看到父母有很微小的成就善举，自己也要高兴得欣喜若狂而更加爱戴。发现了父母有什么不对的地方，则痛哭流涕地劝说。如果能做到这些，天下父母决不会讨厌自己的子女。同理，臣子对待君主，无论君主安排的事情是难是易、是重是轻，都不担心、不回避。君主给自己委以重任，则感恩戴德，更加尊敬；如果遗忘而没有委任，内心没有任何不满，而更加勤奋。任何情况下，忠君之心、忠君之志都不改变。看到君主的善举就大力宣扬，唯恐天下不知。见到君主哪怕是小小的过错，则极力进谏，不能让君主的圣德有任何的损伤。以这样的忠心事君，君主怎会对臣下不满？所以说，对待父母的孝心不被父母理解，是因为孝顺得不够；忠心为君不被君主知晓是因为忠心还不够。只要一如既往、全心全意地尽孝尽忠，父母、君王总会知道的，不过是时间长短的问题。古人说求忠臣于孝子之门。因为不是至纯的孝子不能成为至忠的忠臣。只有纯孝的人才能以父子大义修身，知道忠孝是立身扬名的根本所在。要成大孝，使父母显荣，必先尊君；要使家庭安宁，必先使国家安宁。有国才能有家，有君才能有亲。君是亲的根本，国是家的根本。在这里，武则天把忠孝关系说得再直白不过了，孝是为忠服务的，只有先尽忠，才能谈得上尽孝。

到了宋代，理学兴起，君臣大义进一步被神化为天理，理学家们觉得仅仅依靠《孝经》宣传忠孝之道，还不能突出忠的重要，而武则天的《臣轨》既缺少理论色彩，又说得过于直白；其明言《臣轨》，对象的局限性太强，为臣者读它有意义，那些还没有出仕的人就不一定看，不利于在平民百姓中传播。于是，部分理学家又假托东汉经学家马融之名作了一部《忠经》。《忠经》的作者自谓其主旨是："孝者俟忠而成之，所以答君亲之恩，明臣子之分。"在这里明确指出，孝是依靠忠来完成的，没有忠，也就没有孝，所谓的孝道首先是答"君恩"，然后才是答"亲恩"，是为了"明臣子之分"。《忠经》仿照《孝经》分为十八章，依次是《天地神明章》《圣君章》《冢臣章》《百工章》《守宰章》《兆人章》《政理章》《武备章》《观风章》《保孝行章》《广为国章》《广至理章》《扬圣章》《辨忠章》《忠谏章》《证应章》《报国章》《尽忠章》。其逻辑顺序是首先论述忠的天经地义，然后论述不同身份的人的尽忠行为，以及天地神明对忠君的审视和感应，然后再论述孝与忠的关系。其《保孝行章》论述忠与孝的关系云："夫惟孝者，必贵于忠。忠苟不行，所率犹非其道。是以忠不及之而失其守，匪惟危身，辱及亲也。故君子行其孝必先以忠，竭其忠则福禄至矣。故得尽爱敬之心以养其亲，施及于人。"（《丛书集成初编》第八百九十三册）行孝的首要条件是尽忠，以忠为贵。如果不能忠心事上，就违背了君臣之道。不尽心事主，渎职失事，不仅因为触犯法令，自己受到法令惩处是小事，更主要的是使父母双亲受到牵连、列祖列宗蒙羞。为了避免这种不忠不孝的结果，行孝首先要尽忠是显而易见的真理。

到这里，百善孝为先的观念就全社会来说都历史地转变为百善忠为先了，《孝经》所主张的百善孝为先的核心是一个忠字，得到了充分的发掘。

2. 主尊臣卑的永恒性

《孝经》所概括的孝道内容，可以分为五个方面。一是子女没有个人的意志自由，"父母之所爱亦爱之，父母之所敬亦敬之"（《礼记·祭义》）。二是子女没有行为自由，如上举《礼记·曲礼上》说的凡为人子之礼，"冬温而夏清，昏定而晨省……见父之执，不谓之进，不敢进；不谓之退，不敢退；不问，不敢对"，"出必告，反必面，所游必有常"，言谈举止都要得到父亲的同意。三是子女没有婚姻自主，婚姻的目的不是获得感情的幸福，而是为了延续家族，结婚的目的是"上以事宗庙，下以继后世"（《礼记·昏义》），必须听命于父母。四是父母在世，子女不能拥有个人财产，子女在没成人、没有成为父家长之前，在经济上从属于血缘大家庭，"父母在……不敢私其财"（《礼记·坊记》）。历代家训特别是到宋代以后，这一点都有明确的规定。五是自己的身体是父母的一部分，"身体发肤，受之父母，不敢毁伤"（《孝经·开宗明义章》）。保护自己的身体是行孝的一部分，"父母全而生之，子全而归之，可谓孝矣。不亏其体，不辱其身，可谓全矣"（《礼记·祭义》）。为了保全自己，在日常活动中，要"不登高，不临深，不苟訾，不苟笑"，"不服暗，不登危"等等，所有这些都是因为"惧辱亲也"（《礼记·曲礼上》）。一句话，在孝道的规范之下，子女只能服从父母。

按照孝道规范行事，不仅是人伦的要求，更是天地神明的意思。做子女的，只要能够尽心尽力、全心全意地孝事父母，上天一定会有所福佑，否则，则要受到惩罚。《孝经·感应章》说：

> 子曰：昔者明王事父孝，故事天明；事母孝，故事地察；长幼顺，故上下治。天地明察，神明彰矣。

故虽天子,必有尊也,言有父也;必有先也,言有兄也。宗庙致敬,不忘亲也。修身慎行,恐辱先也。宗庙致敬,鬼神著矣。孝悌之至,通于神明,光于四海,无所不通。

这一段话和孝行无关,说的是行孝的意义,即行孝是神意,神明是无所不察的。意思是说:古代圣明的君王为什么能够得到上天的保佑,就是因为他们对父母孝。因为对父孝,就会恭恭敬敬地侍奉天帝、祭祀天帝,天帝能够感受到这些,就能明了孝子的敬爱之心。同理,对母亲孝,就能恭恭敬敬地侍奉地神、祭祀地神,地神有所感受,自然明白孝子的敬爱之心。所以说,明王能明察天之道、明晓地之理,以侍奉父母之心侍奉天地神明,天地神明明察明王的孝心,就充分地显现神灵、降下福佑。天子地位虽尊,毕竟还有尊于他的人,那就是他的父辈;必定还有长于他的人,那就是他的兄辈。在宗庙祭祀先祖,表示对先祖的敬意,表示不忘先人的恩情,先祖的灵魂在宗庙享用祭祀物品,自然知道后辈的孝心,给后辈显灵降福。所以说,只要能把孝敬父母、顺从兄长的道理贯彻到一举一动之中,做得尽善尽美,就会感动神明。孝道充塞于天地之间,磅礴于四海之内,无所不在,无所不能。

前已指出,《孝经》所说的子女服从父母是为了能够忠于国君,为了移孝作忠,实现孝治天下,说明君父一体,事君如同事父，这就在君臣关系的本质属性上决定了臣子无条件服从于君王，父子关系是先天注定的，君臣亦然，主尊臣卑的永恒性因此而获得了先天的条件。而且，像行孝可以感动神明一样，尽忠自然也可以惊天地、泣鬼神，无所不在、无所不能了。

但是，当君父一体成为现实、移孝为忠之后，君臣关系已不是父子关系可以比拟的了。因为父子之间的从属尊卑是有着一定的相对性的。每一个父亲都曾经扮演儿子的角色，甚至是同时扮演着父亲和儿子的双重角色，而儿子担负着延续家族的重任，特别是当儿子为宗子的时候，是一个家族或者是宗族的领袖，父亲对儿子也要有一定的礼敬。如按照丧服制度规定，斩衰是最重的服制，服斩衰的人员有儿子为父亲、未出嫁的女儿为父亲、长孙为祖父、妻妾对丈夫、父亲对长子。父亲为什么为长子服如此重的丧服？就是因为长子是未来的家长，父亲的斩衰之服是为未来的家长服的。所以人们在设计孝道规范、行孝的上行性、强调儿子孝行的同时，又强调"父慈"。"父慈"和"子孝"对举，二者的权利和义务有一定的相关性。而君臣关系与父子关系从生成的条件看，最大区别是君王角色的独一性，不存在君臣身份双重性的问题。儿子可以变为父亲，而且在一般情况下必然地要成为父亲。臣子是没有变为国君可能性的，要么改朝换代，要么是篡弑，才有臣变为君的事情发生。这就注定了臣子尽忠的唯上性,臣子卑贱的永恒性。

在先秦儒家心目中,君有君道,臣有臣道,君道和臣道的共同标准是唐尧虞舜所留下的仁德之道,也就是孔子、孟子所极力主张的仁政德治之道。君臣都要对仁德之道负责,违背仁德之道就会危害国家利益。臣下不守臣道固然要受罚,君主违背君道也是不能允许的,臣下在道义上就拥有了监督君主是否遵守君道的权利和义务。当君主违背君道,臣下要尽到谏、净、辅、拂的责任。谏即劝谏,指出君主的错误及其危害,被采纳就继续为官,否则就离职而去。净是以死劝谏,国君不能采纳自己正确的建议,就以死相劝。辅较之净又进一步,国君不听,就率领群臣强迫国君接受,或者不执行国君错误的命令,避免给国家造成大的危害。拂是指臣下拒绝君主错误的命令,代替国君发号施令,从而排除国家危难,避免国君蒙受屈辱。这四者的共同目的都是为了国君的根本利益,都是忠君的体现,这样的臣下就是社稷之臣。用现在的观点看,"谏、净、辅、拂"的目的尽管是忠君,但这是国家利益高于一切的体现。国君虽是国家利益的代表,但国君的行为也会损害国家利益,所以要借臣下之手予以制约。这也就是人们常说的从道不从君的理想的君臣关系。

然而,随着统一帝国的建立,君主专制政体的加强,君父一体、孝是手段、忠是目的成为普遍的政治伦理观之后，孔子、孟子以及荀子等儒家主张的君臣关系只能存在于理想之中。因为君王掌握着所有的权力，君王的意志就是国家的意志，臣子的命运完全决定于君王，臣子也就失去了从道不从君的生存基础。君心就是臣心，君意就是臣意，君王的一切都是正确的，君王的错误也是正确的，错误都是臣下的。这些，我们只要打开史籍，特别是唐代以后的历史典籍，以及名臣士人的奏折就不难明白。每当臣下上书言事时，无论所说的内容如何，当朝帝王是明君还是暗主，无不是口称圣明在上，先将当朝皇帝大大称颂一番，而后自称罪该万死，所奏内容不过是不知深浅、不明圣意的胡说八道，只是说出来请名君圣裁而已。这一点，我们可以从唐代两位著名文学家也是思想家韩愈、柳宗元的奏章中获得很好的说明。

韩愈、柳宗元基本同时，都生活在唐朝后期，是名重天下的文豪，除了创作大量的诗作、散文之外，还曾给唐德宗、顺宗、宪宗、穆宗上过许多的奏章，共有一百多篇传世。这些奏章文采飞扬，深受当时人的推崇，所说的事情也各有不同。但是，有一个共同的特征，即每一篇奏章，都要将皇帝的文治武功极力颂扬一遍。这些颂扬的内容有的是说皇帝天性神明、无所不知、无所不晓的，如在韩愈、柳宗元的奏章中，将皇帝与天帝同体，天就是皇帝的代名词,奏章中对皇帝的称呼有"天位""天听""天声""天泽""天慈""天志"等等,据不完全统计,类似称谓约有四十几种。若举具体的一些例子,如:"今天子整齐乾坤,出入神圣;经营乎无为之业,游息乎混元之宫"(《韩昌黎文集》,上海古籍出版社,1988),"播休气于四海,洽大和于万灵,食毛含齿,所同欢庆"(《柳宗元集》,中华书局,1979),"圣王之德,无所不至,有感则应,无幽不通。伏惟陛下,恩沾动植"(《柳宗元集》)。类似颂词,是篇篇中都有。这些还都是虚的,更有实在的,如说皇帝文治武功是前无古人、后无来者的。如韩愈在给宪宗的一篇奏章中称颂说:"高祖创制天下,其功大矣,而治未太平也。太宗太平矣,而大功所立咸在高祖之代。非如陛下承天宝之后,接因循之余,六七十年之外,赫然兴起,南面指麾,而致此巍巍之治功也。"(《韩昌黎文集•潮州刺史谢上表》)唐宪宗在位,曾经对藩镇割据有所打击,平定了淮西镇的叛乱,使中央权力一度有所加强,韩愈的这一段话就是赞颂宪宗的这一功劳。奏章中的高祖是指唐朝开国皇帝李渊;太宗是李世民;天宝是唐玄宗的年号,代指唐玄宗。奏章说宪宗功劳超过其任何一个先辈,高祖虽然建立了大唐,但仅仅建立了制度,没有实现天下太平;太宗时代虽然实现了天下太平,有所谓的贞观之治,但是不过是继承了高祖的各项制度的结果而已,自己并没有什么特殊的作为。他们都不能和宪宗相比。天宝之后六七十年，国家始终不稳，到了宪宗手中，国势真正地勃然强盛起来了，一举平定了南面称王、割据一方的藩镇势力，巍巍功劳是前人所无法比拟的。稍有历史常识的人都知道李渊、李世民的功劳才是无可比拟的，把宪宗和李渊、李世民相提并论本身就是荒唐的，而作为后嗣之君来说，从孝道的角度看，更不能和开国君主相提并论，这样做是要遭到违背孝道的批评的，是欺祖的行为。但韩愈这样做了，宪宗也欣然接受了。韩愈如此，柳宗元也不甘落后，如："伏惟皇帝陛下，协周文之孝德，齐大禹之约身，弘帝尧之法天，过殷汤之解网"，"含生比尧、舜之仁，率土陋成、康之俗"。(《柳宗元集》)在儒家传统中，三代盛世，后世莫及；先王先圣，后世难企。然而在韩愈、柳宗元的笔下，三代圣王微不足道，创业祖宗也等而下之，可谓厚今薄古的典范。最有意思的是，韩愈、柳宗元并不认为这是无原则的阿谀奉承，而是按礼行事，是在尽臣子的本分，认为"臣子至公，面扬君父"，"夫岂饰哉，率由事实"。(《柳宗元集》)为什么？就是因为这是忠君的体现，当今的皇帝永远都是圣明的。

与此相对，臣下自然是愚蠢的、卑贱的，有那么一点知识、才干，也都是皇帝赏赐的，没有皇帝陛下，也就没有臣子的一切。韩愈、柳宗元在极力颂扬皇帝英明神武的同时，则尽力自贬，自称"愚陋无知""至陋至愚""才识浅薄""才术无闻""臣贱琐才"等等;至于自己所上的奏折,则都是"谬见",所任职务,是"谬膺重任""谬承重寄""谬膺仕进"等等,一句话,臣子所思所想,自己的一切都是错的,之所以能够做一些正确的事情,都是皇帝陛下教育、赏赐的结果。这些,打开韩愈、柳宗元文集中的奏章,比比皆是,这里就不再赘举了。

唐代是我国封建社会最为辉煌灿烂的时代,人的个性有着比较充分的张扬空间,人人都在为着自己的幸福而奋斗;韩愈、柳宗元更是一代文豪,同时也深通为官之道。对皇帝的奉承,并非他们的专利,而是当时的普遍事实,他们的过人之处是文才美妙,无人可及。在他们的笔下,皇帝的神圣全能和臣子的卑贱愚蠢,表达得更加有吸引力而已。这并不是他们的品质特别,而是当时的制度和价值观使然,《孝经》的君父一体、君先父后思想,与此有着深刻的内在关联。而这些,随着时间的推移而更加极端化。

3. 死谏与愚忠

《孝经·谏诤章》以孔子和曾子对话的方式,说明孝子对父母有进谏的义务,子女对父母一味地顺从,是不对的。曾子问:"若夫慈爱、恭敬、安亲、扬名,则闻命矣。敢问子从父之令,可谓孝乎?"意思是说,如何爱戴双亲、尊敬双亲、使双亲幸福安宁、扬名于后世等,都听过先生教诲了。那么儿子能够听从父母的命令，可不可以称为孝呢？实际上，这是《孝经》作者针对孔子的"无违"主张说的。孔子曾经说过："事父母几谏。见志不从，又敬不违，劳而不怨。"(《论语·里仁》)"几谏"是委婉劝说的意思。儿子服侍父亲的时候，发现父亲有不对的地方，要委婉地指出来，提出改进的具体内容。当父亲对提出的建议执意不从时，仍然要恭恭敬敬地按照父亲的意思执行而不能有任何的违背，只能在心中忧愁，受再多的劳累都没有怨言。孔子又说："三年无改于父之道，可谓孝矣。"(《论语·里仁》)意思是父亲死了，他定下的东西，无论是原来就错了，还是因为时间的变迁、情况的变化，原来虽然正确合理，但已经不合实际，不能继续下去了，做儿子的都不能改变。孔子还说："父为子隐，子为父隐，直在其中矣。"(《论语·子路》)意思是父子之间要相互隐瞒做错了的事情，父亲为儿子隐瞒、儿子为父亲隐瞒，才是孝道的正确做法。显然，孔子的这些主张是孝大于忠的，如果完全按照孔子的这些主张去做，以孔子的这些主张事君，国君就无法集中群臣的智慧和能力去治理国家，臣子们也不会竭尽全力去忠君。显然，这不符合以孝事君、以忠为本的原则要求。所以，《孝经》的作者才设定曾子提出上述问题，好借孔子之口表述自己的主张。果然，孔子听了曾子的提问后，勃然作色，用训斥的口吻说：

是何言与？是何言与？昔者，天子有争臣七人，虽无道，不失其天下；诸侯有争臣五人，虽无道，不失其国；大夫有争臣三人，虽无道，不失其家；士有争友，则身不离于令名；父有争子，则身不陷于不义。故当不义，则子不可以不争于父，臣不可以不争于君。故当不义则争之。从父之令，又焉得为孝乎！

在这里，孔子的回答比较明确，和《论语》里面所表达的孝观念大相径庭，批评曾子的错误，指出劝谏的重要性，一味服从不是"孝"，能直言极谏才是"孝"，举例说："从前天子身边有敢于直言劝谏的大臣七人，天子虽然无道，还是不会失去天下；诸侯身边有直言劝谏的大臣五人，诸侯虽然无道，还是不至于丢掉国家；大夫身边有直言劝谏的家臣三人，大夫虽然无道，还是不至于失去封邑；士身边有敢于直言劝谏的朋友，就能保持优良的名声；父亲身边有敢于直言劝谏的儿子，那么他就不会陷于错误之中，做出错误的事情。所以，如果父亲有不义的行为，做儿子的不能不劝；君王有不义的行为，臣下不能不劝；面对不义的行为，一定要劝谏。如果做儿子的只是听从父亲的命令，而不区别命令的正确与否，是不能算作孝行的。"也就是说劝谏是尽孝的体现，也是尽忠的体现，忠臣就是通过进谏表示自己忠心的。

为了进一步说明进谏对于事君的重要,《孝经》有《事君》专章,专门强调进谏问题。其文云:"君子之事上也,进思尽忠,退思补过,将顺其美,匡救其恶,故上下能相亲也。"

这"进思尽忠,退思补过"包括了进谏的内容在内。进谏与否,是尽忠与否的体现。《忠经·百工章》云:

> 有国之建,百工惟才,守位谨常,非忠之道。故君子之事上也,入则献其谋,出则行其政,居则思其道,动则有仪。秉职不回,言事无惮。苟利社稷,则不顾其身。上下用成,故昭君德。盖百工之忠也。

"百工"指的是群臣。这一段意思是说,有了国家之后,那些自以为凭着自己的才干为官、每天例行公事地办理完政务就算尽职尽责了的官员,都算不上一个"忠"字。君子的为臣之道,是在朝廷为了国家利益献计献策,知无不言,言无不尽;在自己的职位上除了做好本职工作之外,想的仍然是如何为君分忧、如何为君治国之道;在做事过程中,无论有多少艰难险阻,从不犹豫;进谏言事,只要有利国家君王,从来没有什么担心的,只要对江山社稷有利,都直言不讳,是不考虑自己身家性命有什么安危的。《忠经》的《忠谏章》对"言事无惮"作出进一步的解说,云:

忠臣之事君也，莫先于谏。下能言之，上能听之，则王道光矣。谏于未形者，上也；谏于已彰者，次也；谏于既行者，下也。违而不谏，则非忠臣。夫谏，始于顺辞，中于抗议，终于死节，以成君休，以宁社稷。

臣下对君王尽忠的体现就是进谏，臣下能知无不言，君王能从谏如流，圣王之道就能发扬光大。就臣下来说，进谏的水平也有上中下之分。其上者，是当君王刚有错误的想法，还没有具体地表达出来时，就进行劝说，把君王的错误思想消灭在萌芽状态；其次是当君王错误主张已经决定，明确宣布之后再予以谏阻；再次是君王的错误决定已经付诸实施，产生了不良后果再劝谏，就等而下之了。但是，只要发现错误，不顾君王是否高兴，都能进谏，无论早晚，都是忠君的表现。如果怕违背君王意志，而迎合上意，不顾君臣道义，看着君王犯错误，给君王声誉和国家利益带来损害而不劝谏，则是不忠。

然而，人总是爱听好话的。对于国君来说，手中掌握天下所有人的命运，上天赋予他说一不二的权力，更是愿意听顺耳之言，对臣下的批评当然会不高兴。遇到一个开明君主，知道臣子的批评虽然不中听，但确实对自己的国家社稷有利，还能择善而从；如果遇到独断专行的暴君、昏君，对逆耳之言不但不听，而且有可能对进谏的大臣给予惩罚,这对于臣下来说,关系到身家性命的安危,自然是个考验。但从理论上说进谏是忠君的核心内容,要忠君就不能怕风险,自己一经发现了皇帝的缺点错误,就要将自己的生死置之度外;而在实践上,做官,不断地把官做大,拥有更大更多的权力,又是士大夫们的真正追求,如果进谏对自己的仕途、名望没有什么帮助却只能给自己带来杀身之祸,那还是不进谏的好。可是,要想升官,就要尽忠,而进谏是尽忠的重要内容,通过进谏可以提高自己的名望地位。那么,怎样使君王既采纳自己的意见,又不会招来危险,就成为臣子们仔细参详的课题了,就要讲究进谏的技巧。一般的方法是循序渐进:开始时是说些君王爱听的话,然后提出自己的建议;当君王一意孤行时,就要以死相谏了。以死相谏是臣子尽忠的最高表现。为了鼓励臣子以死相谏,《忠经》不忘在最后加了个说明,这就是"以成君休,以宁社稷",即通过以死相劝,最后使君王改正错误,使之行为十全十美,使江山社稷得到巩固。

《忠经》说的"夫谏,始于顺辞,中于抗议,终于死节",既暗示了进谏的艰巨和风险,也指出了进谏的技巧。像上举韩愈、柳宗元上书言事时对唐宪宗、穆宗、顺宗的吹捧就不难理解了,这就是"始于顺辞"的需要。只是韩愈、柳宗元没有做到"终于死节",也没有像人们想象的那样和帝王们抗言相辩,而是始终是以罪臣自居,在被贬之后也仍然对皇上充满着感激,如韩愈因为屡次为民请命,多次被贬,在刑部侍郎任上,因为上《谏迎佛骨表》,劝阻宪宗不要劳民伤财崇奉佛教,去迎什么佛舍利,触怒宪宗,被贬为潮州刺史。刚一到达潮州刺史任上,就上表谢罪,称"臣受性愚陋,人事多所不通,唯酷好学问文章",别的没有多大长处,就是文章写得好,"至于论述陛下功德与《诗》《书》相表里",文字之美"虽使古人复生,臣未肯多让",现在被贬荒远之地仍愿以歌颂圣朝明君的诗歌文章,"以赎前过"。(《旧唐书》卷一百六十《韩愈传》)这在宋代以后理学家的眼里显然不够"死节",缺少骨气,够不上《忠经》所说的"忠谏"的标准。

宋代以后,理学昌盛,忠孝观念绝对化,所谓"死谏"的行为不仅在伦理上受到赞扬,在现实中也不乏忠实的实践者,尤其以明朝最为突出。明朝初年,朱元璋为了使大明江山千秋万代,希望臣下尽心事主,表彰忠孝节义,鼓励进谏,上下官员则以劝谏为本分,用儒家的君道要求君王,即使因此招来杀身之祸也在所不惜。而明朝又是君主专制极端化的时期,从明成祖朱棣以后的皇帝几乎是一个比一个荒淫暴虐,而大臣们在忠君殉道精神的支持下,前仆后继,冒死强谏,即使这种强谏不起作用，根本无法"以成君休"，仍然针砭时弊、指斥君恶，"抗议"不已。著名的如群臣对明武宗朱厚照的劝谏。明武宗朱厚照在位16年，四处巡游，以荒唐淫秽著称。开始时，朱厚照游玩的地点限于离北京比较近的北方，所到之处，劫掠钱财，抢虏民女，家家是鸡飞狗跳，四散逃亡；后来又要到江南巡幸。群臣知道，如果朱厚照南巡，南方百姓将处于巨大的灾难之中，纷纷上谏，结果有十几个大臣被下狱而死，有二百多个朝臣被廷杖，也就是当着朝堂打板子；有一百九十多个朝臣在午门外被罚跪5天，最后朱厚照依然南下游乐。又如明世宗嘉靖皇帝，当政期间，委政奸佞，自己醉心于享乐和成仙，整天和一帮道士骗子在一起炼仙丹，请神仙保佑自己长生不老，致使朝廷贿赂公行，吏治败坏，民不聊生，群臣上书劝谏不是被贬官就是被杖责，甚至被杀头。如太仆寺卿杨最上书世宗，指出炼丹求仙不仅不能长寿成仙，相反会带来祸害，因为炼丹的东西都是对人体有害之物；清心寡欲、远离声色犬马，才是养生之道。杨最结果被杖杀于午朝门外。监察御史杨爵指出嘉靖皇帝求仙是小人当道、朝政昏暗的根本原因而被下狱。后来，户部主事海瑞不顾前车之鉴，抱着必死的决心，先准备好棺材，向家人交代好后事，专门上书批评嘉靖皇帝修仙的荒谬。嘉靖看到海瑞的奏章之后大怒，要将海瑞斩首，后来一个太监同情海瑞，对嘉靖的作为也不满意，对嘉靖皇帝说：海瑞料到会死，进朝是带着棺材来的；如果现在杀海瑞，正好让他落了个忠臣的好名声，不如先将他下狱，以后再找别的罪名处治他。嘉靖听后，觉得有理，认为就这么一刀杀了，确实便宜了海瑞，难解心中怒气，才接受太监的建议，把海瑞关进大牢。不久，嘉靖病死，海瑞才捡得一条性命。有意思的是，海瑞在狱中听到明世宗死讯，没有因为自己免于一死而有任何的庆幸，相反，是痛哭失声，吐血不止，差一点丧命。这是发自内心的对嘉靖皇帝去世的怀念，是臣子对君父忠孝之情的流露。

在明朝，冒死进谏，堪称典范的除了海瑞以外，最著名的就是东林党人了。公元1620年，在位48年的明神宗万历皇帝死去，皇太子朱常洛继位3个月病死，皇位由朱由校继承，这就是明熹宗。熹宗继位时15岁，是个政治上极为弱智的低能儿，在位7年，终日除了玩就是在后宫干木工活，国家所有权力都被宦官魏忠贤掌握，朝中正直之士或者被陷害致死，或者被贬为民，或者被关进了监狱，政治黑暗到了极点。东林党领袖杨涟等人上书列举魏忠贤24条大罪，要求熹宗严惩魏忠贤及其党羽，朝中一百多人起而支持，而熹宗却对魏忠贤好言宽慰，将杨涟等人一顿训斥。随后，魏忠贤借故诬陷东林党人，熹宗立即将东林党人领袖杨涟、周顺昌等人下狱，酷刑虐待，令人发指。杨涟等人蒙冤入狱，性命危在旦夕，但他们坚信，这一切都是宦官魏忠贤等奸党所为，和皇帝没有关系，皇帝永远是正确的，对熹宗不哀不怨，绝对忠诚。杨涟说："不为张俭之逃亡，杨震之仰药，亦谓雷霆雨露，莫非天恩！故赤日长途，银铛不脱，欲以身之生死归之朝廷。"（《杨忠烈公文集》卷三）周顺昌说："所谓雷霆雨露，均属圣恩。在臣子只应欢喜顺受。臣罪当诛兮，天王圣明。"（《周忠介公烬余集》卷二）张俭是东汉人，东汉末期，桓帝、灵帝时，宦官专权，奸佞当道，部分正直官僚和在野知识分子联合起来，反对宦官。宦官就以聚众结党、诽讪朝廷、图谋不轨的名义大肆迫害那些被列入党人名单的人，张俭是当时的士人领袖之一，是宦官重点追捕的对象。张俭就四处逃难，地方官员、地主、普通士人为掩护张俭被宦官爪牙杀死以至于灭门者数以百计，史称"其所经历，伏重诛者以十数，宗亲并皆殄灭，郡县为之残破"（《后汉书》卷六十七《党锢列传》）。而张俭在外逃亡数年，最后回到老家，活到84岁病死。杨震也是东汉人，时代早于张俭，是一代名儒，在当时深受朝野推重，汉安帝延光年间（122~125年）官至太尉，因不满于安帝亲小人、远君子，屡次上书要求安帝改弦更张，触怒安帝，被罢官回乡。杨震出了洛阳城，认为自己身为忠臣，不能为国除奸，无颜回乡，也没有脸面苟活人世,而服毒自尽,死讯传开,"道路皆为陨涕"(《后汉书》卷五十四《杨震列传》)。在杨涟看来,张俭之逃亡,杨震之仰药,是不符合忠义之道的。张俭只顾着自己逃命,结果是众多的人受牵连丧命。杨震自己吞药,一死了之,但这样做则陷君父于不义。要知道,朝廷重用自己固然是恩赐,罢免自己也是恩赐。天下没有不是的父母,也没有不是的君王,自己尽忠不被君王所知道,受点委屈,算不了什么。尽忠不被君王所知,是自己尽忠还没有到位,还没有感动天意,错误的还是自己。这个时候自杀,就等于表明自己不愿意继续尽忠,不是不忠的大罪吗?为了表明自己的忠心事主,杨涟才公开说明"不为张俭之逃亡,杨震之仰药"。杨涟和周顺昌不约而同地高唱"雷霆雨露,均属圣恩","雨露"固然是愉快地接受,"雷霆"也是愉快地接受,而且接受"雷霆"比接受"雨露"还要幸福!

杨涟、周顺昌等东林党人,都是官场老手,既饱读孔孟之书,又有着官场勾心斗角的经验;他们精通道义与政治,明辨利害与得失。但是,他们不避害,不趋利,不计得,不患失,明知刀山火海,也履之蹈之。这在后世,殊不可解,但明白了忠孝的关系之后就好理解了。武则天说:"事亲而不为亲所知,是孝未至也;事君而不为君所知,是忠未至也。"这"事亲而不为亲所知,是孝未至也",

是对《孝经·感应章》的最简洁明了的概括。只要尽孝到位,自然感动父母,因为神明都必然被感动而降福于人,还感动不了父母吗?只要父母知道儿女确实尽孝,自然对儿女满意,儿女就不会受到什么委屈。同理,"事君而不为君所知,是忠未至也",孝行感动天地神明,忠自然也会感动天地神明,而且会更加感动天地神明,天地神明更乐于对忠君的行为嘉奖,因为君父一体、君重于父。君王之所以把进谏的臣子下狱,是因为君王还没有感到臣子对自己的忠心;而君王不明白臣子忠心,是因为臣子尽忠还不够。所以要不断地犯颜直谏,直到"终于死节"。

七 《孝经》与中国国民性

所谓国民性是指一个国家、民族占主导地位的潜意识的行为特点、思维特点和伦理特点,这是传统文化和历史发展潜移默化的结果,是全民族的共同特征,已经深深地渗透在民族成员的血液和骨髓中间,而不以人的主观意志为转移。《孝经》所宣扬的孝道在我国传统文化中居于本原的地位,是其他一切伦理的出发点,尽管其目的是为了实践一个"忠"字,但人们首先要从孝事父母做起。因为能够移孝作忠、最终能为君王效力的毕竟是少数的官僚,大多数人是在父母跟前尽孝终生的,他们明白忠孝一体的道理,视尽孝就是尽忠,但是就其行为而言,毕竟是属于孝的行为。所以无论从理论层面,还是实践层面来说,"孝"是中国文化的突出特点。在文化人类学上曾有这样一个趣谈,用来比较和说明不同民族文化和国民性的差异和特殊性。假如某个饭店失火,用不着调查旅客登记簿,从举动上大体就能判断出旅客的国别:夺窗而逃的大都是美国人,因为美国人崇尚敏捷灵活、随机应变;遵循常规、找门而逃的恐怕是德国人,因为德国人严谨、守规矩;首先抢救自己情人的恐怕是法国人,因为他们素来热情浪漫;首先抢救父母的恐怕是中国人,因为他们讲究孝道。这当然是个趣谈,但却生动典型地告诉我们,讲究孝道不仅是中国文化的特质之一,而且它渗入了我们民族成员的灵魂之中,成为我们民族的行为的显著特点。所以,梁漱溟曾说:"说中国文化是'孝的文化',自是没错。此不唯中国人的孝道,世界闻名,色彩最显;抑且从下列各条看出它原为此一文化的根荄所在:一,中国文化自家族生活衍来,而非衍自集团。亲子关系为家族生活核心,一'孝'字正为其文化所尚之扼要点出……二,另一方面说,中国文化又与西洋近代之个人本位自我中心者相反。伦理处处是一种尚情无我的精神,而此精神却自然必以孝弟为核心而辐射以出。三,中国社会秩序靠礼俗,不像西洋之靠法律……道德为礼俗之本,而一切道德又莫不可从孝引申发挥,如《孝经》所说那样。"(梁漱溟:《中国文化要义》,学林出版社,1987)

将中国文化概括为"孝"的文化是否准确,我们姑且不论,但说孝道是决定中国国民性格的最重要的文化基因是准确的。人是社会动物,用荀子的话说,人和其他动物的区别就是生而能"群",也就是以一定的道德规范维系人际关系、保证社会关系的和谐与稳定。人生而有父母,和父母之间的关系是人的最初的、最基本的和最恒常的人际关系,孝道自然是一切道德规范的出发点。而《孝经》把孝道政治化以后,把事亲和事君合一,事亲为事君服务,孝道对国民性格的影响就更加广泛了。在我国古代经典中,《孝经》对古代国民性的影响是最为广泛的。

1. 仁恕敦厚的群体意识

《孝经》所主张的孝道,是由爱心、敬意、顺行、忠德构成的一个完整的伦理体系,爱和敬是内心的自觉,顺和忠是外在的行为,爱、敬、顺、忠自亲者始,而后由己及人,推及于全社会,这就形成了仁恕敦厚的群体意识。

孔子曾经给"仁"作出最为根本和洗练的定义,这就是"仁者爱人"。从文字学的角度看,"仁"字从人从二,二人相对,说的是人与人的关系。人与人之间以"爱"为基点,就是"仁",也就是"爱人"。孔子说"己所不欲,勿施于人"(《论语·颜渊》),自己不喜欢的东西,不要强加于别人,待人如己,是爱人的基本体现。孔子的学生子张问孔子什么是仁,孔子回答说"能行五者于天下,为仁矣"。子张问"五者"的具体内容,孔子回答是"恭、宽、信、敏、惠"(《论语·阳货》)。恭,是对人的礼仪要恭敬;宽,待人以宽厚为先;信,为人做事忠诚守信;敏,为人做事要勤快,有眼色,该做什么、不该做什么,什么时间做什么事情,不需要别人教,自己主动做好;惠,与人相处,考虑的是给人带来什么好处,而不是为了自己得到什么好处。显然,这五点都是以"爱人"为基础的。

孔子的"仁"是以孝为出发点的,所谓的"爱人"首先由"爱亲人"做起,由"爱亲"推及"爱人"。孔子说:"弟子入则孝,出则弟(悌),谨而信,泛爱众而亲仁。"(《论语·学而》)意思是年轻人在家里行孝道,在外边行悌道,做事谨慎小心,说话讲究信用,广泛地爱护大众,这样就接近于"仁"了。孝和悌是家庭伦理的核心,孝就是孝顺父母,指的是子女的单向义务;悌则包含着兄弟相交过程的双向要求,指的是兄友弟恭,即弟弟尊敬顺从兄长,兄长也要像对待朋友那样爱护、尊重弟弟。把孝道和悌道行之于社会,以孝顺自己父母之心对待长辈和老人,以事兄弟之心对待平辈兄弟,说话做事谨慎小心,以爱心对待所有人,能做到这些,就接近于"仁"了。所以,孔子的学生有子说:"孝悌也者,其为仁之本与?"有子表述的是孔子的思想,孝是行仁的根本与起点,"仁"的精神实质就蕴涵于孝亲、爱亲之中。孝是"仁"的起点,"仁"是孝的最高境界。《孝经·开宗明义章》说的"夫孝,始于事亲,中于事君,终于立身",这个"终于立身"的标准就是达到"仁"的境界。"始于事亲"是行仁的开始,也是行仁的前提;"中于事君",用事亲的敬顺之心事君,是事亲的推延;将事亲、事君之心推及于全社会,达到爱人及物的仁的至高境界,就是《孝经》对孝道的最简单也是最深刻的要求。不爱树木,不可能爱森林;不爱父母,绝对不会爱别人。所以人之为人,首先是爱自己的双亲,然后施及同胞兄弟、家人和族属,其推延的范围因每个人的人格和修养而有异,人格愈伟大,推及的范围愈广,最终达到仁的最高境界。

中国社会分为不同的等级,不同等级的人,有不同的行为方式和权利义务。但无论是什么人,也不论其具体的行为规范是什么,这"始于事亲,中于事君,终于立身"的过程是一样的。《孝经》把孝行分为五等,首先是天子之孝,"爱亲者,不敢恶于人;敬亲者,不敢慢于人。爱敬尽于事亲,而德教加于百姓,刑于四海"。天子首先要孝亲,然后才能以仁爱之心对待他人父母,成为天下人效法的榜样,实现人人行孝,达到天下大治、长治久安的目的。这"爱亲者,不敢恶于人;敬亲者,不敢慢于人"就是一个由近及远、由亲及疏、由内及外的推演过程;只有实现这样一个推演过程,才能使"德教加于百姓,刑于四海"。这"德教加于百姓,刑于四海"就是天子孝行的"终于立身"的标准。天子身为天下之主,不存在"中于事君"的问题,所以只列举了"始于事亲"的"爱亲""敬亲"和"终于立身"的"德教加于百姓,刑于四海"的内容。至于诸侯、卿大夫、士之孝,事亲是其安身立命的基础,有天子的孝行在上,他们必须也自然会学而时习之,无须多说,他们的主要任务是帮助天子治理天下,也就是"事君",即通过"事亲""事君",分别保住自己的"社稷""宗庙"和家族的"祭祀",最终实现"立身"。就事亲而言,行孝的对象有二:一是在世的父母、祖父母;二是列祖列宗的在天之灵。对在世的父母、祖父母要做到物质赡养和精神上的爱、顺、敬的统一,对列祖列宗的在天之灵则以祭祀表示自己的反本报始之心,表示对列祖列宗荫庇之恩的怀念。保证对社稷、宗庙、祭祀的稳定和延续就是诸侯、卿大夫、士的任务。要做到这些,就必须忠心事君,自我定位准确,按照自己的地位和权利规范自己的一言一行。具体说来,诸侯要做到"在上不骄,高而不危;制节谨度,满而不溢"。因为诸侯身居天子之下、万民之上,地位之崇高,无人可以攀比,但是不能有任何的狂傲不逊之心。因为一旦有了狂傲不逊之心,就会有悖逆越礼行为,就会被剥夺爵位而倾覆。谨慎地遵守礼法,想到财物的来之不易,俭省节约,财富再多也不会僭越奢侈。这样就能够守得住自己的富贵和社稷"而和其民人"。卿大夫是辅佐天子处理国家日常政务的高级官员,事事都必须按照先王的成例、传统办理，什么身份的人穿什么衣服、说什么话、怎样说话，等等，都必须符合礼制的规定，这就是："非先王之法服不敢服，非先王之法言不敢道，非先王之德行不敢行。是故非法不言，非道不行；口无择言，身无择行。言满天下无口过，行满天下无怨恶。三者备矣，然后能守其宗庙。"（《孝经·卿大夫章》）士是国家的低级官员，级别虽然低，但国家的具体政令都由他们来落实执行，其身份一方面是国君之臣，要忠于国家利益，另一方面直接听命于上级；那么，他们在处理国家日常事务过程中，要同时做到忠君和敬长两个方面。要做到忠君和敬长，就是事事以孝顺父母之心要求自己，也就是："资于事父以事母，而爱同；资于事父以事君，而敬同。故母取其爱，而君取其敬，兼之者父也。故以孝事君则忠，以敬事长则顺。忠顺不失，以事其上，然后能保其禄位，而守其祭祀。"（《孝经·士章》）至于普通农民百姓，他们无权参与国家的任何事务管理，没有任何的权利可言，只有义务，他们的孝行就是安心种地、生产，谨慎规范自己的言行，不能有任何地方触犯国家的礼法，保证对父母赡养的正常进行，就是《孝经·庶人章》说的"用天之道，分地之利，谨身节用，以养父母"。

中国的传统伦理，从实践的层面看是修身第一，即一切按照儒家的伦理标准规范自己的一言一行，不断地反省自己所思所想是否符合孔子、孟子所规定的伦理要求。《孝经》的五等之孝，是"仁"的前提，仁是孝的延伸和目的。各个阶级、各个阶层在由己及人、将孝道延及他人时，就是以恕道待人。《论语·里仁》记载孔子对曾参说"吾道一以贯之"。曾参出来之后，别的学生问他老师的话是什么意思，曾参回答说："夫子之道，忠恕而已矣。"孔子学说以"仁"为核心，曾参说夫子之道"忠恕而已"是指孔子的仁学的内容而言，是说忠恕是仁学的基本内容。孝是仁的出发点、前提和基础，则忠恕是孝的延伸。前已指出，孔子之忠是尽心尽力于别人之事、自己职责，包括尽心尽力于君王，但并不限于君臣关系，而是就人与人关系而言。恕也是指人与人的关系，是对待他人的态度。恕的基本内涵是"己所不欲，勿施于人"，即推己及人，换位思考，设身处地地去体谅别人、宽恕别人，是"仁者爱人"的一个方面。具体的要求如"以直报怨，以德报德"，即用正直去报答怨恨，用恩德报答恩德，反对冤冤相报，更反对以怨报德。(《论语·宪问》)"恶称人之恶者，恶居下流而讪上者"(《论语·阳货》)，即憎恨宣扬别人的坏处，憎恨毁谤地位比自己高的人，反对揭发别人的短处和缺点。"躬自厚而薄责于人"(《论语·卫灵公》)，即多责备自己少责备别人，等等。一句话，恕道就是要求人们以自己之心去度别人之心，以博大的胸怀去宽容别人的不周、不妥、不到之处,实现人和人的和睦相处、社会秩序的井然有序。《孝经》是深得孔子的思想精髓的,所谓"爱亲者,不敢恶于人;敬亲者,不敢慢于人。爱敬尽于事亲,而德教加于百姓,刑于四海",就是要求天子以恕道治理万民,使万民效法自己。《孝经》反复强调以孝治天下,实际上就是要各级官僚和平民百姓行忠恕之道,忠以待君,恕以待人。

在阶级社会里,统治阶级的思想就是被统治阶级的思想,统治阶级提倡的就是被统治阶级所必须遵守的,而年复一年、日复一日地延续,代代相传,在潜意识里自然成为广大百姓的行为指南。因而,千百年来,宽以待人、温良敦厚、有容乃大,已内化为中华民族的显著特征,仁慈和善良成为二千多年以来的中国平民的本性。这在传统的农业社会中,随处可见:如对别人的痛苦富有同情心,相互信任,彼此照顾,周贫济困等以仁爱为基础的善行,等等。梁启超曾说:"中国社会制度,颇有点互助精神。竞争之说,素为中国人所不解,而互助则西方人所不甚了解。中国礼教及祖先崇拜,皆有一部分出于克己精神与牺牲精神。"(《梁任公在中国公学之演说》,载《东方杂志》第十七卷第六号,1920年3月)钱穆曾认为中国人把幸福看作是人心相通,他说:"福从示,即神,即能通。如从心之幅,果能与人相通,则见为悃幅纯一之诚。若其固己自封,未能通于人,则成为心之郁结……故人之自由,乃通于人与于人以为自由,非争于人、取于人以为自由。"(钱穆:《现代中国学术论衡》,岳麓书社,1986)这"通于人……以为自由",即人与人的心意相通,彼此理解、彼此谅解、彼此宽恕、彼此友爱,一句话,就是以仁恕之道待人。无论是梁启超说的祖先崇拜与礼教的克己精神,还是钱穆说的人心相通,无不是孝的精神与实践。祖先崇拜与礼教,本身就是孝的体现;人心相通更离不开一个孝字。人心怎样才能相通?人心相通的基础是什么?只有一个孝字,是在孝敬自己之亲的前提下,才会体会到他人的孝亲之心,进而推及其他,也就是《孝经》所说的"爱亲者,不敢恶于人;敬亲者,不敢慢于人"。所有这些,都是孔子、曾子及其传人所极力说明阐发的。《孝经》则以简洁、丰富的语言,集儒家孝道理论和实践之大成,使之便于传诵,便于学习,便于实践;各种蒙学读物,家训、族规的制定和实践,则把《孝经》和其他儒家经典的孝道理论具体化、程序化,广大民众在日复一日、年复一年的代代相传过程中,早已将孝的伦理和实践视为天经地义的神圣法则,内化为全民族的性格内容。

2. 重礼守法的行为准则

前已指出,孝的内容分为养和敬两个方面,敬才是孝的核心;敬以爱为基点,以顺为基本精神,以礼为实践规范。所以，礼与孝是行与情、外与内的关系。礼的精神实质是敬，孝的内在核心也是敬，在敬这一点上，礼与孝是统一的。《孝经》反复强调的就是爱与敬的统一。如《天子章》说："爱亲者，不敢恶于人；敬亲者，不敢慢于人。爱敬尽于事亲，而德教加于百姓……"《士章》说："资于事父以事母，而爱同；资于事父以事君，而敬同。"《圣治章》说："圣人因严以教敬，因亲以教爱。"《纪孝行章》说："孝子之事亲也，居则致其敬，养则致其乐，病则致其忧，丧则致其哀，祭则致其严。五者备矣，然后能事亲。"等等。怎样表现孝子之敬？就是言谈举止以礼而行。所以《孝经》特别强调"礼"。可以说，《孝经》对孝的理论内涵并没有作出多少探讨，它强调的就是在操作的层面上守礼的重要性。无论是平民百姓之孝，还是天子之以孝治天下，依礼而行，就是尽到了各自的孝道，自然就天下大治。《三才章》借孔子之口说孝是"天之经也，地之义也"，要求君王遵循孝道以教化万民，要教民以"博爱""德义""敬让""礼乐"云云，实际上就是要求君王教化万民处处依礼而行。当然，天子自己要带头守礼，《孝治章》说："昔者明王之以孝治天下也，不敢遗小国之臣，而况于公、侯、伯、子、男乎？故得万国之欢心，以事其先王。"这"不敢遗小国之臣"就是指以礼对待那些没有封号、经济文化发展落后的小国的使者而言。对待小国使者如此，对待那些有封号的国家更是如此，自然得到天下所有国家的拥护。这里所说的礼是指宾礼而言。至于其他的各种礼仪莫不如此。《圣治章》说："人之行莫大于孝，孝莫大于严父，严父莫大于配天，则周公其人也。昔者周公郊祀后稷以配天，宗祀文王于明堂以配上帝。是以四海之内各以其职来助祭。""严"是尊敬的意思，"严父"就是尊敬父亲，但这里的尊敬是专门对父亲的祭祀而言，"严父"之"父"也不仅仅是一般意义上的父亲，而是列祖列宗的泛指。所谓"严父"就是一丝不苟地按照礼仪祭祀列祖列宗。所谓"周公郊祀后稷以配天，宗祀文王于明堂以配上帝"，就是要后人以周公为榜样，严格祭祀包括父亲在内的列祖列宗，这就是孝道。能做到这些，就能得到四海归心。"四海之内各以其职来助祭"表述的就是归心的意思。

敬以爱为基础，以礼为体现，因而行礼就是行孝。遵守孝道，体现在日常行为上就是严格遵守礼仪。西周时期，是我国礼制最为完备的时期，按照文献记载，当时的礼分为吉、凶、军、嘉、宾五大类。吉礼是祭祀之礼，包括祭祀天地神明、列祖列宗的礼仪在内；凶礼是指丧葬之礼；军礼是指出兵作战、献俘、军事演练、田猎等礼仪；嘉礼是冠礼、婚礼等；宾礼是关于宾客之礼。每一类又因为实行的对象不同、条件不同而有不同的内容，极为繁杂，据说有三千多种。其目的是为了区别人与人之间的亲疏远近、等级高下。《礼记·曲礼上》说:"夫礼者,所以定亲疏,决嫌疑,别同异,明是非也……道德仁义,非礼不成。教训正俗,非礼不备。分争辩讼,非礼不决。君臣上下,父子兄弟,非礼不定。宦学事师,非礼不亲。班朝治军,莅官行法,非礼威严不行。祷祠祭祀,供给鬼神,非礼不诚不庄。"这是从国家政治运作的层面论述礼的功能的。《礼记·礼运》从人的性情和人与人的关系的角度对礼的必要性和重要性有所说明:

> 故圣人耐以天下为一家,以中国为一人者,非意之也。必知其情,辟于其义,明于其利,达于其患,然后能为之。何谓人情?喜、怒、哀、惧、爱、恶、欲,七者弗学而能。何谓人义?父慈、子孝、兄良、弟弟、夫义、妇听、长惠、幼顺、君仁、臣忠,十者谓之人义。讲信修睦,谓之人利。争夺相杀,谓之人患。故圣人之所以治人七情,修十义,讲信修睦,尚辞让,去争夺,舍礼何以治之?饮食男女,人之大欲存焉。死亡贫苦,人之大恶存焉。故欲、恶者,心之大端也。人藏其心,不可测度也。美恶皆在其心,不见其色也。欲一以穷之,舍礼何以哉!

一句话,人生在世,处处离不开礼。作为普通的个人来说,每一个人都要用礼控制自己的一言一行,使自己的行为符合纲常伦理的要求。作为统治者来说，礼是统治天下的最为主要的手段，用礼规定着每一个人的社会地位以及与周围其他人的关系。而这种规范的核心就是"十义"，即实现"父慈、子孝、兄良、弟弟、夫义、妇听、长惠、幼顺、君仁、臣忠"。这"十义"就是《孝经》所要达到的目的，而以孝悌为根本。

在传统的"五礼"中，除了军礼和孝道没有直接的关系外，其余各类礼仪都和孝道有着直接的关系，都是为着"十义"展开的。我们可以举属于嘉礼的冠礼和婚礼来说明这一点。冠礼就是成人礼，在人类历史上曾普遍存在过。西周制度，所有贵族家庭的男子20岁都要行冠礼，《仪礼》的第一篇《士冠礼》讲的就是冠礼的全过程，步骤繁杂，我们不去列举。我们要注意的是冠礼必须在宗庙里举行，必须祭告祖先，以表明尊祖孝亲之义，向列祖列宗表明，该家族又有一个后嗣成人，又有了一个继承祖业的人；同时也在教育刚成年的青年，要光宗耀祖，不要辱没祖宗。《礼记·冠义》说："冠而字之，成人之道也……成人之者，将责成人礼焉也。责成人礼焉者，将责为人子、为人弟、为人臣、为人少者之礼焉。将责四者之行于人，其礼可不重与？故孝弟忠顺之行立，而后可以为人。可以为人，而后可以治人也。"古代习俗，成人以字行，加冕之后，就可以在姓名之外再起一个字，而后，与人交往时称字而不称名,标志着成年了。人成年了,要懂得成年人的道理,也就是父子君臣之道,所以要举行加冕典礼,告诫这个年轻人,从今日起,要负起为人子、为人弟、为人臣、为人少者的责任,自觉履行孝悌忠顺之道。

《仪礼》有《士昏礼》专篇,对婚姻的程序有详细规定,总体上分为纳采、问名、纳吉、纳征、请期、迎亲六个步骤,极为隆重。按照《礼记·婚义》的解释,婚礼"上以事宗庙,而下以继后世也"。所以其纳采、问名、纳吉、纳征、请期这五个步骤都要在宗庙中进行,因为婚姻的功能之一是延续后嗣,所以要祭告先祖,故于宗庙中举行。迎亲是婚礼的中心,夫婿到女家迎娶新妇,行前,父亲要以命令的口吻告诉儿子:到女方家里去迎娶新妇,继承我的宗族,祭祀列祖列宗。到了女家,女子的父亲也要将其迎入宗庙,在宗庙里将女儿交给男方。新妇来到男家三个月以后拜见夫家祖庙,叫作"庙见",这才算取得夫家正式妻子的资格。也就是说,只有拜见了男方的祖先,取得了男方祖先的同意,婚姻才算正式有效,以示尊祖敬宗。当然,除了延续子嗣之外,娶妇奉养父母也是不容忽视的目的。所有女性在出嫁之前,父母都要反复叮咛:到了夫家要无条件地侍奉公婆。《礼记·内则》对儿媳侍奉公婆有极为详细的礼仪规定,稍有违反或者疏漏,引起公婆不快,轻则训斥,重则被休弃。

在儒家经典中，记载礼仪制度之书一般说来有三部，即《周礼》《仪礼》《礼记》，也就是人们习惯上说的"三礼"。其中《周礼》说的是职官制度，和一般意义上的礼仪基本无涉，《礼记》主要是对礼仪含义的阐发，一小部分是礼仪程序。只有《仪礼》是专门记述礼仪的。这三部书号称是西周制度，实际上成书都在战国时期或者更晚，后世学者整理时，还掺入了战国时代甚至西汉儒者创作的内容。也就是说，书中所记，并非完全是周代制度。在其成书时，西周的礼制早已处于分崩离析过程之中。而儒家学者，从孔子开始，到战国时代，不断地整理西周礼仪制度，其中因年代久远，有些已经失传，有些则是整理者按照自己的理解增加的新内容，希望能够变为现实，实现井然有序的礼制社会，最后成为我们现在看到的文本。也就是说，像《仪礼》所记载的各项礼仪制度在战国时代的社会生活中，最多是部分的实行，儒生们是把它作为一种学问整理、传习的。战国时代，君主专制国家在迅速形成的过程之中，各国都通过法律制度建设，以强制的手段加强君主集权，以培养内在自觉为主要目的的周代的礼仪制度对国家政治的影响有限。但是，当君主专制政体确立之后，仅仅靠法律的强制手段只能使臣民被动地服从现实的统治秩序，而不能够使臣民们自觉地遵从和维护。要使臣民自觉地遵从，就要加强教化。汉代以孝治天下就是为了这一目的提出的。对于广大臣民特别是普通平民来说,他们大多数是文盲,对于儒家所宣扬的君臣大义的理论是无法背诵后再实行的,最好的办法就是把这些理论变为具体的行为方式,让人们照着做就行了,在实践中明白这些是天经地义的,不能改变,时间既久,自然内化为人们的潜意识而代代相传。《孝经》并没有直接对如何守礼作出具体说明,只是反复强调对父母的养和敬,而后移孝作忠,要求臣民忠于君王,但是,其内涵则是处处以礼作为行为规范要求人们的。礼是敬的外在体现,敬父母、敬君王,都要通过礼来表现。以此为基础,表示忠君的礼自然更加严密和适应时代需要,而对礼的忠孝含义的阐发也相应地深化,并因为时代的不同而不断地有所变通。前文列举的家训、族规中的规范家庭人伦秩序的礼仪就是因此发展而来的。中国礼仪之邦的称谓,就是因此而来的。

《孝经》在伦理上强调守礼与孝悌的关系的同时,又强调守法与孝悌的重要性。所谓"五刑之属三千,而罪莫大于不孝",目的是说明守法是行孝的基本保障。这又分为两个层面:一是说明法律对不孝罪从重论处;二是说明孝子必须无条件地遵守一切法律,做一个彻头彻尾的顺民,因为无论是出于何种原因、违反了什么样的王法,结果轻则自身遭受牢狱之灾,重则杀头丧命甚至连累全家、全族,导致宗族受损,违背了"身体发肤,受之父母,不敢毁伤"

的孝子的基本要求，给父母、宗族带来的是耻辱，更谈不上什么"立身行道，扬名于后世，以显父母"了。所以，守法是行孝的最低要求，遵守孝道，自然遵守法律，孝子和顺民从来都是合一的。而礼和法，就社会功能而言，是一个问题的两个方面，都是为了实现君君、臣臣、父父、子子的尊卑秩序而设。本来，传世的礼制形成于西周，春秋战国的学者在整理的过程中又加以补充和理论阐释。在西周时代，没有后世法律的概念，社会等级秩序就是由礼制维持的。到春秋时代，礼崩乐坏，原来的礼制系统无法满足各国强化君主集权的需要，于是有成文法的产生，此后的历朝历代不断地予以发展和完善。而法律的本质是维护君主集权，礼制的目的是保证君臣贵贱等级的永恒性。不同的是，礼以宗族力量为基础，以血缘亲疏为等第，以传统为约束，和法律相比较，更多地体现着道德的自觉；而法则以国家力量为基础，是国家权力的体现，体现的是国家对个人行为的强制性。从社会实践的效果看，国家强制，只能使人们被动地服从，而道德的自觉则可以使人们主动地维护。要使江山千秋万代，当然是自觉与强制相统一而以自觉为理想。孔子说："道之以政，齐之以刑，民免而无耻。道之以德，齐之以礼，有耻且格。"(《论语·为政》)意思是说，用行政命令治理百姓，用刑法来制约百姓，只能使老百姓勉强地克制自己不犯罪，而不懂得犯罪的耻辱；

反之，如果用德来引导百姓，使百姓都能明白仁德的内容，用礼来约束百姓，百姓就会懂得犯罪的可耻，并且会自觉地避免和纠正错误，从而主动地维护现有的统治秩序。对这个道理，历代统治者都是心领神会的，孔子的后学以及后世的士大夫更是倾尽全力予以论证和制度设计。一方面使法律尽可能地吸收儒家的君臣、父子、夫妇之道以及仁、义、礼、智、信等伦理规范；另一方面尽可能地运用礼来规范人的行为。所以，礼作为法的补充和延伸，在两千多年的专制时代，始终并行不二。人民在家守礼，在国守法，礼法合一，神圣不可侵犯。遵纪守法，逻辑地成为中国国民性组成部分。

在近代西方学者的眼中，中国人的最大特点是重礼仪、守规矩。荷兰人施列格说："中国人是守规蹈矩的，他们爱好秩序。"（[荷]施列格：《天地会研究》，商务印书馆，1940）英国人呤唎说："我必须说，中国人是我所见到的最有礼貌的民族之一。"（[英]呤唎：《太平天国革命亲历记》，中华书局，1961）这里所说的"礼貌""秩序"等等，都是指遵礼守法的综合表现而言的。在传统中国的各种蒙学读物、家训、族规、格言、官箴中，无不充满着重礼守法、克己忍让、宽惠仁慈、忠孝节义的内容，也都是这一国民性格的流露。

3. 忠君爱国的民族精神

爱国是中华民族千百年来最崇高最珍贵的美德。"人生自古谁无死，留取丹心照汗青"，这句南宋民族英雄文天祥表达自己爱国之心的千古绝唱，是中华儿女爱国精神的真实写照，是我国民族精神的浓缩，早已家喻户晓。从文字学上看，国本来是区域的意思，原始意思就是有人住的地方；人们因为尊祖敬宗，对自己祖先居住的地方热爱有加，故而祖、国连称，把自己的国家又称为父母之邦、父母之国。所以从文化发生学的角度看，爱国源于孝道。

本来，对自己国家的热爱，是世界上任何一个国家、一个民族共有的感情。但是，中国的特点是爱国和忠君合一，忠于国君就是爱国的体现。先秦儒家无论是开山祖师孔子还是其后学如曾子、孟子、荀子，对忠君理论都有系统的阐发，角度和侧重点尽管有所不同，中心则是一个，就是"事君以忠"。《论语》一书谈到"忠"者共有17处，直接讲到忠君的有两处，将忠孝结合的有一处，即《论语·为政》，其文云："季康子问：'使民敬、忠以劝，如之何？'子曰：'临之以庄，则敬；孝慈，则忠；举善而教不能，则劝。'"季康子请教如何使百姓恭敬、忠心和互相劝勉行善，孔子回答说："你对待他们态度庄重，他们就会恭敬；你孝顺父母、慈爱百姓，他们就会忠心；你举荐好人、教育能力差的人,他们就会劝勉。"在这里,孔子第一次将孝和忠相连,明确提出以孝慈之道化民,可以导致臣民忠顺于国君。这实际上就是说,孝是忠的前提,在家孝父,就会在外忠君。这是后继儒家大讲忠孝一体的由来。但在孔子、孟子、荀子的心目中,国家利益高于一切,当国君的行为违反礼制,给江山社稷带来危害时,臣子不仅要犯颜直谏,而且在必要时能够废君之命,这就是荀子所说的"谏、诤、辅、拂"。但是,尽管孔子、孟子、荀子反对不问是非曲直一味地服从君王,君臣大义的基本框架则是不能变的。孔子弟子子路曾说:"长幼之节不可废也;君臣之义,如之何其废之?"(《论语·微子》)这表述的是孔子思想。荀子明确提出臣子可以废君之命,可以自行其是,但其目的必须是为了君王根本利益的千秋万代,是为了避免因为君王的错误命令和行为给君王自己带来耻辱并辱及君王的先人。谏诤也好,废君命也好,如果是为了谋取自己的私利,就是乱臣贼子了。在这里,忠君和爱国的含义虽然不完全相同,但已经暗含着统一的逻辑必然性了,和后世的区别在于孟子、荀子主张忠君理性化,而不能绝对化,绝对化则是愚忠。

《孝经》以孝说忠、事君如事亲、事君重于事亲之后,君父一体、君国一体系统化,忠君和爱国合一了。虽然从文字上说,《孝经》的忠君观念和后世的愚忠还有所不同,认为臣子要以谏诤为务,发现君王作为不合圣王之道时,要犯颜直谏。但是,直谏之后,听与不听,还是由君王决定,臣子最终还是服从君主。《孝经》说"资于事父以事君,而敬同","以孝事君则忠","君子之事亲孝,故忠可移于君"。父子关系天定,君臣也是如此了。董仲舒将儒学神学化以后,"君为臣纲,父为子纲,夫为妻纲"被看作天意的体现,是天地运行的自然法则而推及于人道的表现,历代帝王为了加强君主集权,更是大力提倡忠君观念。以善于纳谏而被誉为一代明君、帝王典范的唐太宗李世民就明确表示"天地定位,君臣之义以彰","君虽不君,臣不可以不臣"。宋代理学发达,三纲五常更加绝对化,忠君相应地绝对化,"君叫臣死臣不得不死,父叫子亡子不得不亡",不仅仅是臣子被动接受的要求,更成为臣子主动追求的目标。

在古代中国,朕即国家,君国一体。在古人心目中,爱国是通过忠君体现的,或者说,忠君就是爱国。《孝经》说"夫孝,始于事亲,中于事君,终于立身","以孝事君则忠"。在忠的一般含义之外加入了亲情的内容,固然强调了臣对君的敬与顺,但也把爱国情怀推向新的高度。正是这种忠君爱国观念的熏陶和培育,在中国历史上才有着难以计数的仁人志士,或者尽心职守、廉洁奉公、不顾名利、维护公正,或者视死如归、保家卫国、血沃中华,如此等等，不一而足，无不彪炳千秋，为万世楷模。其代表人物前者如唐代的魏徵、宋代的包拯、明代的海瑞等等，昭示世人如何刚正不阿、尽心国事；后者如汉代的苏武、南宋的文天祥等民族英雄，激励后人前仆后继、为国捐躯，都写下可歌可泣的光辉的爱国篇章。

《孝经》的以孝事君，把君父一体化之后，不仅强化了国民的爱国情怀，更主要的是强化了忠臣不事二姓的君臣之义。父子关系基于血缘的唯一性，"君臣如父子"之后，尽管君臣之间不存在血缘的基础，但在臣民心目中君臣关系则是唯一的，一旦确立，就不能改变，做臣子的决不能另寻明主，否则就是不忠不孝。用现在的眼光看，这种忠于一家一姓的行为和观念，在本质上和爱国主义并不相等，但在当时来说，则被视为忠孝的最高义举。北宋末年，金兵南下，宋朝政治黑暗，不堪一击，宋徽宗、宋钦宗先后成了金人的阶下囚，康王赵构称帝，定都临安，即今天的杭州。赵构置中原人民于不顾，一心偏安江南，不思收复失地，信任投降派秦桧等人，排挤打击抗战将领。岳飞顺应民心，为了收复大宋失地，率领军民，奋勇抗金，所向披靡，攻无不克，战无不胜，打得金兵节节败退，收复中原大片失地，受到中原人民的极大欢迎和拥戴，使金兵闻风丧胆、溃不成军。就在岳家军节节胜利、恢复大宋江山、彻底击败金兵指日可待的时候，宋高宗和秦桧害怕收复中原,宋徽宗、宋钦宗两位皇帝回朝会影响到自己的皇位和官位,只想和金人议和,向金人称臣,做个儿皇帝,一天之内连下十二道金牌,命令岳飞撤军,最后以"莫须有"的罪名将岳飞父子杀害。将其他主张抗金的将领和朝官,撤职的撤职、下狱的下狱,致使抗金大业功败垂成,中原民众再入苦海,陷于金兵的铁蹄之下,受尽苦难。用今天的眼光看,岳飞抗金是为恢复大宋江山,而当时金国的经济和文化落后于宋,加上宋金之间的长期矛盾,金兵进入中原之后,烧杀抢掠,给中原人民带来无穷灾难。岳飞收复失地、救民于水火,是正义之举,岳家军更是受到中原民众的热烈欢迎和江南民众的衷心拥护,又有"将在外君命有所不受"这句古训作为支持,岳飞完全可以而且应该将高宗的班师令置之度外,待"直捣黄龙"即攻占金国首都的目标实现以后再回朝复命,或奖或罚、或生或死,任由高宗发落就是了。这也是孔子、孟子、荀子所主张的"谏、诤、辅、拂"之臣的正义之举。但是,岳飞没有这样做。为什么?就是因为在当时的伦理观念中,如果岳飞抗命不撤,就会蒙上不忠不孝的罪名。在当时的观念中,既然是食君之禄就要忠君之事,绝对服从,除此之外,别无选择。这是当时的普遍观念,而不是岳飞的个人认识。所以,当岳飞和岳云父子二人被害于风波亭之后,朝野喊冤之声不绝,一片诅咒秦桧之声,认为是秦桧这个大奸臣害死了岳飞，但并没有人认为岳飞听命班师是错误的，也没有人谴责高宗赵构。在事过境迁，岳飞被平反之后，人们也只是让秦桧夫妇的铁像跪在岳飞墓前。历代文人墨客在抨击投降派的罪恶时，无一例外地均以秦桧为目标，还是没有人清算赵构应当负什么样的责任。原因就在于君是第一位的，国是第二位的，在当时人的心目中，忠君大于爱国。也正因为如此，岳飞才更加受到后人的景仰。

不事二姓的节义之举，越到封建社会后期，表现得越突出。清朝入关统一全国之后，许多有名的知识分子都隐居不仕，表示对明王朝的忠贞。聪明的康熙皇帝为了收买这些读书人，就在科举考试中开设了一个特别的科目，叫作"博学鸿词科"，忠实于明王朝的遗老们只要报个名，走一下考试的形式，就能被录取，并能够得到一个很不错的官位。当时有许多明朝遗老或者见清朝天下已经巩固，农民们的生活已经有所稳定，对平民百姓来说，在满清的统治下，生活还有所改善；或者迫于政治压力，都参加了这一考试，加入了清政府。但也有不少著名学者坚守忠臣不事二姓的信念，无论清政府官员如何威逼利诱，都拒绝应试。这些明朝的孤臣遗老们也知道，恢复明朝是不可能的，明朝是因为太腐败才灭亡的，起码从后期开始，明朝皇帝一个比一个昏庸无道，朱明官僚一个比一个贪婪，人民生活于水深火热之中，才爆发了农民大起义，埋葬了明王朝,清朝才有机会取代明朝而拥有天下。清朝入关尽管曾经烧杀抢掠犯下许多血债,但后来陆续推行的一系列恢复生产、发展经济的措施还是顺应民心的,和明朝相比,农民的生存条件要改善许多。但是,他们就是不和清政府合作。名重当世的大儒如江苏的顾亭林、陕西的李二曲都是其代表。康熙皇帝对他们并不责怪,相反,还尊敬有加,以表彰他们的忠君气节。如康熙皇帝到陕西巡视时,命川陕总督和陕西巡抚尊李二曲为当代大儒,并要亲自去看望他。李二曲知道,康熙来访,是要逼他投降清朝。因为按照一般礼制,有重要客人来访,主人总要迎接的,而当今皇上驾到,自己出迎时如何行礼就是个大问题:行一般的迎宾礼,即使康熙不怪罪,康熙的随从也不会答应,很可能因此招来灭门惨祸;行君臣大礼,就意味着投降,苦守一世的忠臣义士、纲常名节就全部丧失了。李二曲无奈之下,就只好装病,卧床不起,表示无法接驾。然后派儿子去看一下康熙,表示谢意。康熙明白个中原委,也不再去为难他。康熙这样做的目的,当然不是鼓励臣民们反清复明,而是为了表彰忠孝节义,希望臣民们都能像李二曲效忠明朝那样效忠清朝。

在君主专制政体之下,抽象地说,君是指国君,臣是指群臣。但在现实社会结构中,君臣关系又呈现多元状态。按照《孝经》的思想体系,君臣关系以父子关系为基础,其余主仆之间、上下级之间都是一对君臣关系。如果说上下级之间的君臣关系必须受到岗位责任的制约，要以国君的利益为转移的话，那么主仆之间的仆人绝对忠于主人则被视为义举。《赵氏孤儿》《狸猫换太子》等传统戏曲，古往今来，备受欢迎就说明了这种社会心理。为了保住主人的后代、嫡传，不惜牺牲自己的一切，以至于牺牲自己亲生骨肉幼小的生命。这正是《论语》所说的"可以托六尺之孤，可以寄百里之命，临大节而不可夺"的典型。可以把年幼的国君托付给他，可以把国家的命运托付给他，在生死存亡的紧要关头都不会动摇，这就是中国人心目中的大丈夫、真君子。由此推演开去，在寻常百姓之间，受人之托、忠人之事，忠义第一，不计功利，都构成了传统国民性格内容的一部分。所有这些，自然是千百年来儒家伦理培育的结果，而《孝经》以孝为忠的影响更不可低估。

4. 尊老爱幼的传统美德

尊老爱幼是中国传统美德，也早已成为我国国民性的组成部分。从历史的序列看，早在西周孝观念产生并作用于国家政治时期开始，在观念和制度的不同层面，尊老已经成为人们社会生活的构成部分。在《仪礼》和《礼记》中有记述养老尊老的专门篇章，这些当然不是周代的实况记录，但也反映了周代尊老、敬老、养老的部分内容。春秋以后，孔子、孟子等儒家学者以及其他诸子的代表人物，对尊老养老问题从伦理和制度的不同层面都有过具体、系统的论述和设计。孔子说："弟子入则孝，出则弟，谨而信，泛爱众而亲仁。"(《论语·学而》)在家孝敬父母，在外尊重和顺从兄长，谨慎小心，诚信第一，爱护他人，多和有仁德的人交往，努力按照"仁"的要求去做，就会逐步地接近仁者了。一次，孟子和梁惠王讨论富国强兵之道，孟子说只要行仁政，国家虽小也能无敌于天下，具体内容就是在经济上轻徭薄赋，而后使"壮者以暇日修其孝悌忠信，入以事其父兄，出以事其长上"。就是让百姓安心生产，丰衣足食，让年轻人有时间提高孝悌忠信素质，在家孝顺父母，敬爱兄长，在朝尊敬老者，顺从上级。这样"谨庠序之教，申之以孝悌之义，颁白者不负戴于道路矣。老者衣帛食肉，黎民不饥不寒，然而不王者，未之有也"。政府重视学校建设，各级地方政府都办有不同级别的学校，教育百姓如何遵守孝悌之道，年轻人有地方学习，老年人可以颐养天年，头发斑白的人再也不需要去为了生活而奔波，百姓免于饥寒之苦，自然会得到万民拥戴，成为天下之王。(《孟子·梁惠王上》)孟子有过一句名言，就是"老吾老以及人之老，幼吾幼以及人之幼"，每个人都能像关心自家老人、小孩那样关心别人的老人和小孩，从而使社会充满着人情与友爱，这是孟子心目中最理想的社会道德标准。

《孝经》将孔子、孟子的尊老思想发展到了新的阶段。《孝经》的"五等之孝"的共同点就是"老吾老以及人之老",提出自天子到庶人,都要将心比心,用事自己双亲之敬去敬他人之亲,用事自己兄弟之悌去悌他人之兄弟,以待父兄之真诚去对待世之长者。天子身为天下共主,"爱亲者,不敢恶于人;敬亲者,不敢慢于人。爱敬尽于事亲,而德教加于百姓,刑于四海,盖天子之孝也"。作为诸侯,要"在上不骄","制节谨度","而和其民人"。卿大夫则是一切按照先王的既定方针办,"非先王之法服不敢服,非先王之法言不敢道,非先王之德行不敢行",从而"言满天下无口过,行满天下无怨恶"。士则"以孝事君","以敬事长","忠顺不失,以事其上"。怎样是"制节谨度""而和其民人"?如何做到"言满天下无口过,行满天下无怨恶"?先王的法言、法服都包括了哪些内容?答案自然是丰富多彩的,内容也包罗万象,但有一点可以确认,这就是尊老爱幼是其中的重要组成部分。

尊祖敬宗本来是西周礼制的核心,《孝经》以西周的文化为基本框架,一切遵守祖宗之法。《圣治章》说的"人之行莫大于孝,孝莫大于严父,严父莫大于配天,则周公其人也"。就是要后世君王效法周公,"因严以教敬,因亲以教爱",目的就在这里。所以无论是天子之孝,还是诸侯、卿大夫之孝，都要尊祖敬宗，只是身份不同，具体行为内容有异而已。天子是专心敬亲，祭祀列祖列宗，诸侯、卿大夫则遵守先王之道、敬顺天子，因为天子是列祖列宗的现实代表，敬顺天子就是尊祖敬宗。士之"以孝事君""以敬事长""忠顺不失以事其上"也包含着尊祖敬宗的内容在内。至于庶人，在家的任务就是努力生产、赡养父母，在外则凡上则顺、凡长则敬。这样，从上到下，尊老都是基本义务，原来的尊老传统发展到了新的阶段。在以后的历史中，随着《孝经》的社会化，尊老成为全民族的自觉行为。

在先秦时期，尊老主要是通过礼的方式来体现的。其时，行有行礼，坐有坐礼。长者坐，幼者侍。长者命坐，幼者才能坐。长幼同席，长者上座，幼者下座。长者方起，幼者即立。长者行,幼者随侍或送行。遇到障碍,幼者搀扶。行于途中，长者在前，幼者稍后，不能距离长者过远，防止出现意外时搀扶不及；不能超前，不能催促。如此等等，在礼制上都有详细的规定。人际交往，年龄不一，差距有大有小，对不同年龄段的长者，则使用不同的礼节以示区别。《礼记·曲礼》云："年长以倍，则以父事之；十年以长，则兄事之；五年以长，则肩随之。群居五人，则长者必异席。"对年龄大于自己一倍左右的人要像对待父亲一样去尊敬；大十岁上下的人，就像对待兄长一样尊敬；比自己大五岁的，则跟在人家后面，所谓"肩随之"，就是跟随身后，保持一肩距离。若是几个人聚会，注意长幼不同席的原则，年长者一定要受到特殊的待遇，设专席相待。

西周时期，官府有"父老"之官，由德高望重的老年人担任，既是对老年人的尊重，也是为了利用老者的经验和知识教化庶人遵守社会秩序。官府对"父老"和其他老年人有着专门的制度规定，表示尊敬。《礼记·王制》《内则》等有着详细的记述。按《王制》的说法，周人继承了以往的所有养老制度中的精华，"修而兼用之：五十养于乡，六十养于国，七十养于学，达于诸侯"。这里的"养"是指官府优待而言，并不是由官府赡养。优待的内容有提高老人的物质待遇，改善饮食，如增加酒肉和丝织品的供应量等；减免事务，不必居于常礼，减少礼节应对，如可以手持拐杖出入官府，见官不拜，等等。物质优待的具体数量等因年龄不同而异，如六十岁的每餐都要有肉以保证营养，七十岁的要有帛穿以免受寒，等等。这些记载，有一定的历史依据，但也掺杂着战国儒者的设计，在战国时代是缺乏实现的依据的。孟子在和梁惠王讨论什么是仁政时，就将"老者衣帛食肉，黎民不饥不寒"作为"王道"的表现，"王道"是理想的政治目标，是努力的方向，说明在孟子之世的老人远远没有得到政府的优待可以免于饥寒之苦。也正是因为这些，《孝经》才大力提倡孝道，提倡养老尊老。

当历史的车轮进入汉朝的时候,《孝经》的养老尊老主张真正地开始付诸实现并法典化。汉高祖刘邦立国不久,鉴于秦朝暴政而亡的教训,开始接受臣下的建议,提倡儒家的仁义德治,在以法律制度统治天下的同时,推行教化。早在楚汉相争之时,刘邦就下令"举民年五十以上,有修行,能帅众为善,置以为三老,乡一人。择乡三老一人为县三老……以十月赐酒肉"(《汉书》卷一《高帝纪》)。汉文帝即位,明确"汉以孝治天下"方针,大力提倡孝道。即位伊始,即命令地方政府,"年八十已上,赐米人月一石,肉二十斤,酒五斗。其九十已上,又赐帛人二匹,絮三斤。赐物及当禀鬻米者,长吏阅视,丞若尉致"(《汉书》卷四《文帝纪》)。并且以法律的形式固定下来,为以后历代皇帝所奉行。八十岁以上的每人每月有官府供应米一石、肉二十斤、酒五斗,年满九十者再增加帛二匹、絮三斤。所有这一切,县令要亲自检查,由县丞或者县尉亲自送到老人家里。这些是列入国家法典的常例,除此之外,历代皇帝或者于即位之初,或者在节庆时候,或者因为天变灾异,还经常性地临时下诏,增加赐予高年的实物数量。另外,为了提高老年人的政治待遇,汉初规定平民年满七十五岁,官府授给木杖一根,叫作王杖;汉宣帝时,将授杖年龄提前为七十岁。王杖长七尺(汉代一尺约合今23厘米),杖首做成鸠鸟形状。传说鸠鸟吃东西不噎,老人吞咽食物时常常被噎住，用鸠鸟做王杖装饰，就是祝愿老人吃饭时不噎。持王杖的老年人享有一系列的特权，可以减免刑罚、减免赋税；可以自由出入官府，在驰道上行走（驰道是官府专用大道，一般百姓不能使用）；无论是平民还是官吏，如果侮辱、漫骂、殴打王杖老人，均以大逆不道罪论处，等等。

汉代以后的各个朝代，都延续了汉代的尊老措施，为老年人供应衣物，减免赋税徭役和刑罚，只是在不同时代，供应的衣物数量有所区别而已。另外，有的朝代，还以赏赐爵位的形式提高老年人的社会地位。这也是从汉代开始的。两汉时期，常见国家赏赐"三老"和"孝悌力田"者爵位。南朝梁武帝也多次赏赐"三老"和"孝悌力田"者爵位。北魏孝文帝从太和十七年起连续五年共十次赏赐爵位给老人。就是历史上以暴虐荒淫著称的隋炀帝为了笼络人心也曾下令给年九十者"版授太守"、年八十者"版授县令"。所谓"版授"就是在国家簿籍上享有太守、县令的荣誉和待遇。唐朝则经常性地给老年人赏赐官爵名誉，如唐高宗因为他的皇后是太原人，就赐予太原城内八十岁以上的妇女郡君的称号。唐玄宗赐予京师七十岁以上的老人县令爵位、全国八十岁以上的老人县令爵位。

通观历代统治阶级的尊老养老措施，就其实施效果看，局限性还是很大的。一来统治者尊老敬老的目的是以孝劝忠，希望百姓尽孝道，从而达到忠君的目的，而不是为了使政府担任养老的角色，所以赏赐高年的衣物也好、爵位也好、特权也好，都有严格的条件限制，年龄标准距离百姓的实际生存年龄有着较大的距离，达到规定养老年龄的老人群体数量是有限的。因为古代医疗条件差，疾病瘟疫容易流行，病情传染快，死亡率高；而一般百姓生活贫穷，老人的营养受到较大限制，人的寿命比现在短得多，七十岁以上老人在人口中的比重远远小于现代。"人生七十古来稀"这句古谚就说明了这一点。至于八十岁、九十岁的老人就更少了。但是，在中国古代社会，养老的主体是家庭和家族，官府只起导向作用；平民崇拜皇帝，也崇拜官吏，对皇命无不奉若神明，对皇帝的任何恩惠都是感激涕零，在内心形成极大的动力去报效皇命。对养老尊老问题也是如此。

前已提到，统治阶级的思想就是被统治阶级的思想，孔子曾经说过这样的话，"君子之德风，小人之德草，草上之风必偃"。这里的"君子"是指统治者，意思是说，统治者的品质和行为就好比是风，小民的品质和行为好比是草；风向哪边吹，草就向哪边倒；统治者提倡什么样的道德，小民就学什么道德；统治者提倡养老尊老，老百姓自然起而效法。事实上，也确实起到了这一作用。如儒家经典中所记述的各项养老的理论和礼节，在汉代以后的各个王朝都得到了实施并有所发展。如前所述的家训、族规、乡约，尊老养老都是其基本内容。文人学士编写的大量的劝善书、劝世文的主要内容也是一个孝字，教导百姓如何尊老养老。这些早已融入每一个中华儿女的血液之中，成为不自觉的行为指南，在潜意识中，敬老养老已经成为天经地义的义务，成为民间习俗。如《荆楚岁时记》说每天清晨，鸡鸣之后，子女起床的第一件事就是侍奉年迈的父母长辈梳洗起床，备好衣物用具，请安问候，伺候老人用餐；逢年过节，仪式更为隆重，儿女要按长幼次序给老人叩头拜寿，敬献用胡椒专门为老人泡的酒，简称椒酒，具有益寿延年的作用，等等。若稍加留意，我们不难发现，这并不是某一个地区的风俗，而是全国皆然。尽管用现代的眼光分析，有着许多和"愚忠""愚孝"相近的内容，应予以批判，但因此铸就的中华民族尊老敬老的美德是应当发扬光大的。

5. 因循守旧的惰性心理

厚古薄今，墨守成规，凡事先看古人怎样做、看圣贤如何说、看他人有无先例、不愿或者不敢为天下先，是中国国民性的重要特征之一。梁漱溟曾把中国国民性概括为十点，其第六点是"守旧，此指好古薄今、因袭苟安、极少进取冒险精神、安土重迁、一动不如一静等"（《中国文化要义》,学林出版社,1987)。这是符合历史事实的。恪守传统,谨遵祖制,惧怕变革,短于创造,知足常乐,确实是绝大多数中国人的性格之一,已为中外学者的大量研究所公认。如果做一个中西对比的话,可以说,西方人是将理想放在未来而中国人则将理想放在过去。先王之言,尧舜之治,就是中国人的理想国。无论是文学写作,还是学术研究,托古非今,今不如昔的描述和感叹,所在多有。这种保守性格的形成原因,当然是复杂的,如社会结构、生产方式、政治体制等等,但是,《孝经》所宣扬的孝道则是不容忽视的因素。这首先要从孔子的崇古价值观说起。

众所周知,孔子的政治理想是实现仁政德制,但是这个仁政的世界不是由当时的人充分发挥主观能动性去设计和创造,而是求之于过去,就是恢复西周的社会制度,也就是礼制社会。颜渊问什么是仁,孔子曾回答说"克己复礼为仁",其具体内容就是"非礼勿视,非礼勿听,非礼勿言,非礼勿动"(《论语·颜渊》)。樊迟问如何遵守孝道,孔子的回答是不要违背礼制,"生,事之以礼;死,葬之以礼,祭之以礼"(《论语·为政》)。生老病死,都按周礼去做。孔子对周礼极为推崇,曾明确表示"郁郁乎文哉,吾从周",要行夏之时,乘殷之辂,服周之冕。把周公当作自己学习的榜样,三个月没梦见周公有惶惶不可终日之感。从思想体系的总体上看,尽管孔子主张社会制度要因时而异,也肯定夏、商、周三代在因袭的基础上的变革，但因袭是主体，变革是表象。所以孔子的历史观是向后看的。这在当时，有一定的合理性，因为周王室东迁之后，礼崩乐坏，天下大乱，社会陷入了无休止的动荡之中，生灵涂炭，民不聊生，人民怨声不断，如传世的《诗经》中有许多篇章作于春秋时期，表达了对现实的不满和对过去的怀念。在这一背景下，孔子提出其仁政德制论，其方式就是恢复周礼，以稳定社会秩序，减少攻伐和杀戮；在其复礼的背后有着一系列道德的规范和要求，这大约就是对周礼的因革之处。但是无论孔子仁政德制的内容如何，其总体目标是恢复周制。其后继诸学，继承了孔子的历史观，无论在具体内容上如何地与时俱进，设计出什么样的施政方案，都打上三代的标签，甚至更早。《礼记·礼运》篇借孔子之口表达了先秦儒家对过去的大同和小康社会的向往，云：

> 大道之行也，与三代之英，丘未之逮也，而有志焉。大道之行也，天下为公，选贤与能，讲信修睦。故人不独亲其亲，不独子其子；使老有所终，壮有所用，幼有所长，矜寡孤独废疾者皆有所养。男有分，女有归。货，恶其弃于地也，不必藏于己；力，恶其不出于身也，不必为己。是故谋闭而不兴，盗窃乱贼而不作，故外户而不闭，是谓大同。

意思是说，大道实行的时代和三代精英治理天下的时代，我孔丘没能赶上，但是史书上是有记载的，是真实存在过的。大道实行的时代,天下是天下人共同所有的,选举、推荐那些德高望重、有能力的人做领袖，人与人之间讲究信用，团结友善。人们不只是亲敬自己的双亲、不只是疼爱自己的孩子，而是让所有的老年人都能安享晚年，壮年人都能正常发挥自己的才干，儿童都能正常地健康成长，鳏寡孤独生活困难的以及残疾人都能得到供养。男子有适合自己的职业，女子有满意的婚姻家庭。人们厌恶财物被扔在地上，但收藏起来不是占为己有；厌恶自己不能出力干活，但出力并不是为了自己。所以阴谋诡计没有施展的余地，没有产生盗窃和乱臣贼子的土壤，人们外出不用关门闭户，这就叫作大同。

小康继大同之后，人心已经不古了，其情形是：

今大道既隐，天下为家，各亲其亲，各子其子，货力为己；大人世及以为礼，城郭沟池以为固。礼义以为纪，以正君臣，以笃父子，以睦兄弟，以和夫妇，以设制度，以立田里，以贤勇知，以功为己。故谋用是作，而兵由此起。禹、汤、文、武、成王、周公，由此其选也。此六君子者，未有不谨于礼者也。以著其义，以考其信，著有过，刑仁讲让，示民有常。如有不由此者，在势者去，众以为殃。是谓小康。

大道消失了，天下是君主一家的天下，人们只敬爱自己的双亲，疼爱自己的孩子。把财物占为己有，只为自己出力；把官位世袭当作礼，修筑城郭和护城河来防守家园。用礼义作为行为准则，用来端正君臣关系，加深父子感情，使兄弟和睦、夫妇恩爱，并根据礼义建立制度，划分土地，尊重勇力才智之士，为自己建功立业。夏禹、商汤、周文王、周武王、周成王、周公就是用礼治理国家的杰出人物。这六位英杰，都谨慎严格地实行礼治，他们用礼制宣明道义，推行诚信，显明过错，效法仁爱，讲究礼让，表明民众正确的行为规范。如果不按照礼制的要求去做，民众将把他看作祸害。这就是小康。

大同社会，只是理想，在事实上根本不存在过。提出大同是为了说明小康。小康社会就是夏商周的礼制社会，主要是西周的礼制社会。在这里，我们不去讨论大同、小康的具体内容，我们只是说明先秦儒家的政治理想和历史观的向后看，远古的比近古好，过去的比现在好，是其思维特点。以后的儒家传人，包括《孝经》作者也是如此。

在春秋战国的战乱之世，这种对大同小康的向往对现实是有着积极的批判意义的。在这复古的价值取向中，包含着道德建设的意义，有着变革因素。但是，《孝经》则把以前儒家学者复古之中的进步因素排除了，主张一切都要因循守旧而不能有任何的变革。《孝经》所规定的五等之孝以及一切按既定的礼制传统执行，典型地说明了这一点。天子的任务就是孝敬双亲作为天下的表率，从而收到臣民效忠自己的政治效果。诸侯的任务是防止因为骄奢淫逸而丧失爵位和富贵。其永保富贵的具体内容没有说，但将上下文做一个比较就不难明白，诸侯永保富贵的秘诀和卿大夫永远守住其宗庙的内容一样，都是严守祖制。《孝经·卿大夫章》云：

> 非先王之法服不敢服，非先王之法言不敢道，非先王之德行不敢行。是故非法不言，非道不行；口无择言，身无择行。言满天下无口过，行满天下无怨恶。三者备矣，然后能守其宗庙。盖卿大夫之孝也。

在分封制之下，诸侯的封地为国，卿大夫的封地为邑，因爵位等第不同而有不同名称。无论是封国还是封邑，都要立宗庙。对于卿大夫而言，宗庙没有了，封邑也就不存在了；诸侯也是如此，诸侯的宗庙不存在，封国也就不存在了。卿大夫的服装、语言、道德行为都以先王礼法为准，不需要也不应该为穿什么样的服装、说什么样的话、遵守什么样的道德去思考、选择、比较，做到了这些，就不会有什么过失。没有过失，就不会受到君王的责罚，就不会被夺去封地。士的任务就是以事父之心忠心事君，具体要求就是敬顺长上，长上怎样说就怎样做，不必也不允许思考长上说的和做的对还是不对。至于庶人，全心全意种地收粮食，保证父母饮食需要就行了，当然，首先要保证国家税收徭役的需要。国家大事，是是非非，是用不着庶人过问的。

《孝经·纪孝行章》说："孝子之事亲也，居则致其敬，养则致其乐，病则致其忧，丧则致其哀，祭则致其严。五者备矣，然后能事亲。"怎样才算是符合"敬""乐""忧""哀""严"的要求？那就是严格按照礼制的规定去做。其《丧亲章》就孝子在丧礼及守孝期间的言谈举止、饮食起居、安葬祭祀的各项要求作了进一步的强调。其文云：

> 孝子之丧亲也，哭不偯，礼无容，言不文，服美不安，闻乐不乐，食旨不甘，此哀戚之情也。三日而食，教民无以死伤生。毁不灭性，此圣人之政也。丧不过三年，示民有终也。为之棺、椁、衣、衾而举之；陈其簠、簋而哀戚之；擗踊哭泣，哀以送之；卜其宅兆，而安措之；为之宗庙，以鬼享之；春秋祭祀，以时思之。生事爱敬，死事哀戚，生民之本尽矣，死生之义备矣，孝子之事亲终矣。

这看上去很有原则，没有具体的细节，但在这寥寥数语的背后是各项严格的规定，另有专门典籍。仅从《礼记·内则》《祭义》诸篇的记述来看，无论是家居之礼，还是丧葬祭祀之礼，其内容极为繁复和琐碎，要专门学习。孔子少年时就和他的一帮小伙伴练习俎豆之礼，孔子教授学生的首要内容也是礼。传世礼经规定得如此之细，子女侍奉父母的一举一动、一颦一笑，祭祀时桌碟碗盏的数量、摆放方式等等，都作出了严密的规定，没有为当事人留下任何变通的空间。为什么？就是因为这些是"敬""乐""忧""哀""严"的体现，后人不得变通，如有变通就违反了孝事双亲的基本原则。这不是先秦儒生的向壁虚构，也不是仅仅为了著述而著述，供后人研究，而是为了遵照执行的。这也不是一般的伦理要求，而带有强制规范的色彩。

所有这些礼制，作为尽孝的具体体现，千百年来，没有任何的改变，已经法典化了。历朝的礼仪相沿不变，法律予以严格的保护。对于国家来说，违礼就是违法。对于家族、宗族来说，这些礼制是家规、族规的依据、核心与目的，有着家法、族法予以保护。一般平民，违了礼，轻则受到家规家法的惩罚，重则要受到国法和家法的双重惩罚，因而日益神圣化。而所有这些，又构成了人们生活的全部内容，在家里就按照礼经的规定伺候活着的老人和祭祀死去的祖宗；在社会上就是尊敬老人、友爱他人；在官府就是忠于职守、效忠皇帝。一切都按既定方针和程序办理。在这日复一日、年复一年的代代相传中，人们无论是对孝道的理论与实践，还是对忠道的理论与实践，早已丧失了分析思考的能力，更谈不上什么创新。而对于学者而言，就是从不同的层面论证伦理的神圣性，或者是将传统忠孝之道世俗化，或者从理论上神秘化、神圣化等等，而所有这一切都是为了要国民向后看，严守祖制，祖宗之道不可变、祖宗之法不可违成为千古圣训。

中国传统伦理以教导人们修身养性为核心，克制自己的欲望，时时刻刻反省有无违背祖宗之法、圣人之训的言行和想法。这就是"存天理，灭人欲"，是是否成人的前提。成人是成才的前提，不成才不要紧，不成人则事关重大。先掌握传统伦理，再掌握各项技能，技能服务于伦理，为了保障伦理及其社会秩序而奋斗，才是人才。否则，就不成其为人。在这种思维定势的支配之下，在政治领域，任何改革、变法，都会被斥为悖乱祖制而遭到反对，变法者自然不会有什么好下场。在经济领域，重农抑商，因为自古以农立国，经商会导致人心追求功利而背离道义，使重义轻利变为重利轻义。在道德领域，每每发现违背传统伦理的人和事，就斥之为人心不古、世风日下等等。在文学艺术领域，文学创作则遵循《诗》三百之旨，艺术创作则越古越好。在汗牛充栋的历朝历代的各种处世格言、警世恒言、治家格言、劝善警言、为官箴言、蒙学读物中，无论是坊间印行，还是书肆说唱，无不要求人们遵守祖制、服从权威、崇拜圣贤、安于现状、知足常乐、苟且偷安，从无鼓励人们用分析的眼光看问题，用创新的精神改变自己的命运。如果说有的话，那就是按照祖宗之法，苦读圣贤之书，博取功名，光宗耀祖，也就是《孝经·广扬名章》所说的以事亲之孝心事君，做一个维护君统和圣统的忠臣孝子"而名立于后世"。当博取功名失败，"名立于后世"的梦想破灭之后，那就学学孔子高足、同样享有圣人荣耀的颜渊，像颜渊那样安贫乐道，不怨天、不尤人，身居陋巷，粗茶淡饭，而自得其乐。其结果，是导致国人创造力的萎缩，形成因循守旧的保守性格。

当然，中国国民因循守旧的保守性格的形成原因是多方面的，并不能完全归结于《孝经》传播的孝道，还有着政治的、经济的、社会的多方面因素。就以《孝经》而论，《孝经》提倡的孝道在两千多年来的历史长河中，其内容在不同的历史时期是有区别的，不能把宋代以后的愚孝、愚忠所导致的恶果都归结到《孝经》所提倡的孝道上。但是，我们必须看到,《孝经》与此有着最为直接的关联。因为《孝经》是一部系统阐发儒家孝道的经典，第一次把先秦儒家的孝道伦理社会化、政治化，将本来是先秦儒家伦理体系一个组成部分的孝道改造成为儒家伦理的本原而使之绝对化,经过历代统治者的提倡成为社会行为的最高准则。对于主体是文盲的老百姓来说,他们对于历代文化精英所阐释的天理、人欲、心性等等,旨在论证三纲五常的神圣与永恒的学问是不去也无法关心的,他们所能够接受的就是没有高深理论说教和晦涩的言辞而便于掌握的通俗表述。在这一点上,《孝经》为后世知识分子树立了一个成功的榜样,后世各种格言、警言、家规、族规、学规、教材、劝善书等等,在方法上可以说都是受了《孝经》的影响而在内容上则使《孝经》更加具体化和世俗化,也使《孝经》的理论具有更为广阔的社会实践基础,为墨守成规、因循守旧的国民性格的形成提供了丰厚的土壤和营养。

6. 权利缺失的自我意识

《孝经》所主张的孝道虽以亲亲为基础,但这个亲亲是以尊尊为内容的,是子女对父母的无条件尊崇和服从;移孝为忠之后,则是对君王、对上级的绝对服从和忠诚,这种尊敬和忠诚都是没有什么理性基础的。君父一体,政治关系和血缘关系合一,君臣关系、君民关系和父子关系相同,就老百姓而言,官僚则是皇帝的代表,所以官民关系也是父子关系,才有"父母官"称谓的流行。在政治上本来是统治与被统治的关系,在转换为父子亲情关系之后,人生而有父，以此推论，自然生而有君，以事父之心事君也就天经地义，忠于国君、服从官府当然也是无需理性支持的。"君要臣死，臣不得不死；父要子亡，子不得不亡"成为千百年来的金科玉律，至于为什么"不得不死""不得不亡"是不允许思考的，只要服从就是了，如果思考就是不忠不孝。

从秩序和伦理的角度看，子女服从父母、下级服从上级，当然有其合理性和必要性，这是人类亲情爱敬之心与政治管理和组织行为的内在需要，社会的发展离不开人们对权威的服从。但是，古代中国将这种服从绝对化、神圣化了，不分对错，都要服从；向老百姓灌输的则是君父无错，子女臣民只有称颂君父圣明的义务，子女臣民的理性、良知、个性、个人权利完全被抹杀。

重视伦理义务，是先秦儒家的特点，做仁人君子是人格修养的目标，而仁的本质就是克制自己的欲望、在人与人的关系中做好自己应当充任的角色，每个人都应当从自己的角色和身份出发，去尽自己的义务。至于子女之与父母、臣下之与君王，更是只有义务了。如果说在孔子的伦理体系中，父子、君臣间还有着一定的互动性的话，就是"父慈子孝""君使臣以礼，臣事君以忠"，那么《孝经》所说的君臣父子已没有任何的双向性可言了。君君、臣臣、父父、子子，都是从强调各自的义务出发的，而这种义务是单向性的。子女、臣民有什么权利,是无从谈起的。如果说有什么权利的话,那就是你尽了你应该尽的义务,可以得到别人在尽相应义务时所带来的补偿。所以,《孝经》问世以后,孝道的最大特点就是子孙晚辈没有了任何独立的人格,父母先辈不承认子孙晚辈有任何的权利,而视之为个人的私产;父母先辈有绝对权利,子孙晚辈则有绝对义务。无论是打开古代中国的任何一部私家著述的伦理的或政治的著作,还是打开任何一部国家法典,都是对父母先辈权利的绝对性、神圣性的论述和规定,如父母先辈对子女晚辈的婚姻、教化、财产的决定权,以及部分刑罚的处分权,等等,详细而具体;至于子女和晚辈则只有对父母、家长、长辈承担的侍奉、供养、送终、祭祀的种种义务,不见有任何的法定权利。

这种权利和义务的不对等,到了宋代以后更是登峰造极,对愚孝的大肆宣传是其典型体现。元代问世的《二十四孝》中有老莱子娱亲的故事,说老莱子以七十岁的古稀之年,为了博得年迈的母亲欢心,故意身着彩衣作幼儿玩耍状,并故意跌倒学幼儿啼哭;又有郭巨埋儿的事,说汉代郭巨夫妇生有一子,因家中贫困,无粮赡养母亲,郭巨和妻子商量说儿子可以再有,母亲只有一个,遂将儿子活埋,省下粮食以养亲。类似的还有晋代吴猛恣蚊饱血以孝母的故事。八岁的吴猛,因家中贫困,夏天床上没有蚊帐,吴猛每天晚上都是让蚊子尽量叮咬自己，认为蚊子吃饱了，就不会再去叮咬他母亲了。显然，这附会大于事实，历史上究竟有还是没有，我们不去考证，在这里要指出的是这种宣传的价值取向，完全是以摧残、消灭子辈肉体、贬抑其人格的方式宣传孝道。而从此之后，类似的宣传如雨后春笋般地涌现，说明了孝道内涵的变迁。

权利意识是以人的社会地位的独立性、人格的平等为前提的。在传统孝道观念支配之下，人完全是依附于父母长辈生存的，在家做孝子，出门做忠臣，一辈子都是为亲为君为尊为长活着，而且这一切都是天经地义、神圣不可改变的。其结果就是全民族的个人权利意识的缺失，儿女依赖父母、臣民依赖君王，逆来顺受，奴性十足。这种人格的形象概括，就是鲁迅笔下的阿Q。他见到地位比他高的人或者见了官员，就不自觉地两腿发软，鞠躬叩头；见了地位不如自己的就专横跋扈；在遭到强权欺压、蒙受侮辱的同时还能以精神胜利法保持乐观的心态。这种精神胜利法的法宝之一就是，我的祖宗比你的祖宗强，你早就是我的手下败将，现在不如你又有什么了不起的呢？在这里尊祖敬宗、享受祖宗的荫庇又得到了体现。在令人悲哀的同时，也不能不叹服老祖宗所创立的孝道的伟大！因此之故，"五四"时期的文化启蒙的先驱者们对传统的伦理进行了猛烈的批判，传统伦理被称为"吃人的礼教"，其内涵主要是指传统伦理泯灭人的个性和权利而言,人人"被吃"而又人人"吃人"。面对强权的压迫和凌辱而"被吃",面对弱小者则"吃人"。鲁迅《狂人日记》的揭露是入木三分的。这一切和传统的伦理体系、家族制度、专制等级都是合而为一的,而孝道则功莫大焉。对此,李大钊有着直接的揭露和批判。李大钊批判说:

> 观于伦理:东方亲子间之爱厚,西方亲子间之爱薄。东人以牺牲自己为人生之本务,西人以满足自己为人生之本务。故东方之道德在个性灭却之维持,西方之道德在个性解放之运动。
>
> 看那二千余年来支配中国人精神的孔门伦理——所谓纲常,所谓名教,所谓道德,所谓礼义,哪一样不是损卑下以奉尊长?哪一样不是牺牲被统治者的个性以事治者?哪一样不是本着大家族制下子弟对于亲长的精神?所以孔子的政治哲学,修身齐家治国平天下,"一以贯之",全是"以修身为本";又是孔子所谓修身,不是使人完成他的个性,乃是使人牺牲他的个性。牺牲个性的第一步,就是尽"孝"。君臣关系的"忠",完全是父子关系的"孝"的放大体;因为君主专制制度,完全是父权中心的大家族制度的发达体……
>
> 孔门的伦理,是使子弟完全牺牲他自己以奉其尊

上的伦理；孔门的道德，是与治者以绝对的权力，责被治者以片面的义务的道德。(《守常文集》，北新书局，1950)

从历史的角度看，把千百年来儒学伦理所造成的中国国民劣根性都归结于孔子，当然是有失公允的，因为就孔子的学术而言，还没有完全主张泯灭人的个性，是孔子的后学们为适应大一统的君主专制统治的需要，把孔子学说极端化造成完全泯灭人的个性的恶果。所以，李大钊用的是"孔门伦理"的字样。在这里，李大钊正确地指出了传统孝道与个性缺失的关系，即"牺牲个性的第一步，就是尽'孝'"，那些"损卑下以奉尊长""牺牲被统治者的个性以事治者"都是以所谓的"尽孝"为前提的。这个分析是科学而确当的。在我们从事现代化建设的今天，在分析传统文化与社会发展的关系时，对此应该给予足够的重视，既要看到传统文化对中国社会发展的巨大促进作用，也要看到传统文化的历史惰性及其对现代发展的消极影响，而后者对于当代建设来说更为重要。只有这样，才能科学地把握明清以来的中国在世界民族之林中由先进到落后的深层原因，避免精神胜利法在当代的重新泛起。

结束语：《孝经》、孝道与当代中国社会

《孝经》所主张、宣传的孝道，植根于传统的农业社会，同时使传统的社会结构更加稳定。众所周知，传统农业社会生产资料的主体是土地，而土地属于家庭，由家长掌握支配，而非具体的家庭成员，家庭是基本的生产、生活单位，家长负责全家的生产、生活。在传统社会里，占人口绝大多数的农民家庭只占少量的土地，大多数土地都集中在地主、官僚之家。从这个意义上说，中国古代社会是小农经济占主导地位的社会。小农经济的特点是简单生产的不断重复，生产知识靠的是经验积累，要获得生产知识首先是向家长学习，这就自然地形成对家长的依赖，以家长为核心。小农经济生产规模小，经营分散，既难以抵抗天灾，更难以抵抗人祸，无论是人为的社会震荡，还是自然灾害，都会导致小农经济的破产。要有效地维持小农经济的稳定，

保证家庭成员的基本生存，就要依靠宗族的力量把众多的小家庭组成一个大家庭，宗族血缘关系就成为组织、维系这种共同体的天然纽带，只有宗族群体的稳定才有普通家庭的正常延续。这就导致了个人依靠家庭、家庭依靠宗族的社会结构。孝道就是为了维护这种家庭内部关系的尊卑有序而建立的，并进而维护着宗族体系的稳定。家天下建立以后，统治者意识到孝道对于巩固政权的重要性，遂将孝道政治化，把孝意识作为忠的基础，以孝劝忠，忠大于孝，又进一步强化了传统社会结构的稳定性。

但是，当历史的车轮进入20世纪之后，由于西方文化的影响、工业化浪潮的到来，中国传统农业社会结构土崩瓦解，传统孝道的基础不存在了，《孝经》及其孝道的影响如春日融雪般地消解，《孝经》早已从蒙童读物中撤除，现代教育的知识体系、思想体系、伦理体系中也没有给孝道留下任何空间，除了"尊老爱幼"这一句老生常谈之外，孝道作为一个伦理体系在当代文化发展中被有意无意地遗忘了。然而，文化传承，川流不息，今日之社会发展以昨日之社会遗留作为基础，现代的道德伦理建设也必然地从过去吸取精华，无论是自觉还是不自觉，是情愿还是反对，都必须遵循这一基本规律。这首先取决于以什么样的态度看待传统孝道。从20世纪初期开始，在这个问题上，有两种对立的观点：一种是彻底的批判和否定，一种则是完全的肯定。否定者认为，传统孝道是封建伦理的中坚，使人格奴化，使人不成其为人，在提倡和实现权利平等、人的个性化发展的现代社会，应当彻底地抛弃。肯定者则认为，孝是中华传统文化的精华，孝亲、敬亲是人之成为人的根本，在商品经济发展，人们重功利、轻伦理的时代，更要强调孝道，所以要大力弘扬孝道。到20世纪末叶，随着我国现代化进程的加快，弘扬优秀传统文化的提出，对孝道持肯定态度的日益居于主导地位，各种宣传孝道的传统读物不断地被翻印，新编著的精神文明建设宣传材料中也是笼而统之地提倡孝道，有的地方把《二十四孝》的故事做成塑像在公园里公开展出，同时把公园作为中小学生德育教育基地。

很显然，明白了孝道存在的社会基础及其历史作用以后，用时代的眼光看问题，在当代社会，无须人为地批判，也无论采用什么方式来提倡和弘扬孝道，传统孝道都是不可挽回地走向历史的墓地。因为社会结构变了，传统孝道的生存基础不存在了。建立在传统农业社会结构之上的伦理体系是难以移植到工业社会并成为工业社会的行为规范的。在现代社会，人与人之间的认同，以事业的成功与否、工作成就如何为基础，尊重人格独立，传统的家庭本位让位于个人本位，个人对家庭的依赖弱化，家庭对个人行为的影响减小，人们不可能像传统社会那样以孝道维系家庭的稳定，此其一。其二，现代人知识经验的获得，已不再依靠老年人的言传身教，也不是依靠家庭教育，而是依靠社会的专门机构和传媒，年龄已不再是知识权威的象征，老年人的社会地位和家庭地位下降，人们不会像传统社会那样尊敬、恭顺老年人以获取生存和发展必需的知识。其三，现代家庭小型化，以夫妻为中心而不是以父子为中心，家庭结构趋于松散化、平等化，孝道伦理的尊卑有序观念的基础不存在了。孝道的功能首先是维系家庭的稳定，当家庭结构及成员之间不需要孝道维持时，孝道自然地结束其历史使命。

但是，这并不等于传统孝道从此就失去了存在价值，相反，我们要用科学的眼光分析传统孝道的精华与糟粕，予以科学的扬弃。这一方面是因为文化的传承不以人的主观意志为转移，孝道已经成为我们民族文化基因的组成部分，无论主观愿望如何，我们的基因中总是继承着历史的传统。另一方面，科学地继承传统孝道的精华，能够促进现代化的历史进程，这是孝道作为历史文化资源，其不合时代需要的部分自然要被历史所抛弃，其合理内核对社会发展则可以发挥积极作用。就现阶段而言，无论是和睦家庭，还是维系社会稳定、提高人的伦理素质，孝道都有其积极作用。这是由孝道的本质属性和当代家庭关系的特点所决定的。

现代家庭结构和亲子关系较之古代社会发生了天翻地覆的变化，但家庭依然是社会生活的基本单位，是社会结构的基本细胞。相反，正因为家庭结构的改变，由传统的联合家庭、主干家庭转变为核心家庭，传统家庭内部复杂的人际关系简化了，一切关系都为夫妻和亲子关系所取代，亲子关系显得更为重要，行孝与否、如何行孝决定着现代家庭的存在质量。正确科学地吸收传统孝道的合理成分对于家庭和社会的和谐发展自然有着不可取代的意义，因为现代家庭的亲子关系急需"孝"来矫正。

通观现代家庭亲子关系，如下情况比较普遍：一是长幼地位颠倒。按传统社会秩序，长幼有序，晚辈尊敬长辈是天经地义的。在现代大多数家庭中则相反，一切以孩子为中心，孩子的要求是全家人的最高目标，"无违"成了孩子对父母的要求，成了父母对子女的行为准则。从父母方面看，这体现了对子女的至高无上的爱。但在相当数量的子女心目中，这被看作是天经地义的行为，父母被视为满足个人需要的工具。这不仅破坏了家庭和睦，而且使子女养成"以我为中心"的自私心理，丧失了起码的同情心和社会责任感。二是"老少倒挂"，即子女结婚成家之后，尽管早已有了独立生活能力，依然依靠老人。这在城市家庭中是比较普遍的现象。这有两种情况：一种是老年人经济实力宽裕，自愿地支付子女的生活开支，以换取儿孙的绕膝之乐。另一种则是出于无奈，儿女结婚之后不愿意离开父母生活，这样做，既可以减少自己的生活支出，又省去了许多日常生活事务，父母变成了自己的免费保姆。三是不愿赡养老人。养儿防老，是我国的传统观念，这也决定于传统的经济结构。现在社会不同了，养儿防老的观念也在变，这一方面是因为部分老年人有自己的退休金或者有其他的社会保障，另一方面是老人的老有所为的意识在不断加强，尽量减少子女的精神和物质负担。但是，就全国大多数老年人而言，特别是农村家庭的老人生活是没有社会保障的，更谈不上退休金，他们把毕生心血倾注在儿女身上，就是为了老来有所依靠；就是那些有生活来源的城市老人也同样需要儿女的精神慰藉。由于孝意识的淡薄，无论是城市家庭还是农村家庭的子女，能够主动地照顾老人的精神和物质需求、尽到赡养义务的子女确实有限，绝大多数子女看上去是尽到了赡养义务，实际上不过是"行礼如仪"而已。有相当一部分家庭，子女拒绝赡养老人，其甚者则虐待老人。大多数老人或者因为家丑不外扬的传统观念的影响，或者担心与子女关系进一步恶化，面对儿女的不孝，只能忍气吞声，逆来顺受。

以上的种种现象，和当代精神文明的基本要求是不和谐的，也不是依靠完善法律体制能够完全解决的。法律有助于道德建设，但不能代替道德。家庭伦理是以孝为核心的、以感情为基础的道德体系,要求子女自觉地在物质和精神的不同层面满足父母需求,也同时要求父母体谅子女的处境,从而强化两代人之间的感情交流。提倡、培养孝意识,使孝观念成为现代家庭伦理的一部分仍然是现代精神文明建设的内容之一。不仅如此,树立正确的孝观念,形成良好的孝行为,不仅是和睦家庭关系的需要,也是培养社会责任感和爱国主义情操的需要。中国有句古谚,"一屋不扫何以扫天下",西方也有谚语说"不爱树木,怎能爱森林",说的都是先做身边的具体小事,然后才能有远大的理想,成就大事业。国以家为基础,国家就是一定空间范围内的家庭的组合。不爱生养自己的亲人,自然没有家庭观念;不爱家庭,爱国就无从谈起,更谈不上什么爱国主义。古人对此即有明确的认识。《礼记·大传》有云:"自仁率亲,等而上之至于祖,名曰轻;自义率祖,顺而下之至于祢,名曰重。……是故人道亲亲也。亲亲故尊祖,尊祖故敬宗,敬宗故收族,收族故宗庙严,宗庙严故重社稷,重社稷故爱百姓……"这里的"社稷"是国家的代称,先秦时代,宗族和国家合一,尊祖是为了保证宗族内部等级秩序的严格和宗子的唯一性,从而保证国家权力秩序的严格性。但是,这说明了一个道理,就是爱国家、爱万民,必须从"亲亲"做起,即从爱自己的亲人做起。从这个意义上说,爱国思想、爱国主义是以孝意识为基础的,是孝意识的发展。在工业化进程日新月异、家庭观念日益淡漠、代沟日益凸显的现代社会，抛开孝意识，不讲尊亲、孝亲，而大讲爱国主义，进行所谓的爱国主义教育，其客观效果和主观愿望的距离自然是越来越远。

但是，我们主张孝敬父母，主张爱国从孝亲做起，并不是提倡传统的孝道伦理，更不是要学习古人的愚孝、愚忠行为，而是在全面分析的基础上，吸收传统孝道的合理因素，作为现代道德建设的有机组成部分。这就要求废除父子人格上的尊卑观念、孝行义务的唯上性和孝道政治化的传统伦理意识，在人格平等、权利和义务相一致、以感情为中心的基础上建立新的孝观念和孝行为。因为现代人际关系以人格平等为基础，亲子关系也是如此。以此为前提，将传统孝道"父慈子孝"之重孝轻慈转变为孝慈统一，父母以慈爱对待子女，子女以孝行回报父母，而不是单方面的行为。在这个过程中，长辈和晚辈都应以自律为基础，子女更应该占据主动性，而不是靠什么社会舆论等其他制约手段保证"孝""慈"的实现和统一。至于《孝经》所宣传的孝道，将孝道政治化，以孝劝忠，通过强调父权而将君权绝对化，完全背离了孝的本意，应彻底弃之于历史的垃圾堆。只要按照历史唯物主义的基本原理，批判继承历史文化遗产，传统的孝道伦理，在现代的道德建设中一定能够发挥积极的历史作用。